"十四五"职业教育国家规划教材

职业教育工业分析技术专业教学资源库(国家级)配套教材

工业分析

第二版

龚爱琴　金党琴　主　编
徐　洁　　　　副主编

化学工业出版社

·北京·

内容简介

《工业分析》第二版全面贯彻党的教育方针，落实立德树人根本任务，在教材中有机融入党的二十大精神。本书是职业教育工业分析技术专业教学资源库（国家级）配套教材，由八个项目组成，分别是认识工业分析、工业浓硝酸质量分析、煤气质量分析、肥料分析、煤质分析、钢铁分析、硅酸盐分析、常规物理常数与性能分析。除了介绍常见分析项目的分析原理及方法外，还以这些项目为载体，分别介绍了液体、气体、固体物料的取样方法，同时根据物质的不同性质介绍了常用的样品处理方法。书中还设计了23个操作帮助读者加强对理论知识的理解，在每个项目中通过"练一练测一测"使读者能检查自身学习效果，其答案在全书最后可方便快捷地查阅。

在教材编排上，每个项目的首页都设计了项目引导，方便读者快速浏览本项目的主要内容。项目下的每个任务前有任务要求，可以引领读者抓住学习要点。

本教材可作为高职高专分析检验技术专业的通用教材，也可供从事分析检验工作的人员参考。

图书在版编目（CIP）数据

工业分析/龚爱琴，金党琴主编；徐洁副主编. —2版. —北京：化学工业出版社，2022.1（2024.8重印）

职业教育工业分析技术专业教学资源库（国家级）配套教材

ISBN 978-7-122-40743-6

Ⅰ.①工… Ⅱ.①龚… ②金… ③徐… Ⅲ.①工业分析-职业教育-教材 Ⅳ.①TB4

中国版本图书馆CIP数据核字（2022）第024581号

责任编辑：刘心怡　蔡洪伟　　　　　　　　装帧设计：王晓宇
责任校对：边　涛

出版发行：化学工业出版社（北京市东城区青年湖南街13号　邮政编码100011）
印　　刷：河北延风印务有限公司
787mm×1092mm　1/16　印张15　字数380千字　2024年8月北京第2版第5次印刷

购书咨询：010-64518888　　　　　　　　售后服务：010-64518899
网　　址：http://www.cip.com.cn

凡购买本书，如有缺损质量问题，本社销售中心负责调换。

定　价：39.80元　　　　　　　　　　　　　　　　　　　版权所有　违者必究

前　言

随着社会发展及人才需求的变化，职业教育在培养技能型人才、提高劳动者素质、推进社会发展等方面的重要性日益突出，培养"德技双馨"的"高素质技术技能型"人才成为职业教育的共同追求。工业分析作为分析检验技术专业学生的专业核心课程，对课程体系和教材也提出了更高的要求。为了使本教材能更好地适应职业教育对人才培养的要求，使培养的学生更能满足企业需求，教材在保持第一版内容的基础上，更新了国家标准，将新知识新工艺融入教学内容中，并在教材中增加了10个素质拓展阅读材料，使学生养成"爱岗敬业、精益求精"的工匠精神。遵照教育部对教材编写工作的相关要求，本教材在编写、修订及进一步完善过程中，注重融入课程思政，体现党的二十大精神，以潜移默化、润物无声的方式适当渗透德育，适时跟进时政，让学生及时了解最新前沿信息，力图更好地达到新时代教材与时俱进、科学育人之效果。

现在的学生基本都是"网络原住民"，数字化生活是他们从小就开始的生活方式，为了保持教材的趣味性，第二版教材中依旧添加了电子资源。与第一版相比，此次修订删除了一些视频类的动态资源，添加了更多动画。动态资源依旧采用二维码扫描的形式方便使用者查看。

同时本书此次修订还配套了教案、教学课件、试卷库等电子资源，方便教学者使用，这些资源可从化工社教学资源网（www.cipedu.com.cn）下载。

本教材是国家级职业教育工业分析技术专业教学资源库（网址：http://gyfxjszyk.ypi.edu.cn）核心课程"工业分析"的配套教材，同时也是江苏省在线开放课程"工业分析"的配套教材，教材中所有动态资源都可以从网上直接下载，也可以登录中国大学慕课平台检索"工业分析"课程（网址：https://www.icourse163.org/course/YPI-1206747802）进行在线学习。

本书由扬州工业职业技术学院龚爱琴、金党琴任主编，扬州工业职业技术学院徐洁任副主编，江西应用技术职业学院钟起志，陕西工业职业技术学院刘迪，扬州工业职业技术学院刘风云、毛云飞、樊树红参编，扬州工业职业技术学院钱琛、岳金方主审。龚爱琴编写了项目一～项目四、附录及书中所有操作练习，徐洁和刘风云编写了项目五，金党琴和毛云飞编写了项目六，金党琴和钟起志编写了项目七，刘迪和樊树红编写了项目八。龚爱琴、扬州工业职业技术学院丁邦东、扬州工业职业技术学院龚安华、江苏联环药业股份有限公司周雪萍负责整本书的策划、编排和统稿。在编写过程中得到了江西应用技术职业学院、陕西工业职业技术学院、杭州珞基教育科技有限公司、北京华夏力鸿商品检验有限公司的大力支持，在此一并表示感谢。

在本教材编写过程中，参阅了很多化学类教材及专著，在此向有关专家、作者表示由衷的感谢。

由于编者水平有限，书中难免有不妥和疏漏之处，恳请广大同行及读者批评指正。

编者

第一版前言

工业分析课程是工业分析专业的一门重要主干课程，课程的实践性和应用性很强。为适应企业对人才的要求，目前国内外高职教育界普遍重视实践教学、强化应用型人才培养，多在进行以工作过程为导向的教学体系改革。本书在编写时本着"以项目驱动为主体、以典型任务为引领"的原则，借助实践项目训练，实现"教、学、做"的合一，立足培养学生的实际工作能力。

学生在工作岗位上面临的分析对象有气体、液体和固体，相应的样品采集方法不一样。而且样品组成有简单、有复杂，分析前的制样过程难易程度也不同。本教材在编写时，选择了工业上典型的分析项目如工业浓硝酸、煤气、肥料、煤炭、钢铁、硅酸盐的分析检测，将气体、液体和固体分析的知识涵盖在内，内容安排由易到难、由简单到复杂，符合学生的认知规律。因为物理常数与性能检测也是工业产品质量监控时常用的指标之一，本书也涵盖了这部分内容。

本书是国家级职业教育工业分析技术专业教学资源库（网址：http://gyfxjszyk.ypi.edu.cn）核心课程工业分析的配套教材，也是信息化立体教材。教材中所有的微课、视频、动画、拓展内容和习题答案及配套资源均可以通过扫描二维码下载学习，为师生实时学习提供了方便。

本书由扬州工业职业技术学院龚爱琴、金党琴任主编，扬州工业职业技术学院徐洁任副主编，江西应用技术职业学院钟起志、陕西工业职业技术学院刘迪、扬州工业职业技术学院刘风云、毛云飞、樊树红参编，扬州工业职业技术学院钱琛、岳金方主审。龚爱琴编写了项目一～项目四、附录及书中所有操作练习，徐洁和刘风云编写了项目五，金党琴和毛云飞编写了项目六，金党琴和钟起志编写了项目七，刘迪和樊树红编写了项目八。龚爱琴、扬州工业职业技术学院丁邦东、扬州工业职业技术学院龚安华、江苏联环药业股份有限公司周雪萍负责整本书的策划、编排和统稿。本书在编写过程中得到了江西应用技术职业学院、陕西工业职业技术学院、杭州珞基教育科技有限公司、北京华夏力鸿商品检验有限公司的大力支持，在此一并表示感谢。

由于编者水平有限，书中难免有不妥和疏漏之处，恳请广大同行及读者批评指正。

编者
2018 年 7 月

目　录

项目一　认识工业分析 — 001

一、工业分析的任务和作用　001
二、工业分析的特点　002
三、工业分析方法的分类　002
四、工业分析方法的评价　003
五、工业分析方法的标准　003
六、工业分析对工作者的要求　006
素质拓展阅读　007
练一练测一测　008

项目二　工业浓硝酸质量分析 — 010

任务一　液体样品采样方法　010
一、采样的基本术语　011
二、采样技术　011
三、液体采样工具与采样方法　012
四、液体样品采样实例——输送管线中采集工业浓硝酸　013

任务二　硝酸性质及称量方法　014
一、硝酸性质　014
二、硝酸样品称量方法　014

任务三　硝酸质量分析　015
一、硝酸含量的测定　016
操作1　硝酸含量的测定　017
二、亚硝酸含量的测定　018
三、硫酸含量的测定　019
四、灼烧残渣的测定　020
素质拓展阅读　021
练一练测一测　021

项目三　煤气质量分析 — 023

任务一　气体样品采样方法　023
一、采样工具与采样方法　024
二、气体采样实例——高炉煤气采样　026
三、气体体积的测量　026

任务二　化学法测定气体组分含量　028
一、化学吸收法　029
二、化学燃烧法　031

任务三　煤气质量分析　036
一、奥氏气体分析仪的组成　036
二、奥氏气体分析仪测定人工煤气中各组分含量　038
操作2　奥氏气体分析仪分析半水煤气组成　041
素质拓展阅读　043
练一练测一测　044

项目四　肥料分析 — 047

任务一　固体样品采样方法　047
一、采样工具　048
二、采样方法　049
三、样品的制备与保存　050

四、固体样品采样实例——
　　袋装肥料的采样　　　　　　051
任务二　磷肥分析　　　　　　　051
一、磷肥中的含磷化合物及提取方法　　052
二、磷肥中有效磷的测定　　　　055
操作3　磷肥中水溶性磷含量的测定——
　　磷钼酸喹啉容量法　　　　　058
三、磷肥中游离酸的测定　　　　060
四、磷肥中水分的测定　　　　　061
任务三　氮肥分析　　　　　　　061
一、氮肥制样方法　　　　　　　062
二、氨态氮的测定　　　　　　　062
三、硝态氮的测定　　　　　　　064
四、有机氮的测定　　　　　　　064

操作4　尿素中总氮含量的测定——
　　蒸馏后滴定法　　　　　　　065
任务四　钾肥分析　　　　　　　067
一、钾肥制样方法　　　　　　　067
二、钾肥中钾的测定　　　　　　068
操作5　钾肥中水溶性氧化钾含量的测定——
　　四苯硼酸钠重量法　　　　　068
任务五　复合肥分析　　　　　　071
一、复混肥和复合肥　　　　　　071
二、复合肥与复混肥分析　　　　071
操作6　尿素中缩二脲含量的测定——
　　分光光度法　　　　　　　　075
素质拓展阅读　　　　　　　　　077
练一练测一测　　　　　　　　　078

项目五　煤质分析　　　　　　　　　　　　　　　　　　　　　　　　　　081

任务一　煤质样品采样与制备　　081
素质拓展阅读　　　　　　　　　082
一、煤的采样方法　　　　　　　082
二、煤质样品的制备　　　　　　086
任务二　煤的工业分析　　　　　087
一、煤质种类及分析项目　　　　088
二、煤质水分的测定　　　　　　088
三、煤质灰分的测定　　　　　　090
四、煤质挥发分的测定　　　　　092
操作7　煤样挥发分的测定　　　092
五、各种基准换算及固定碳含量计算　094
任务三　煤的元素分析　　　　　095

一、煤中碳和氢的测定　　　　　095
二、煤中氮的测定　　　　　　　099
三、煤中全硫的测定　　　　　　103
操作8　艾氏卡法测定煤中全硫含量　104
操作9　高温燃烧-酸碱滴定法测定
　　煤中全硫含量　　　　　　　107
四、氧的计算　　　　　　　　　108
任务四　煤的发热量测定　　　　109
一、发热量的分类　　　　　　　109
二、发热量的测定——氧弹量热法　110
素质拓展阅读　　　　　　　　　114
练一练测一测　　　　　　　　　115

项目六　钢铁分析　　　　　　　　　　　　　　　　　　　　　　　　　　117

任务一　钢铁种类及制样　　　　117
一、钢铁分类及各元素的作用　　118
二、钢铁采样与制样方法　　　　119
任务二　钢铁中碳的测定　　　　120
一、钢铁中碳的测定方法介绍　　121
二、燃烧-气体容量法测定钢铁中
　　碳含量　　　　　　　　　　121

操作10　燃烧-气体容量法测定钢铁中
　　总碳含量　　　　　　　　　125
任务三　钢铁中硫的测定　　　　127
一、钢铁中硫的测定方法介绍　　127
二、燃烧-碘酸钾滴定法测定钢铁中硫含量　128
操作11　燃烧-碘酸钾滴定法测定
　　钢铁中硫含量　　　　　　　130

任务四 钢铁中磷的测定	131	钢铁中锰含量	138
一、钢铁中磷的测定方法介绍	132	任务六 钢铁中硅的测定	140
二、磷钼蓝分光光度法测定钢铁中磷含量	133	一、钢铁中硅的测定方法介绍	140
任务五 钢铁中锰的测定	135	二、硅钼蓝分光光度法测定钢铁中硅含量	141
一、钢铁中锰的测定方法介绍	135	素质拓展阅读	143
二、高碘酸钾氧化光度法测定钢铁中锰含量	137	练一练测一测	144
操作12 高碘酸钾氧化分光光度法测定			

项目七 硅酸盐分析 —— 147

任务一 认识硅酸盐及分析系统	147	操作14 EDTA配位滴定法测定水泥中	
一、认识硅酸盐	148	三氧化二铁含量	160
二、认识硅酸盐分析系统	148	三、二氧化钛含量的测定	162
任务二 硅酸盐试样制样方法	150	操作15 二安替比林甲烷光度法测定水泥中	
一、硅酸盐试样的准备	151	二氧化钛含量	163
二、硅酸盐试样的分解	151	四、氧化铝含量的测定	164
任务三 硅酸盐质量分析	153	五、氧化钙和氧化镁含量的测定	165
一、二氧化硅含量的测定	153	操作16 原子吸收分光光度法测定水泥中	
操作13 氟硅酸钾滴定法测定水泥中		钙和镁的含量	166
二氧化硅含量	157	素质拓展阅读	168
二、氧化铁含量的测定	159	练一练测一测	169

项目八 常规物理常数与性能分析 —— 172

任务一 粒径的测定	172	二、密度瓶法测定密度	188
一、粒径测定的意义	173	操作19 密度瓶法测定磷酸密度	189
二、粒径测定方法	173	三、韦氏天平法测定密度	190
任务二 熔点的测定	174	操作20 韦氏天平法测定乙醇密度	191
一、熔点概念及测定意义	175	四、密度计法测定密度	192
二、熔点测定方法	175	任务五 闪点的测定	193
操作17 提勒管式热浴法测定苯甲酸熔点	177	一、闪点基本知识	193
素质拓展阅读	179	二、闪点测定方法	193
任务三 沸点和沸程的测定	180	任务六 旋光度的测定	196
一、沸点及沸程概念	180	一、旋光度产生原因及测定意义	196
二、沸点测定方法	181	二、旋光度测定方法	197
操作18 标准方法测定乙醇沸点	184	操作21 葡萄糖比旋光度的测定	198
三、沸程测定方法	185	任务七 黏度的测定	200
任务四 液体密度的测定	187	一、黏度基本知识	200
一、密度基本知识	187	二、运动黏度的测定	200

操作 22　甘油运动黏度的测定	202	二、折射率测定方法	208
三、恩氏黏度的测定	203	操作 23　乙醇折射率的测定	209
四、绝对黏度的测定	205	素质拓展阅读	211
任务八　折射率的测定	206	练一练测一测	212
一、折射率测定的原理	207		

附录 —————————————————— 216

附录一　指示液的配制	216	附录四　实验室常用基准物质的干燥	
附录二　标准溶液的配制（参考		温度和干燥时间	221
GB/T 601—2016）	216	附录五　实验室常用物质的分子式及	
附录三　实验室常用酸碱的相对密度、质量		摩尔质量	221
分数和物质的量浓度	220	附录六　实验室常用坩埚及其使用注意事项	225

练一练测一测答案 ———————————————— 229

参考文献 ———————————————————————— 231

项目一
认识工业分析

项目引导

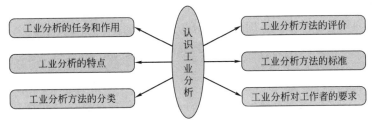

工业分析是指选择合适的化学分析、仪器分析、物理化学分析方法对工业生产中的原辅料、中间体和产品进行质量检验和判断的过程。工业分析结果准确与否直接关系企业效益，必须根据产品性质和分析要求选择合适的分析方法，一般有标准时必须使用标准方法进行分析检测。在分析工作中还要经常使用标准物质对分析方法或仪器进行检验，以判断测定结果的可靠性。

想一想

1. 工业分析的任务及特点是什么？
2. 工业分析方法分几类？何为快速分析法和标准分析法？
3. 我国现行的工业分析的标准主要有哪几种？它们都是由哪些部门制定和颁布的？
4. 为什么要制定国家标准？它们在工业生产中的作用是什么？
5. 工业分析中的标准物质有几种，各有什么作用？
6. 工业分析对工作者的要求是什么？

一、工业分析的任务和作用

工业分析是分析化学在工业生产中实际应用的一个重要分支，它涉及工业生产的各个领域，是研究各种物料（原料、辅助材料、中间体、成品、副产品和"三废"等）组成及定量分析的方法和相关理论的一门学科。

工业分析的结果可用来评定原料和产品的质量，其分析过程是对工业产品进行质量过程的控制，检查工艺流程是否正常，环境是否受到污染，从而做到合理组织生产，合理使用原料、燃料，及时发现问题，减少废品，提高企业产品质量，保证工艺过程顺利进行和提高企业经济效益等。因此，工业分析有指导和促进生产的作用，是国民经济各部分中不可缺少的一种专门技术，被誉为工业生产的"眼睛"，在工业生产中起着"把关"的作用。

二、工业分析的特点

工业分析的对象多种多样，分析对象不同，对分析的要求也就不同。一般来说，在符合生产和科研所需准确度的前提下，分析快速、测定简便及易于重复是对工业分析的普遍要求。工业生产和工业产品的性质决定了工业分析的特点：

1. 分析对象的物料量大

工业分析所涉及的物料往往以千百吨计，而且组成不均匀，要从中取出足以代表全部物料平均组成的少量分析试样是工业分析的重要环节。科学合理地采取具有代表性的分析试样是工业分析中的一项重要工作和技术，所谓科学合理，是既要取得能代表整个物料的少量分析试样，又要用最少的人工劳动和最低的经济成本完成检测。

2. 分析对象的组成复杂

工业生产中的物料多种多样，因此工业分析的对象繁多，成分复杂。例如在原材料分析中，岩石、矿物等天然形成体，不仅其无机物的组成复杂，而且其中有机物的组成会随岩石演化的过程和条件不同而不同。

3. 分析任务广

工业分析结果的准确度因分析对象不同而异。对中控分析来说，为满足生产要求，分析方法应快速、简便，对分析结果准确度要求可以稍低些。但对产品质量检验和仲裁分析则要求有较高的准确度，分析速度则是次要的。

4. 分析试样的处理过程复杂

分析中的反应一般在溶液中进行，但有些物料却不易溶解。因此，在工业分析中如何制备试液是一个比较复杂的问题。试样的分解是工业分析的重要环节，对整个分析过程和结果都具有重要意义。而试样分解方法的选择与测定物质的组成、被测元素和测定方法有密切关系，对提高分析速度也具有决定性意义。

大量的科学研究及生产实践说明，工业分析有时需要把化学的、物理的、物理化学的分析检验方法取长补短、配合使用，才能得到准确的分析结果。所以要求分析工作者应具有较为广泛的科学理论知识。

综上所述，在工业分析中应注意以下四个方面：

① 正确采样和制样，即所采取和制备的分析试样能够代表全部被分析物料的平均组成；

② 选择适当的分解试样的方法，以利于分析测定；

③ 选择能满足准确度要求的分析方法，并应考虑被分析物料所含杂质的影响；

④ 在保证一定准确度的前提下，尽可能地快速化。

三、工业分析方法的分类

我国工业分析方法的主要依据是中华人民共和国强制性国家标准（GB）、中华人民共和国推荐性国家标准（GB/T）、中华人民共和国国家标准化指导性技术文件（GB/Z）、行业标准等。

工业分析中所用的分析方法，按分析原理可分为化学分析法、物理分析法和物理化学分析法；按分析要求可分为例行分析（常规分析）和仲裁分析；按其在工业生产上所起的作用以及完成分析测定时间的不同，可分为标准分析法和快速分析法。

仲裁分析是权威部门对有争议的分析结果重新测定以裁决对错的分析。

快速分析法的特点是分析速度快，分析误差往往比较大，因生产要求迅速得出分析数据，准确度仅需满足生产要求。快速分析法用于车间控制分析（俗称中控分析），主要是控制生产工艺中的关键过程。

标准分析法的结果是进行工艺计算、财务核算及评定产品质量的依据，因此，要求有较高的准确度。此种分析方法主要用于测定原料、产品的化学组成，也常用于校核和仲裁分析。此项分析工作通常在中心化验室进行。但随着现代分析技术的发展，标准分析法也向快速化发展，而快速分析法也向较高的准确度发展。这两类方法的差别已逐渐变小且越来越不明显。有些分析方法既能保证准确度，操作又非常迅速，既可作为标准分析法，又可作为快速分析法。

四、工业分析方法的评价

工业分析方法很多，对于方法优劣的评价常和生产实际的需求相关。分析数据的应用目的不同，对分析方法的要求也不同。一般来说，可以从以下几个方面评价方法的优劣。

① 准确度。方法的准确度是指测定值与真实值符合的程度，一般用误差表示。误差越小准确度越高。它是衡量方法优劣的主要技术指标。

② 灵敏度。一般来说，方法的灵敏度越高，越有利于痕量组分的分析。

③ 选择性。它是衡量方法在实践过程中受其他因素影响程度大小的一种尺度。一般来说方法的选择性越高，受其他因素的影响程度越小，适用范围越广。

④ 速度。分析工作进行的速度会严重影响工业生产和科学研究工作的完成时间，影响经济效益和工业进度，因此速度也是评价方法的指标之一。

⑤ 成本。分析成本与工业生产、科学研究等其他环节的成本相比是比较低的，但在实际应用中也应注意成本问题，应在满足生产、科研需要的前提下选用低成本的分析方法。

⑥ 环境保护。现在人们越来越重视环境问题，选择分析方法时应注意避免采用对环境污染影响大的分析方法。

以上六个指标中，①~④项是主要的。

五、工业分析方法的标准

1. 标准

所谓标准，是为在一定的范围内获得最佳秩序，对活动或其结果规定共同的和重复使用的规则、导则或特性的文件。标准应以科学、技术和经验的综合成果为基础，以促进最佳社会效益为目的。

一个试样中，某组分的测定可以用不同的方法进行，但各种方法的准确度是不同的，因此当用不同的方法测定时，所得结果难免有出入。即使使用同样的试剂、采用同一种方法，如用不同精密度的仪器，分析结果也不尽相同。为使同一试样中的同一组分，不论是由何单位或何人员来分析，所得结果都应在允许误差范围以内，必须统一分析方法。这就要求规定一个相当准确、可靠的方法作为标准分析方法，同时对进行分析的各种条件也应作出严格的规定。

标准分析法都注明允差（或公差）。允差是某分析方法所允许的平行测定间的绝对偏差，允差的数值是将多次分析数据经过数理统计处理而确定的，是在生产实践中用以判断分析结果合格与否的根据。两次平行测定的数值之差在规定允许误差的绝对值的两倍以内均应认为有效，否则必须重新测定。例如，用氟硅酸钾滴定法测定黏土中二氧化硅的含量，两次测得结果分别为 28.60%、29.20%。两次结果之差为：29.20%－28.60%＝0.60%。当二氧化硅含量在 20%～30%时其允差为±0.35%。因为 0.60%小于允差±0.35%的绝对值的两倍（0.70%），所以，可用两次分析结果的算术平均值作为有效的分析结果。

2. 标准化

在一定的范围内获得最佳秩序，对实际的或潜在的问题制定共同的和重复使用的规则的活动，称为标准化，它包括制定、发布及实施标准的过程。标准化的重要意义是改进产品、过程和服务的适用性，防止贸易壁垒，促进技术合作。标准化的实质是"通过制定、发布和实施标准，达到统一"。标准化的目的是"获得最佳秩序和社会效益"。国家市场监督检验检疫总局（原国家技术监督局、国家质量技术监督局）是主管全国标准化、计量、质量监督、质量管理和认证工作等的国务院职能部门。

标准化对象一般可以分为两大类：一类是标准化的具体对象，即需要制定标准的具体事物；另一类是标准化的总体对象，即各种具体对象的总和所构成的整体，通过它可以研究各种具体对象的共同属性、本质和普遍规律。

3. 标准分类

按照标准的适用范围，把标准分为不同的层次，统称为标准的级别。从世界范围看，有国际标准、区域标准、国家标准、专业团体协会标准和公司企业标准。下面介绍国际标准和区域标准。

① 国际标准。国际标准是指国际标准化组织（ISO）和国际电工委员会（IEC）发布的标准，以及国际标准化组织认可的其他 40 多个国际标准机构发布的标准。

随着国际贸易的迅猛发展和经济全球化的进程加快，国际标准在国际贸易与交流中的作用日益突出。为了扩大我国的对外贸易和减少贸易中的技术壁垒，我国鼓励积极采用国际标准，并以国际标准作为基础制定国内相关的标准，用以组织和指导生产。

② 区域标准（地区性标准）。只限于世界上一个指定地区的某些国家组成的标准化组织，称为地区性标准组织。例如，亚洲标准咨询委员会（ASAC）、欧洲标准化协作委员会（CEN）等。这些组织既有政府性的，也有非政府性的，其主要职能是制定、发布和协调该地区的标准。区域性标准，就是指世界某一区域标准化团体所通过的标准。

《中华人民共和国标准化法》将我国标准分为国家标准、行业标准、地方标准、企业标准四级。

① 国家标准。我国的国家标准由国务院标准化行政主管部门制定，标准经制定后作为"法律"公布施行。国家标准代号为 GB。标准的前载为字母代号，后载为数字编号和年份号，产品用类别，也应在标准中标示出来。

我国国家标准分为强制性标准和推荐性标准。所谓强制性标准，是指具有法律属性，在一定范围内通过法律、行政法规等手段强制执行的标准；其他标准是推荐性标准，在标准名称后加"/T"。如国标 GB 12573—2008 是水泥取样方法标准，是强制性标准；国标 GB/T 176—2017 是规定水泥化学分析方法的标准，是推荐性标准。

根据《国家标准管理方法》和《行业标准管理办法》，下列标准属于强制性标准：药品、食品卫生、兽药、农药及劳动卫生标准；产品生产、贮运和使用中的安全及劳动安全标准；

工程建设的质量、安全、卫生等标准；环境保护和环境质量方面的标准；有关国计民生方面的重要产品标准等。

推荐性标准又称非强制性标准或自愿性标准，是指生产、交换、使用等方面，通过经济手段或市场调节而自愿采用的一类标准。这类标准不具有强制性，任何单位均有权决定是否采用，违反这类标准，不用承担经济或法律方面的责任。应当指出的是，推荐性标准一经接受并采用，或各方商定同意纳入经济合同中，就成为各方必须共同遵守的技术依据，具有法律上的约束性。

② 行业标准。行业标准是指行业的标准化主管部门批准发布的，在行业范围内统一的标准。行业标准由国务院有关行政主管部门发布，并报国务院标准化行政主管部门备案。对没有国家标准而又需要在全国某个行业范围内统一的技术要求，可以制定行业标准。如化工行业标准（代号为HG）、冶金行业标准（代号为YB）。

③ 地方标准。地方标准是指没有国家标准和行业标准而又需要在省、自治区、直辖市范围内统一的工业产品的安全、卫生要求的标准。地方标准由省、自治区和直辖市标准化行政主管部门制定。

地方标准由斜线式的分数表示，分子为DB＋省、自治区、直辖市行政区划代码，分母为标准顺序号＋发布年代号。地方标准也分强制性和推荐性标准。如：DB 37/2373—2018是山东省发布的《建材工业大气污染物排放标准》，是强制性标准；DB 32/T 1265—2020为江苏省推荐性地方标准，规定了天目湖白茶加工技术规程；DB 12/T 524—2020为天津市发布的《工业企业挥发性有机物排放控制标准》。

④ 企业标准。当企业生产的产品没有国家标准、行业标准、地方标准时，企业应当制定相应的企业标准。对已有国家标准、行业标准、地方标准的，鼓励企业制定严于上述标准的企业标准。

企业标准由斜线式的分数表示，分子为省、自治区、直辖市简称的汉字＋Q，分母为企业代号＋标准顺序号＋发布年代号。如川Q/SYK 0004 S—2016为四川省苏益康生物技术有限公司制定的《苏益康牌Ⅱ型固体饮料》标准。

4. 技术标准

对标准化领域中需要协调统一的技术事项所制定的标准，称为技术标准。它是从事生产、建设及商品流通的一种共同遵守的技术标准和技术依据。技术标准的分类方法很多，按其标准化对象特征和作用，可分为基础标准、产品标准、方法标准、安全卫生与环境保护标准等；按其标准化对象在生产流程中的作用，可分为零部件标准、原材料与毛坯标准、工装标准、设备维修保养标准及检查标准等；按标准的强制程度，可分为强制性标准与推荐性标准；按标准在企业中的使用范围，又可分为公司标准，公用标准和科室标准等。

5. 标准的有效期

标准分析法不是固定不变的，随着科学技术的发展，旧的方法不断被新的方法代替，新标准颁布后，旧的标准即应作废。

自标准实施之日起，至标准复审重新确认、修订或废止的时间，称为标准的有效期，又称标龄。由于各国情况不同，标准有效期也不同。例如，ISO标准每5年复审一次，平均标龄为4.92年。我国在国家标准管理办法中规定国家标准实施5年内要进行复审，即国家标准有效期一般为5年。

6. 标准物质

在工业分析中常常使用标准物质。在分析化学中使用的基准物质是纯度极高的单质或化合物。有关行业使用的标准试样是已经准确知道化学组成的天然试样或工业产品（如矿石、金属、合金、炉渣等）以及用人工方法配制的人造物质。标准物质必须是组成均匀、稳定，化学成分已准确测定的物质。在标准物质的保证单中，除了指出主要成分含量外，为了明确标准物质的化学组成，还须注明各辅助元素的含量。在使用时必须注意区别这两种数据，不能把辅助元素的含量当做十分准确的数据作为分析中的标准。

码1-1　标准物质

码1-2　基准物质

标准物质按其特性值的准确度水平分为一级标准物质、二级标准物质及工作标准物质。工作标准物质可由单位根据规定要求自行制备使用。

我国将标准物质分为一级与二级，它们都符合"有证标准物质"的定义。

一级标准物质代号为GBW，是用绝对测量法或两种以上不同原理的准确可靠的方法定值的，若只有一种定值方法需多个实验室合作定值。它的不确定度为国内最高水平，均匀性良好，并且在不确定度范围内，稳定性在1年以上，具有符合标准物质技术规范要求的包装形式。一级标准物质由国务院计量行政部门批准、颁布和授权生产，主要用于研究与评价标准方法及对二级标准物质定值。

二级标准物质代号为GBW（E），是用在与一级标准物质进行比较测量或用一级标准物质的定值方法定值，其不确定度和均匀性未达到一级标准物质的水平，稳定性在半年以上，能满足一般测量需要，包装形式符合标准物质技术规范的要求。二级标准物质由国务院计量行政部门批准、颁布和授权生产，主要用于评价分析方法，以及同一实验室或不同实验室间的质量保证。

工作标准物质特性值的准确度水平较国家一级、二级标准物质的特性值的准确度水平低，它是为了实际工作的需要，由某些检测水平较高的科研部门或企业，根据规定自己制备，用以满足本部门的计量要求。

六、工业分析对工作者的要求

工业分析的结果直接关系到生产与科研成果，稍有不慎就会带来极大的经济损失，甚至会使生产和科研进入歧途，为了保证分析数据准确可靠，分析工作者必须具备如下基本素质：

（1）高度的责任感和"质量第一"的理念　责任感是分析工作者第一重要的素质。分析工作者应充分认识到分析检验工作的重要作用，以对人民和社会及企业高度负责的精神做好本职工作。

（2）严谨的工作作风和实事求是的科学态度　工业分析工作者是与量和数据打交道的，稍有疏忽就会出现差错。因输错小数点而酿成重大质量事故的事例屡见不鲜。随意更改数据、谎报结果可能是一种严重的犯罪行为。分析工作是一种十分仔细的工作，要求工作者心细、眼灵，对每一步操作必须谨慎进行，来不得半点马虎和草率，必须严格遵守各项操作规程。

（3）掌握扎实的基础理论知识与熟练的操作技能　当今的工业分析内容十分丰富，涉及的知识领域十分广泛。分析方法不断更新，新工艺、新技术、新设备不断涌现，如果没有一定的基础理论知识是不能适应的。即使是一些常规分析方法亦包含较深的理论原理，如果没有一定的理论基础去理解它、掌握它，只能是知其然而不知其所以然，很难完成组分多变的、复杂的试样分析，更难独立解决和处理分析中出现的各种复杂情况。那种把化验工作者看作只会摇瓶子，照方抓药的"熟练工"是与时代不相符的陈旧观念。当然，掌握熟练的操作技能和过硬的操作基本功是工业分析工作者的基本要求，只重理论而轻实践的"理论家"也是不可取的。

（4）要有不断创新的开拓精神　科学在发展，时代在前进，工业分析更是日新月异。作为一个工业分析工作者，必须在掌握基础知识的条件下，不断地去学习新知识，更新旧观念，研究新问题，及时掌握本学科、本行业的发展动向，从实际工作需要出发开展新技术、新方法的研究与探索，以促进分析技术的不断进步，满足生产、科研不断提出的新要求。作为一名化验员，应对分析的新技术有所了解，尽可能多地掌握各种分析技术和多种分析方法，争当"多面手"和"技术尖子"，在本岗位上结合工作实际积极开展技术革新和研究实验。国内已有不少化验工人成为分析行家甚至成为有特长的技术人才。

 素质拓展阅读

中国分析化学的奠基人——梁树权

梁树权

梁树权（1912—2006年），广东珠海人，出生于山东烟台，分析化学家，教育家，中国科学院院士。

梁树权院士一直从事分析化学领域和环境保护领域的研究，研究内容包括铁原子量测定（1940年，他测定铁的原子量被国际原子量委员会采纳并长期沿用）、稀土和稀有元素的化学分析与分离、钨和钼的化学分析、高炉废气中氟元素的测定等，还进行了微量与痕量化学分析方法研究以及殷商青铜成分分析等研究。截至2006年12月，梁树权撰写、翻译、校订书籍十余种，如《铁矿分析法》《容量分析》《无机痕量分析》《络合滴定及其应用》《分析化学中的分离方法》等，主编《中国科学院1955年分析化学研究工作报告会会刊》和《中国化学五十年》的第四章"五十年来的中国分析化学"以及中国大百科全书化学卷中的分析化学部分，并撰写评述、化学家传记以及科学普及方面的文章多篇，在国内外刊物上发表学术论文130余篇。

梁树权院士不仅是化学家，同时还是一位优秀的教育家，在毕生的化学研究与教学生涯中，培育了大批人才，其中有的已当选为中国科学院院士。他一生追求真理、严谨治学，为我国科研事业的发展与化学人才的培养做出了重要贡献。

梁先生的研究让分析化学在中国栽下了根。经过几代人的不断探索，分析化学蓬勃发展，并日益走向成熟。我们新一代年轻人亦应不辱使命，传承老一辈科学家"爱岗敬业、精益求精"的精神，为实现中华民族的伟大复兴而努力奋斗。

项目小结

工业分析是研究各种物料（原料、辅助材料、中间体、成品、副产品和"三废"等）组成及定量分析的方法和相关理论的一门学科。其特点是分析对象物料量大，且样品组成复杂，所以取样时一定要注意取得的样品要具有代表性，并要选择合适的方法处理样品，避免引入误差。

工业分析的方法根据分类依据不同有化学分析法、物理分析法、物理化学分析法；有例行分析法、仲裁分析法。评价分析方法一般可从准确度、灵敏度、选择性、速度、成本、环保等方面进行，从而选择合适的分析方法。

在工业分析中常常用到标准方法。标准有国际标准和国家标准，《中华人民共和国标准化法》将我国标准分为国家标准、行业标准、地方标准、企业标准四级。我国国家标准的有效期一般为5年。除标准方法外还有其他技术标准如产品标准、设备维修保养标准及检查标准等。这些标准有的是强制性标准，有的是推荐性标准。分析工作中为了校正仪器、验证分析方法，有时还需要使用标准物质。标准物质按其特性值的准确度水平分为一级标准物质、二级标准物质及工作标准物质。

对从事分析工作人员的要求是具有高度的责任感和"质量第一"的理念、严谨的工作作风和实事求是的科学态度、扎实的基础理论知识与熟练的操作技能，同时要有不断创新的开拓精神。

练一练测一测

1. 单选题

（1）下列（　　）不是工业分析的特点。
A. 分析对象的物料量大　　　　　　　　B. 分析对象组成复杂
C. 分析任务广　　　　　　　　　　　　D. 试样处理比较容易

（2）在仲裁分析时常采用（　　）。
A. 滴定分析法　　　　　　　　　　　　B. 重量分析法
C. 标准分析法　　　　　　　　　　　　D. 快速分析法

（3）国家标准的有效期一般为（　　）年。
A. 2年　　　　B. 3年　　　　C. 5年　　　　D. 10年

（4）允差是某分析方法所允许的平行测定间的（　　）。
A. 绝对误差　　　　　　　　　　　　　B. 相对误差
C. 绝对偏差　　　　　　　　　　　　　D. 相对偏差

（5）国际标准的代号为（　　）。
A. ISO　　　　B. IOS　　　　C. SIO　　　　D. SOI

（6）国家标准代号为（　　）。
A. GB　　　　B. HB　　　　C. YB　　　　D. QB

（7）下列哪条不是分析工作者的素质要求？（　　）
A. 扎实的理论基础　　　　　　　　　　B. 熟练的操作技能
C. 一切以经济效益为先的理念　　　　　D. 实事求是的工作作风

2. 判断题

(1) 快速分析法因为分析速度快，常被中心化验室采用。（   ）
(2) 一般企业标准要求低于国家标准。（   ）
(3) 强制性标准一般在标准号后加"T"。（   ）
(4) 标准物质是组成均匀、稳定，化学成分已准确测定的物质。（   ）
(5) 工业分析面临的分析对象经常比较复杂，选择分析方法时必须考虑干扰。（   ）
(6) 标准化的实质："通过制定、发布和实施标准，达到统一"。（   ）
(7) 标准物质只能是具有确定组成的固体。（   ）
(8) 快速分析法的特点是分析速度快，分析误差较大。（   ）

3. 填空题

(1) 工业分析有指导和促进生产的作用，常被誉为工业生产的_____。
(2) 在一定范围内为获得最佳秩序，对活动或其结果规定共同的和重复使用的规则、导则或特殊文件称为_____。
(3) 快速分析法的特点是分析速度_____，分析误差较_____。
(4) 我国的国家标准由_____标准化行政主管部门制定。
(5) 推荐性标准一般在标准号后加字母_____。
(6) 用于研究与评价标准方法及对二级标准物质进行定值常用_____标准物质。

4. 计算题

用艾氏卡法测定煤中总硫含量，当硫含量为1%～4%时，允许误差为±0.1%。实验测得的数据，第一组为2.56%及2.80%；第二组为2.56%及2.74%。请用允差判断哪一组为有效数据？

项目二
工业浓硝酸质量分析

项目引导

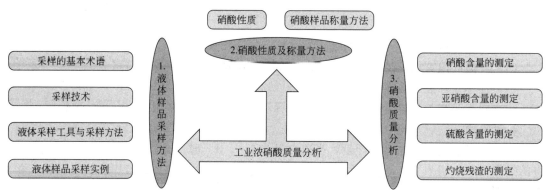

工业生产中的产品、原料等按状态可分为液态、气态、固态，不同状态的样品性质不同，采样方法也不一样。采样时必须根据样品性质设计合理的采样方案，以保证采集的样品具有一定的代表性。硝酸采样时可以采用玻璃或铝制的采样管或采样瓶，按采样方案采集样品后送往分析室检验，检验时称量样品必须使用安瓿球。根据2014年颁布的标准，工业浓硝酸质量分析时检测的项目有硝酸含量、亚硝酸含量、硫酸含量、灼烧残渣含量。

任务一　液体样品采样方法

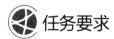任务要求

1. 熟悉常用的采样术语。
2. 了解常用的液体采样工具及使用方法。
3. 熟悉不同性质液体样品的采样方法。

通常物料的分析检测过程包括采样、样品预处理、测定、结果计算、结果判断五个步骤，采样是分析工作者分析样品时面临的第一项任务。所谓采样也就是从待测的大量原始物料中取得一小部分供分析测试使用的试样，因此所采的样品一定要能代表原始物料的平均组成，否则即使后面的分析操作再准确也是徒劳的，其分析结果依然不能表示原始物料的组成

情况，甚至会得出错误的结论。因此分析工作中一定要十分重视样品的采取与制备，根据样品性质合理制定采样方法、选择采样工具，在采样过程中还要防止样品变化和污染。

一、采样的基本术语

（1）采样　从待测的原始物料中取得分析试样的过程，所取得的样品一定要具有代表性。

（2）采样单元　具有界限的一定数量物料。其界限可能是有形的，如一个容器；也可能是无形的，如物料流的某一时间或时间间隔。

（3）份样（子样）　用采样器从一个采样单元中一次取得的一定量的物料。

（4）原始平均试样　合并所有采取的份样（子样）称为原始平均试样。

（5）分析化验单位　应采取一个原始平均试样的物料的总量称为分析化验单位。分析化验单位可大可小，主要取决于分析的目的。如生产车间常以一天或一个班次的产量作为一个分析化验单位，买卖双方常以一批买卖量作为一个分析化验单位。但对于大量的物料而言，分析化验单位不能过大。例如，对商品煤而言，一般不超过1000t。

（6）实验室样品　送往实验室供检验或测试而制备的样品。

（7）备考样品　与实验室样品同时同样制备的样品。在有争议时，作为有关方面仲裁使用的样品。

（8）部位样品　从物料的特定部位或在物料流的特定部位和时间取得的一定数量或大小的样品，如上部样品、中部样品或下部样品等。部位样品是代表瞬时或局部环境的一种样品。

（9）表面样品　在物料表面取得的样品，以获得关于此物料表面的资料。

（10）样品制备　由送检样制备成分析试样的过程。

二、采样技术

采样时应根据样品的性质、均匀程度、数量多少确定采样方法，严格按照一定的规程进行操作，对不同类型的试样应按照不同的原则进行采样。

1. 确定样品的采样位置

（1）均匀物料　如果物料各部分的特性平均值在测定该特性的测量误差范围内，此物料就该特性而言是均匀物料。均匀物料的采样原则上可以在物料的任意部位进行，但要注意在采样过程中不应带进杂质，且尽量避免引起物料的变化（如吸水、氧化等）。

（2）不均匀物料　如果物料各部分的特性平均值不在测定该特性的测量误差范围内，此物料就该特性而言是不均匀物料。对于不均匀物料，一般采取随机采样。对所得样品分别进行测定，再汇总所有样品的检测结果，可以得到总体物料的特性平均值和变异性的估计量。

（3）随机不均匀物料　总体物料中任一部分的特性平均值与相邻部分的特性平均值无关的物料。采样时可以随机采样，也可非随机采样。

（4）定向非随机不均匀物料　总体物料的特性值沿一定方向改变的物料。定向非随机不均匀物料要用分层采样，并尽可能在不同特性值的各层中采出能代表该层物料的样品。

（5）周期非随机不均匀物料　在连续的物料流中物料的特性值呈现出周期性变化，其变化周期有一定的频率和幅度。周期非随机不均匀物料最好在物料流动线上采样，采样的频率应高于物料特性值的变化频率，切忌两者同步。

(6) 混合非随机不均匀物料　由两种以上特性值变异类型或两种以上特性平均值组成的混合物料,如几批生产物料合并的物料。混合非随机不均匀物料的采样,首先尽可能使各组成部分的物料分开,然后按照上述各种物料类型的采样方法进行采样。

2. 确定采样单元数

(1) 散装物料

① 当批量少于 2.5t 时,采样为 7 个单元(或点)。

② 当批量为 2.5~80t 时,采样为 $\sqrt{批量(t) \times 20}$ 个单元,计算结果取整数。

③ 当批量大于 80t 时,采样为 40 个单元。

(2) 物料采样单元数　当总体物料的单元数<500 时,可按照表 2-1 的规定确定;当总体物料的单元数≥500 时,可按总体单元数立方根的三倍确定。

$$n = 3 \times \sqrt[3]{N} \tag{2-1}$$

式中　n——选取的单元数;
　　　N——总体物料的单元数。

表 2-1　物料采样单元数的确定

总体物料的单元	选取物料的单元	总体物料的单元	选取物料的单元
1~10	全部单元	182~216	18
11~49	11	217~254	19
50~64	12	255~296	20
65~81	13	297~343	21
82~101	14	344~394	22
102~125	15	395~450	23
126~151	16	451~500	24
152~181	17		

3. 确定采样量

样品的采样量应至少满足以下要求:①至少满足三次重复检测的需要;②当需要留存备考样品时,必须满足备考样品的需要;③对采得的样品如需要作制样处理时,必须满足加工处理的需要。

4. 填写采样记录

采样时应记录被采物料的状况和采样操作,如物料的名称、来源、编号、数量、包装情况、存放环境、采样部位、所采样品数和样品量、采样日期、采样人等,必要时可填写详细的采样报告。

三、液体采样工具与采样方法

液体样品具有流动性,易取得均匀样品。采样时对于静态样品可在不同部位采取子样,对于流动的样品,可在不同时间段采取子样,然后混合成平均试样。

1. 采样工具

(1) 采样勺　适合于表面样品的采集,材质有塑料、不锈钢、黄铜等(图 2-1)。

(2) 采样瓶　可用于任意深度液体样品的采集,材质有不锈钢、黄铜、有机玻璃等(图 2-2)。

(3) 采样管　采样管用玻璃、塑料或金属制成，两端开口，可用于桶、罐、槽车等容器内的液体物料采样（图 2-3）。

采样时根据样品性质选择合适材质的采样工具，如采集腐蚀性样品一般用玻璃或有机材质，浓硝酸采样时可使用玻璃制采样管或铝制采样管，采样瓶可采用聚四氟乙烯材料。

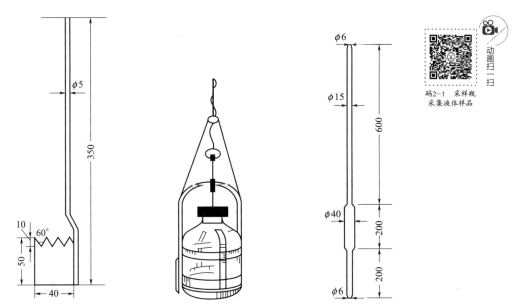

图 2-1　采样勺（单位：mm）　图 2-2　玻璃采样瓶　图 2-3　玻璃采样管（单位：mm）

2. 采样方法

（1）小贮存器中采样　如果是小瓶装样品如注射用针剂等，按采样方法取得样品，各瓶摇匀后分别倒出等量液体混合均匀作为样品。如果是大瓶或桶装样品，可以滚动或搅拌均匀后用采样管采样。

（2）大贮存器中采样　大型贮存器如贮罐一般在侧面有上、中、下采样口，并配有阀门，采样时可以打开阀门，分别从 3 个采样口采取一定量样品混合即可。或者从顶部进样口放入采样瓶，分别采取上、中、下部位样品，按比例混合后即得平均试样。

如浓硝酸采样时规定从容器的上、中、下部位采样，总采样量不少于 500mL。

（3）运输工具中取样　运输工具一般具有进样口和排料口，采样时可以用采样工具如采样瓶或采样管从进样口分别采集上、中、下部位样品，按比例混合得平均试样；如物料比较均匀，也可用采样瓶直接在排料口采样。

（4）输送管线采样　一般输送管线中都装有采样阀，采样时打开阀门，放去最初流出的溶液，用采样瓶接受后续流出的溶液即可。

四、液体样品采样实例——输送管线中采集工业浓硝酸

浓硝酸易挥发，其蒸气对眼睛、呼吸道等的黏膜和皮肤有强烈刺激性。皮肤沾上浓硝酸可引起灼伤、腐蚀而留下疤痕，其腐蚀可达到相当深的部位。如进入咽部，对口腔以下的消化道可产生强烈的腐蚀性烧伤，严重时可能发生休克致死。因此采样时除了注意要取得具有一定量代表性的样品外，还要注意安全，具体来说要做到以下几条：

① 采样前要确认采样瓶清洁、完好无损。
② 到达采样点后首先确认风向，应站在上风口采样，同时应确认采样管线状况良好。
③ 采样时要穿戴好劳动防护用品（工作服、工作鞋、安全帽、防护手套、防护面罩）。
④ 因为管道内有负压，采样时首先要慢慢打开阀门，用阀门打开角度控制酸液流速，首先放掉最初流出的酸液，然后用酸液润洗取样瓶3次后取样。
⑤ 取得规定量的样品后盖好瓶盖，关闭取样阀门。

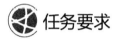思考与交流

1. 什么是采样？采样过程中如何确定采样单元数和采样量？
2. 常用的液体采样工具有哪些？各适用于什么采样情形？
3. 小型容器、大型容器、运输管线分别如何采样？

任务二　硝酸性质及称量方法

任务要求

1. 了解硝酸的性质。
2. 熟悉硝酸样品分析时的取样方法。
3. 掌握安瓿球的使用方法。

一、硝酸性质

硝酸，化学式为HNO_3。常温下纯硝酸溶液无色透明，放置过程中如受热或见光会分解产生二氧化氮（一种红棕色气体），分解产生的二氧化氮溶于硝酸，使硝酸呈浅黄色，因此硝酸应贮于棕色瓶中并避光保存。

硝酸熔点为$-42℃$，密度为$1.5g/cm^3$，能与水以任意比例互溶。硝酸的沸点随着含量的变化而变化。当硝酸的浓度为68.4%时，沸点最高为121.9℃。含68.4%的硝酸水溶液为恒沸混合物，因此将稀硝酸蒸馏所得的硝酸浓度最高只能为68.4%。一般市售普通试剂级硝酸浓度约为68%，而工业级浓硝酸浓度则为98%，工业级浓硝酸有时也称发烟硝酸。工业浓硝酸的主要制备方法是将稀硝酸与浓硫酸或硝酸镁混合后，在较低温度下蒸馏而成。

硝酸是一种强氧化性、腐蚀性的酸，能严重损伤金属、橡胶和肌肤，因此不得用胶塞试剂瓶盛放硝酸。但冷的浓硝酸能使铁、铝钝化，所以可用铁或铝制品盛放浓硝酸。硝酸与许多常用有机物会发生非常激烈的反应，有引起火灾和爆炸的危险。

二、硝酸样品称量方法

因为硝酸具有挥发性，不能用称取普通液体的方法称量硝酸样品，否则试液的挥发易造

成实验误差，必须借助安瓿球称量。安瓿球结构如图2-4所示，其球部直径约20mm，毛细管端长约60mm。

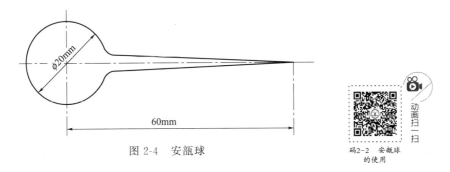

图2-4　安瓿球

码2-2　安瓿球的使用

称样时首先称取空安瓿球的质量（准确至0.0002g），然后在火焰上加热安瓿球的球部，趁热将安瓿球的毛细管端插入硝酸溶液中，当冷却一段时间后，由于球内气压降低，硝酸试液会沿着毛细管进入球部，吸取一定量的硝酸试液后，取出安瓿球，用吸水纸擦拭安瓿球毛细管口后，火焰封口，称量吸取试样后的安瓿球质量。两次质量之差即为称取的硝酸试液质量。

操作过程中要注意：
① 边加热边转动安瓿球，否则由于局部受热时间过长，安瓿球的球部会变形坍塌。
② 安瓿球封口要严密，操作中不能损失毛细管，否则会引起称量误差。
③ 一定要将毛细管外壁的溶液擦拭后再加热封口，否则会产生大量刺激性酸雾。
④ 如果一次性吸取样品量不满足要求，最好不要继续加热，否则安瓿球中的硝酸受热也会产生大量的酸雾。

思考与交流

1. 硝酸一般贮存在什么容器中？
2. 硝酸具有挥发性，称取硝酸时应使用什么器具？
3. 如何正确操作安瓿球？

任务三　硝酸质量分析

任务要求

1. 熟悉工业浓硝酸的技术指标。
2. 掌握工业浓硝酸中硝酸、亚硝酸、硫酸和灼烧残渣的测定原理。
3. 会设计方案测定硝酸、亚硝酸、硫酸的含量。

工业生产中一般采用氨催化氧化的方法制备硝酸，涉及的主要反应有：

$$4NH_3 + 5O_2 \longrightarrow 4NO + 6H_2O$$

$$2NO + O_2 \longrightarrow 2NO_2$$

$$2NO_2 + H_2O \longrightarrow HNO_3 + HNO_2$$

按一般硝酸工艺生产时只能得到稀硝酸，含量在68%左右，而要获得浓硝酸就必须浓缩稀硝酸，通常浓缩时会使用到浓硫酸，通过加入浓硫酸蒸馏可得到浓硝酸。根据生产工艺，国家标准GB/T 337.1—2014《工业硝酸 浓硝酸》对硝酸质量控制指标进行了规定，见表2-2。

表2-2 浓硝酸的技术要求

项目		指标	
		98酸	97酸
硝酸(HNO_3)/%	$\geqslant$	98.0	97.0
亚硝酸(HNO_2)/%	$\leqslant$	0.50	0.50
硫酸(H_2SO_4)/%	$\leqslant$	0.08	0.10
灼烧残渣/%	$\leqslant$	0.02	0.02

注：硫酸浓缩法制得的浓硝酸应控制硫酸含量，其他工艺可不作要求。

一、硝酸含量的测定

因为硝酸具有酸性，可以与碱性物质反应，利用酸碱滴定法结合返滴定技术可测定硝酸的含量。具体测定过程见"操作1"，测定结果按下式计算：

$$\omega(HNO_3) = \frac{(c_1V_1 - c_2V_2) \times M}{m \times 1000} \times 100\% - 1.340\omega_1 - 1.285\omega_2 \quad (2-2)$$

式中 c_1——氢氧化钠标准滴定溶液浓度的准确数值，mol/L；

c_2——硫酸（$1/2H_2SO_4$）标准滴定溶液浓度的准确数值，mol/L；

V_1——加入氢氧化钠标准滴定溶液体积的数值，mL；

V_2——滴定所消耗硫酸标准滴定溶液体积的数值，mL；

m——试样质量的数值，g；

M——硝酸的摩尔质量，63.01g/mol；

ω_1——测定试样中亚硝酸的质量分数；

ω_2——测定试样中硫酸的质量分数；

1.340——亚硝酸换算成硝酸的系数；

1.285——硫酸换算成硝酸的系数。

注：1.因为试样中如果含有亚硝酸或硫酸，在测试硝酸含量过程中亚硝酸和硫酸也要消耗氢氧化钠，从而使测定结果偏高，所以测定结果中要扣除相应的量。

2.硝酸含量取平行测定结果的算术平均值为测定结果，要求两次平行测定结果的绝对差值不大于0.2%。

任务实施

操作1　硝酸含量的测定

一、目的要求

1.掌握返滴定法测定硝酸含量的原理。

2.掌握安瓿球称取易挥发液体样品的操作。

3.进一步掌握酸式滴定管和碱式滴定管的使用。

码2-3　电子天平的使用

二、方法原理

称取一定量样品，加入过量的氢氧化钠标准溶液，以甲基橙为指示剂用硫酸标准溶液进行返滴定，根据消耗的氢氧化钠标准溶液和硫酸标准溶液的量计算出硝酸的含量。

三、仪器和试剂

1.仪器

安瓿球，500mL碘量瓶，其他滴定分析用仪器。

2.试剂

① $c(NaOH)=1mol/L$ 的氢氧化钠标准溶液（配制方法见附录二）。

② $c(1/2H_2SO_4)=1mol/L$ 的硫酸标准溶液（配制方法见附录二）。

码2-4　硝酸样品的称量

③ 1g/L的甲基橙指示液（配制方法见附录一）。

四、测定步骤

1.首先用分析天平准确称取空安瓿球的质量（准确至0.0002g），在火焰上加热安瓿球后，将安瓿球毛细管插入硝酸试液吸取1.5~2.0mL的试液，用吸水纸擦拭安瓿球毛细管外壁，火焰封口后称量。

2.将盛有试液的安瓿球小心放入500mL碘量瓶中，瓶中预先加入100mL水和50.00mL的氢氧化钠标准滴定溶液，塞紧瓶塞，然后剧烈振荡，使安瓿球完全破碎，摇动碘量瓶至酸雾消失为止。

3.取下塞子，用少量水冲洗瓶塞和瓶口后，用玻璃棒捣碎安瓿球，研碎毛细管，取出玻璃棒，用水洗涤，将洗涤液收集在同一具塞碘量瓶中。加1~2滴甲基橙指示剂，用硫酸标准溶液滴定至橙色为终点。平行测定两次。

五、数据记录与处理

数据记录与处理表如下所示。

测定次数	天平编号		滴定管编号	
室温/℃			溶液温度/℃	
测定次数	1	2	备用1	备用2
加入 NaOH 标准溶液体积/mL				
空安瓿球质量/g				
安瓿球+样品质量/g				
试样质量/g				
称量后天平零点				
酸式滴定管初读数/mL				
酸式滴定管末读数/mL				
消耗硫酸溶液体积/mL				
滴定管体积校正值/mL				
滴定管温度校正值/mL				
实际消耗 H_2SO_4 标液体积/mL				
$c(1/2H_2SO_4)/(mol/L)$				
$c(NaOH)/(mol/L)$				
$\omega(HNO_3)$				
平均 $\omega(HNO_3)$				
相对平均偏差/%				
计算公式				

操作人：_____ 审核人：_____ 日期：_____

六、注意事项

1. 安瓿球操作时不能用手直接抓取，必须戴手套或用纸条夹取。
2. 碘量瓶中有酸雾时不能打开瓶塞，防止硝酸挥发损失。
3. 一定要将安瓿球毛细管部分的硝酸释放出来，否则会引起实验误差。

【任务评价】

出勤	预习情况	实验操作	实验结果	报告书写	文明操作	总评成绩

二、亚硝酸含量的测定

1. 方法原理

用高锰酸钾标准溶液氧化试样中的亚硝酸化合物，再加入过量的硫酸亚铁铵溶液，然后用高锰酸钾标准溶液滴定过量的硫酸亚铁铵溶液。

实验中硫酸亚铁铵溶液的浓度为 40g/L，配制方法为取 40.0g 硫酸亚铁铵，用去离子水溶解后加入 20mL 浓硫酸，冷却后稀释至 1000mL 即得。

$c(1/5KMnO_4)=0.1mol/L$ 的高锰酸钾标准溶液配制方法见附录二。

2. 测定过程

① 将样品注入洁净干燥的合适容器中，用密度计测定密度。

② 于500mL具塞锥形瓶中，加入100mL温度低于25℃的水，20mL温度低于25℃的硫酸溶液（1+8），再用滴定管准确加入一定体积（V_0）的高锰酸钾标准溶液。

③ 准确移取5～10mL的试样，迅速加入到具塞锥形瓶中，立即塞紧瓶塞，用冷水冷却到室温，摇动至酸雾完全消失为止，准确加入20mL的硫酸亚铁铵溶液，用高锰酸钾标准溶液滴定至浅粉红色且30s不褪色为终点，记下高锰酸钾标准溶液消耗的体积（V_1）。

④ 进行空白试验，即准确吸取20mL的硫酸亚铁铵溶液，用高锰酸钾标准溶液滴定至浅粉红色且30s不褪色为终点，记下高锰酸钾标准溶液消耗的体积（V_2）。

3. 结果计算

$$\omega(HNO_2) = \frac{V_0 + V_1 - V_2}{\rho V \times 1000} \times cM \times 100\% \quad (2-3)$$

式中　c——高锰酸钾$\left(\frac{1}{5}KMnO_4\right)$标准溶液浓度的准确数值，mol/L；

　　　V_0——开始加入高锰酸钾标准溶液体积的数值，mL；

　　　V_1——第一次滴定消耗高锰酸钾标准溶液体积的数值，mL；

　　　V_2——第二次滴定消耗高锰酸钾标准溶液体积的数值，mL；

　　　V——移取试样体积的数值，mL；

　　　M——亚硝酸$\left(\frac{1}{2}HNO_2\right)$的摩尔质量，23.50g/mol；

　　　ρ——试样密度的数值，g/mL。

注：1. 一般98酸或97酸，试样密度为1.500g/mL，其他浓度的酸可以用密度计测定密度。

2. 加入高锰酸钾的体积V_0要比滴定消耗的体积V_1过量10mL以上。

3. 取平行测定结果的算术平均值为测定结果，要求两次平行测定结果的绝对差值不大于0.01%。

三、硫酸含量的测定

1. 方法原理

样品蒸发后，剩余硫酸在甲基红-亚甲基蓝混合指示剂的存在下，用氢氧化钠标准溶液滴定到终点。

滴定中使用的氢氧化钠标准溶液浓度为0.1mol/L（配制方法见附录二）。当使用甲醛（浓度为250g/L）处理样品时，应用氢氧化钠溶液将酚酞指示液调至变色。

2. 测定过程

准确移取25.00mL的试样于瓷蒸发皿中并置于水浴上，蒸发到硝酸除尽（为了使硝酸全部除尽可加2～3滴甲醛溶液），继续蒸发至干，待蒸发皿冷却后，用水冲洗蒸发皿内的油状物质，定量移入到250mL的锥形瓶中，加2滴甲基红-亚甲基蓝混合指示剂，用氢氧化钠标准溶液滴定至灰色为终点。

3. 结果计算

$$\omega(H_2SO_4) = \frac{cV_1 M\left(\frac{1}{2}H_2SO_4\right)}{\rho V \times 1000} \times 100\% \quad (2-4)$$

式中　c——氢氧化钠标准溶液浓度的准确数值，mol/L；

　　　V_1——滴定消耗氢氧化钠标准溶液体积的数值，mL；

　　　V——移取试样体积的数值，mL；

M——硫酸（$\frac{1}{2}H_2SO_4$）的摩尔质量，49.03g/mol；

ρ——试样密度的数值，g/mL。

注：1.要持续蒸发至获得油状物质为止。

2.取平行测定结果的算术平均值为测定结果，要求两次平行测定结果的绝对差值不大于0.01%。

四、灼烧残渣的测定

1. 方法原理

试样蒸发后，残渣经高温灼烧至质量恒定。

2. 测定过程

量取50mL试样，置于预先在（800±25）℃高温炉中灼烧至质量恒定的蒸发皿中，将蒸发皿置于沙浴上蒸干，然后将蒸发皿移入高温炉内，在（800±25）℃灼烧至质量恒定。

3. 结果计算

$$\omega(灼烧残渣)=\frac{m_2-m_1}{\rho V}\times 100\% \tag{2-5}$$

式中 m_1——蒸发皿质量的数值，g；

m_2——盛有灼烧残渣的蒸发皿质量的数值，g；

V——移取试样体积的数值，mL；

ρ——试样密度的数值，g/mL。

注：1.取平行测定结果的算术平均值为测定结果，要求两次平行测定结果的绝对差值不大于0.002%。

2.灼烧残渣是型式检验项目，正常情况下可6个月检验一次，但如果生产中更新了关键设备和生产工艺、主要原料有变化、停产又复产等应立即检验。

思考与交流

1. 工业浓硝酸中分析项目有哪些？
2. 硝酸、亚硝酸、硫酸含量测定原理分别是什么？
3. 灼烧残渣的测定原理是什么？是不是每批样品都要测定灼烧残渣？

知识拓展

浓硝酸属于危险化学品，包装上应有牢固清晰的标志，内容包括生产厂名、产品名称、"腐蚀性物质"和"氧化性物质"的标签。在运输中应防止曝晒和猛烈撞击，确保容器不漏，盛放的容器用铝制或C4钢等耐腐蚀的材质。存放时应单独放在低温干燥通风的二级耐火等级库区，防止日光直晒，不得与各种酸、碱、有机物、氧化剂、可燃物、有毒物品混贮。浓硝酸泄漏或引起燃烧时应用沙土、二氧化碳扑灭，并用大量水冲洗，同时防止氧化氮气体中毒。如被浓硝酸灼伤皮肤应立即用大量水冲洗，然后用小苏打水（0.9%碳酸氢钠溶液）清洗，并立即就医。

素质拓展阅读

制定危险化学品应急预案可以减少危害

2018年4月11日河南三门峡一工厂浓硝酸（98%）贮罐出口法兰泄漏，产生大量黄色烟雾。接报后，市政府领导高度重视，第一时间启动环境应急预案，现场用大量水和碱液稀释，并通过喷水控制烟雾，1小时内硝酸泄漏得到有效控制，无人员伤亡。

2019年5月29日，江苏如东一化工企业硝酸贮罐发生泄漏突发事故，企业立即启动泄漏应急预案，园区特勤消防中队立即出警处置，约30分钟后处置完毕，无人员伤亡。

化学改变了世界，化学事故不能否定化学对世界发展的贡献。我们可以对它心存敬畏，但不能避而远之。近年来出现的安全事故是给整个社会和化工行业敲响的警钟，提醒企业和工作人员要充分了解化学物质的特性，要把"爱岗敬业，精益求精"落到实处，必要时应制定应急预案，永远把安全管理排在第一位。

项目小结

采样过程中常用的基本术语有采样、采样单元、子样、原始平均试样、分析化验单位、实验室样品等。采样过程中为了取得具有代表性的样品，必须遵守一定的采样规则。即首先应根据物料性质确定合适的采样位置，然后确定采样单元数和采样量。对于不同性质和不同包装的样品，还要选择合适的采样工具和采样方法。常用的液体采样工具有采样勺、采样瓶和采样管。采样勺适合于表面样品的采集，采样管可用于桶、罐、槽车等容器内的液体物料采样，采样瓶可用于任意深度液体样品采集。

硝酸是一种强氧化性、腐蚀性的酸，具有挥发性，采样时根据包装容器的不同可分别采用不同的方法。如从输送管线采样时可用采样瓶直接从采样口采集样品。分析检验时，因为硝酸具有挥发性，必须借助于安瓿球进行取样。根据工业浓硝酸的生产工艺，常需控制的分析检测项目有硝酸含量、亚硝酸含量、硫酸含量、灼烧残渣的量。硝酸含量测定的方法是酸碱滴定法，亚硝酸含量的测定方法为氧化还原滴定法，硫酸含量测定的方法也是酸碱滴定法，但滴定前必须采用蒸发的方法除去硝酸和亚硝酸后再测定。

练一练测一测

1. 单选题

（1）试样的采取和制备必须保证所取试样具有充分的（   ）。

A. 代表性　　　　B. 唯一性　　　　C. 针对性　　　　D. 准确性

（2）在采样点上采集的一定量的物料，称为（   ）。

A. 子样　　　　B. 子样数目　　　　C. 原始平均试样　　　　D. 分析化验单位

（3）称量易挥发液体样品用（   ）。

A. 称量瓶　　　　B. 安瓿球　　　　C. 锥形瓶　　　　D. 滴瓶

（4）使用安瓿球称样时，先要将球部在（   ）中微热。

A. 热水　　　　B. 烘箱　　　　C. 油浴　　　　D. 火焰

（5）使用浓盐酸、浓硝酸，必须在（   ）中进行。

A. 大容器　　　　　B. 玻璃器皿　　　　　C. 耐腐蚀容器　　　　　D. 通风橱

（6）当硝酸的浓度为（　　）%时，其沸点达到最高（121.9℃）。

A. 58.4　　　　　B. 68.4　　　　　C. 78.4　　　　　D. 88.4

（7）在硝酸含量测定时采用返滴定法，用甲基橙为指示剂，如终点滴定到红色，会使测定结果（　　）。

A. 偏低　　　　　B. 偏高　　　　　C. 无影响　　　　　D. 无法判断

（8）在用高锰酸钾测定亚硝酸时，是往溶液中加入过量高锰酸钾，然后用（　　）滴定剩余的高锰酸钾。

A. 硫酸铁　　　　　B. 硫酸亚铁铵　　　　　C. 草酸　　　　　D. 草酸钠

2. 判断题

（1）液体物料具有流动性，组成不易均匀，不易取得均匀样品。（　　）

（2）从大桶中取液体样品时，是将样品摇匀后倒出少许取样。（　　）

（3）在用安瓿球测定硝酸时，如安瓿球毛细管处样品没与 NaOH 反应使测定结果偏低。（　　）

（4）硝酸中亚硝酸的测定采用氧化还原滴定法。（　　）

（5）用高锰酸钾法测定亚硝酸含量时，试样是采取称量的方法。（　　）

（6）硝酸中的硫酸测定，是利用硝酸与硫酸挥发性的差异，将试样蒸发后再测硫酸。（　　）

（7）硝酸中灼烧残渣的测定利用的是酸碱滴定法。（　　）

（8）工业硝酸大多呈黄色是由于生产中带入了杂质。（　　）

3. 计算题

测定硝酸含量，称取样品 2.1315g，与 50.00mL 1.005mol/L 的 NaOH 反应后，剩余的 NaOH 需要消耗 0.5018mol/L 的硫酸 28.38mL，计算硝酸的含量。$M（HNO_3）$＝63.01mol/L。

项目三
煤气质量分析

项目引导

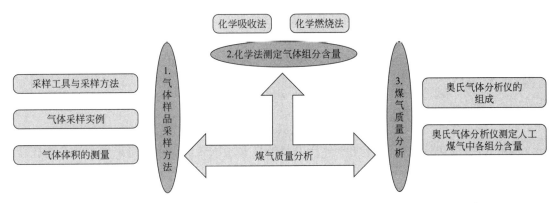

煤气是以煤为原料加工制得的含有可燃组分的气体,一般分为天然煤气和人工煤气两大类,煤气中的一氧化碳和氢气是重要的化工原料。国家标准 GB/T 12208—2008《人工煤气组分与杂质含量测定方法》规定用化学吸收法或燃烧法测定人工煤气中各主要成分的含量。在测定前必须采用正确的方法采集待分析的煤气样品,通常利用采样袋、球胆或采样瓶采集煤气。常用的分析仪器是奥氏气体分析仪,它结合了化学吸收法和化学燃烧法,可以测定煤气中 CO_2、O_2、CO、不饱和烃、CH_4、H_2、N_2 等气体的含量。

任务一 气体样品采样方法

任务要求

1. 了解气体的性质及分析检验目的。
2. 掌握不同状态下气体的采样工具及采样方法。
3. 会正确测量气体样品的体积。

工业生产中常使用气体作为原料或燃料,燃料燃烧后会产生废气(如烟道气),化工生产中的化学反应常常伴随有副产物废气产生,厂房空气中常混有一定量生产中产生的气体而使空气质量发生变化等等。在工业生产中，为了正常、安全地生产，都必须对各种工业气体进行分析，了解其组成。例如，对化工原料气分析，可掌握原料气成分含量，以便正确配料；根据中间产品气体的分析结果，可以了解生产是否正常；制造或使用气体燃料时，常由燃料的组成计算燃料的发热量；根据燃料燃烧后生成烟道气的成分，可以了解燃烧是否正常；分析厂房空气，可检查厂房通风及设备漏气情况，确定有无有害气体，并根据有害气体的含量，判断是否危及人体健康及厂房安全等。

在分析前同样要取得具有代表性的样品，采样不正确，进一步分析就毫无意义。与液体、固体相比，气体的流动性更大，组成更易均匀，因此可作为均匀物料采样。但如果从气体组成不一致的某一点采样，或在气体组成急剧变化的气体管路中采样等，可按照下述方法采得相应的样品：

① 平均试样。用一定装置使取样过程能在一定时间内或整个生产循环中，或者在某生产过程的周期内进行，所取试样可以代表一个过程或整个循环内气体的平均组成。

② 定期试样。经过一定时间间隔所采取的试样。

③ 定位试样。在设备中不同部位（如上部、中部、下部）所采取的试样。

④ 混合试样。几个试样的混合物，这些试样取自不同对象或在不同时间内取自同一对象。

一、采样工具与采样方法

采集气体样品时，根据被采集气体压力与外界大气压的差别，可将采样方法分为正压、常压、负压采样，然后根据气体性质选择合适的采样工具与采样方法采取分析试样。如果采样时样品中有机械杂质，或者气体温度高于200℃，取样管路中应连接过滤与冷却装置。

1. 正压下采样

当气体压力高于大气压力时，将采样容器与气体贮存容器或气体管路相连，打开气体贮存容器或气体管路上的开关或阀门，气体即可自动流入气体采样容器中。如果气体压力过大，应在取样点与取样容器之间接入缓冲瓶。常用的正压取样容器有球胆、塑料袋、复合膜气袋等，采样时必须用气体试样置换采样容器内的空气3～4次。图3-1为球胆示意图。

图 3-1 球胆

码3-1 气体样品的采集——球胆取样

将采样容器与气体管路连接的导管有玻璃管、聚四氟乙烯管、不锈钢管、铜管、铝管、橡胶管等。高纯气体的采集要用不锈钢管或铜管，而不能用塑料管或橡胶管，煤气分析时可以采用橡胶管。

2. 常压下采样

当气体压力接近大气压或等于大气压时，常用封闭液改变液面位置以引入气体试样。当感到气体压力不足时，可以利用流水抽气泵抽取气体试样。

(1) 用采样瓶采取气体试样　如图 3-2 所示，此采样装置由两个大玻璃瓶组成，其中瓶 1 是采样容器，经过活塞 4 与橡胶管 3 相连，瓶 2 为水准瓶，用以产生负压。采样前先用封闭液将瓶 1 充满至瓶塞，打开夹子 5，使封闭液流入瓶 2，而使气体经管 3 自活塞 4 引入。关闭活塞 4，提升瓶 2 后，再使活塞 4 与大气相通，将气体自活塞 4 排入大气中。如此置换气体 3~4 次后，旋转活塞 4 再使管 3 与瓶 1 相通开始取样。用夹子 5 调节瓶中液体流速，使取样过程在规定时间内完成（从数分钟至数天）。取样结束后，关闭活塞 4 和夹子 5，取下橡胶管 3，并将试样送至化验室进行分析，所取试样的体积随流入瓶 2 的封闭液的量而定。到化验室后，将活塞 4 与气体分析器的引气管相连，升高瓶 2，打开夹子 5 即有气体自瓶 1 流入气体分析器中。

(2) 用采样管采取气体试样　如图 3-3 所示，采样管的一端与水准瓶相连，瓶中注有封闭液。当采样管两端旋塞打开时，将水准瓶提高使封闭液充满至采样管的上旋塞，此时将采样管上端与采样点上的金属管相连，然后放低水准瓶，打开旋塞，则气体试样进入采样管中，然后关闭旋塞 2，将采样管与采样点上的金属管分开，提高水准瓶，打开旋塞将气体排出，如此重复 3~4 次，最后吸入气体，关闭旋塞。分析时将采样管上端与分析器的引气管相连，打开活塞提高水准瓶，将气体引入分析器中。

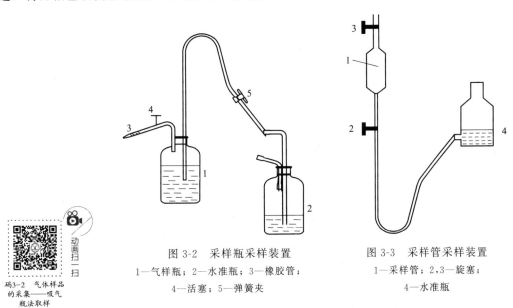

图 3-2　采样瓶采样装置
1—气样瓶；2—水准瓶；3—橡胶管；
4—活塞；5—弹簧夹

图 3-3　采样管采样装置
1—采样管；2,3—旋塞；
4—水准瓶

(3) 用流水抽气泵采取气体试样　当用封闭液吸入气体仍感压力不足时，可采用流水抽气泵抽取，取样管上端与抽气泵相连，下端与取样点上的金属管相连，如图 3-4 所示，将气体试样抽入。分析时将取样管上端与气体分析器的引气管相连，下端插入封闭液中，然后利用气体分析器中的水准瓶将气体试样吸入气体分析器中。

3. 负压下采样

气体压力小于大气压时为负压。当负压不高时，可以利用流水抽气泵抽取，当负压高时，可将容器抽空取样。容器是 0.5~3L 的各种瓶子（图 3-5），瓶上有活塞，在取样前用泵抽出瓶内空气，使压力降至 8~13kPa，然后关闭活塞，称出质量，再至采样地点，将试样瓶上的管头与采样点上的金属管相连，打开活塞取样，取试样后关闭活塞称出质量，前后两次质量之差即为试样的质量。

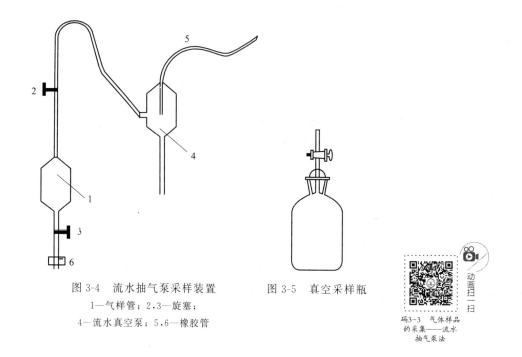

图 3-4 流水抽气泵采样装置
1—气样管；2,3—旋塞；
4—流水真空泵；5,6—橡胶管

图 3-5 真空采样瓶

码3-3 气体样品的采集——流水抽气泵法

二、气体采样实例——高炉煤气采样

高炉煤气为炼铁过程中产生的副产品，主要成分为 CO、CO_2、N_2、H_2、CH_4 等，一般采样都属于正压采样。采集炉顶混合煤气时，先将混合煤气管的阀门打开，放出管道内残余气体，然后用煤气冲洗取样球胆 2~3 次，再把煤气取样球胆充满煤气，用夹子夹住胆口，关闭煤气管道阀门，即可取得需要的样品。

三、气体体积的测量

气体的特点是质量较小、流动性大而且体积随环境温度或压力的改变而显著改变。因此，在气体分析中，一般都是测量气体的体积而不是称其质量，并于测量体积的同时，记录环境的温度和压力。

1. 量气管测量体积

量气管的类型有单臂式和双臂式两类，如图 3-6 所示。

(1) 单臂式量气管 单臂式量气管分直式、单球式、双球式 3 种。最简单的量气管是直式，是一支容积为 100mL 有刻度的玻璃管，分度值为 0.2mL，可读出在 100mL 体积范围内的所示体积。单球式量气管的下端细长部分一般有 40~60mL 的刻度，分度值为 0.1mL，上部球状的部分也有体积刻度，一般较少使用，精度也不高。双球式量气管在上部有 2 个球状部分，其中上球的体积为 25mL，下球的体积为 35mL，下端为细长部分，一般刻有 40mL 刻度线，分度值为

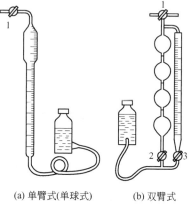

(a) 单臂式(单球式)　(b) 双臂式

图 3-6 量气管
1,2,3—活塞

0.1mL，是常用于测量气体体积的部分，而球形部分的体积用于固定体积的测量。如量取25.0mL气体体积，用于燃烧法实验等。量气管的末端用橡胶管与水准瓶相连，顶端是引入气体与赶出气体的出口，可与取样管相通。

(2) 双臂式量气管　总体积也是100mL，左臂由4个20mL的玻璃球组成，右臂是分度值为0.05mL、体积为20mL的细管（加上备用部分共22mL）。可以测量100mL以内的气体体积。量气管顶端通过活塞1与取样器、吸收瓶相连，下端有活塞2、活塞3用以分别量取气体体积，末端用橡胶管与水准瓶相连。打开活塞2、活塞3并使活塞1与大气相通，升高水准瓶时，液面上升，将量气管中原有气体赶出，然后旋转活塞1使之与取样器或气体储存器相连，先关上活塞3，放下水准瓶，将气体自活塞1引入左臂球形管中，测量一部分气体体积，然后关上活塞2，打开活塞3，气体流入细管中，关上活塞1，测量出细管中气体的体积，两部分体积之和即为所取气体的体积。如测量32.50mL气体时，用左臂量取20mL，右臂量取12.50mL，总体积即为32.50mL。

码3-4　量气管的使用

(3) 量气管的使用　量气管量取气体时须配合水准瓶使用。当水准瓶放低时，量气管中液面下降，将气体吸入量气管，反之气体则排出量气管。读数时将量气管的液面与水准瓶的液面对齐（处在同一水平面上），读出量气管上的读数，即为气体的体积。为了保证量取体积时温度一致，量气管外通常配有恒温水浴套。

(4) 量气管的校正　量气管上虽然有刻度，但不一定与标明的体积相等，对于精确的测量，必须进行校正（校正方法与滴定管相似）。

在需要校正的量气管下端，用橡胶管套上一个玻璃尖嘴，再用夹子夹住橡胶管。在量气管中充满水至刻度的零点，然后放水于烧杯中，各为0~20mL、0~40mL、0~60mL、0~80mL、0~100mL，精确称量出水的质量，并测量水温，查出此温度下水的密度，通过计算得出准确的体积。若干毫升水的真实体积与读取体积之差即为此段间隔体积的校正值。

2.气量表

分析高浓度的气体含量时，用量气管取100mL混合气体就已经足够。但在测定微量气体含量时，取100mL混合气体就太少了，这时必须使用气体流速计或气量表，测量通过吸收剂的大量气体的体积，然后对吸收剂中被测组分进行分析，从而得出气体中微量组分的含量。

(1) 气体流量计　气体流量计常称为湿式气体流量计（图3-7），由金属筒构成，其中盛半筒水，在筒内有一金属鼓轮将圆筒分割为四个小室。鼓轮可以绕着水平轴旋转，当空气通过进气口进入小室时，推动鼓轮旋转，鼓轮的旋转轴与筒外刻度盘上的指针相连，指针所指示的读数，即为采集气体试样的体积。刻度盘上的指针每转一圈一般为5L，也有10L的。流量计上附有水平仪，底部装有螺旋，以便调节流量计的水平位置。另外还有压力计和温度计，其中温度计用以测量通过气体的温度，压力计用以调节通过气体的压力与大气的压力相等，便于体积换算。

湿式气体流量计的准确度高，但测量气体的体积有一定限额，并且不易携带，常用于其他流量计的校正或化验室固定使用。

(2) 气体流速计　气体流速计是化验室中使用最广泛的仪器，它是靠测量气体流速从而计算出气体的体积。其原理是当气体通过毛细管时由于管子狭窄部分的阻力，在此管中产生气压降低，阻力前后的压力之差由装某种液体的U形管中两臂的液面差表示出来。气体流速越大，液面差越大。

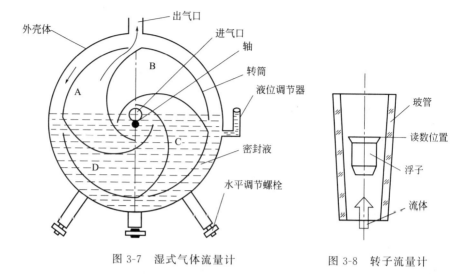

图 3-7 湿式气体流量计　　图 3-8 转子流量计

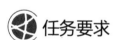

码3-5　湿式气体流量计工作原理

（3）转子流量计　转子流量计由上粗下细的锥形玻璃管与上下浮动的转子（浮子）组成（图3-8）。转子一般用铜或铝等金属及有机玻璃和塑料制成。气流越大，转子升得越高。转子流量计在生产现场使用比较方便，但在用吸收管采样时，在吸收管与转子流量计之间须接一个干燥管，否则湿气凝结在转子上，将改变转子的质量而产生误差。转子流量计的准确性比气体流速计差。

思考与交流

1. 如何正确采集正压、常压和负压下的气体？
2. 如何使用量气管量取气体样品？
3. 如果量取的气体量比较大，应如何测量气体体积？

任务二　化学法测定气体组分含量

任务要求

1. 掌握吸收体积法、吸收滴定法、吸收称量法及燃烧法的基本原理。
2. 熟悉吸收法中常用的吸收剂及吸收顺序。
3. 了解燃烧过程中各气体的燃烧反应。
4. 能依据可燃性气体与消耗的氧气、生成的二氧化碳及缩减体积量间的关系计算混合气体中各组分的含量。

气体分析方法根据分析原理可分为化学分析法、物理分析法、物理化学分析法。化学分析法是根据气体的某一化学特性进行分析的方法，包括化学吸收法和化学燃烧法。物理分析法是根据气体的物理特性进行分析的方法，如利用气体的密度、折射率、热导率进行分析测定。物理化学分析法是根据气体的物理化学特性进行测定的方法，如色谱法、红外光谱法等。如 GB/T 12208—2008《人工煤气组分与杂质含量测定方法》规定人工煤气中 CO_2、不饱和烃、O_2、CO 的含量用直接吸收法测定,CH_4、H_2 的含量用燃烧法测定。

一、化学吸收法

气体的化学吸收法包括气体吸收体积法、气体吸收滴定法、气体吸收重量法和气体吸收比色法等。

1. 吸收体积法

(1) 原理　利用气体的化学特性,使气体混合物和特定吸收剂接触,则混合气体中的待测组分和吸收剂由于发生化学反应而被定量吸收,其他组分由于不发生反应而不被吸收。如果吸收前后的温度及压力一致,则吸收前后的体积之差,即为待测组分的体积。此法主要用于常量气体的测定。例如,O_2 及 CO_2 的混合气体和 KOH 接触时,CO_2 被 KOH 吸收生成 K_2CO_3,而 O_2 则不被吸收。

对于液态或固态物料,也可以利用相同的原理。首先使物料中的待测组分经过化学反应转化为气体逸出,然后用特定吸收剂吸收,根据气体体积进行定量。例如,钢铁中碳含量的测定就可以使钢铁在氧气流中燃烧,其中的碳生成 CO_2,然后用 KOH 吸收 CO_2,根据被吸收 CO_2 的量即可计算钢铁中碳的含量。

(2) 气体吸收剂　用来吸收气体的试剂称为气体吸收剂。不同的气体具有不同的化学性质,可使用不同的吸收剂进行吸收。吸收剂可以是液态,也可以是固态。例如固态海绵状钯,常作为氢的吸收剂。但是,在多数情况下吸收剂为液态。常见气体的吸收剂如下所示:

① 二氧化碳(CO_2)吸收剂。CO_2 是酸性气体,常用苛性碱溶液作吸收剂。因为 NaOH 的浓溶液极易产生泡沫,而且吸收 CO_2 后生成的碳酸钠又难溶于 NaOH 的浓溶液中,以致发生仪器管道的堵塞事故,因此通常都使用 KOH 作吸收剂。在生产实际中,一般使用 33% KOH 溶液。这种浓度的 KOH 溶液,每 1mL 能吸收 40mL CO_2。H_2S、SO_2 等酸性气体也和 KOH 反应,干扰吸收,应先除去。

② 氧气(O_2)吸收剂。焦性没食子酸(学名邻苯三酚或 1,2,3-三羟基苯)的碱性溶液可以和 O_2 作用,生成六氧基联苯钾,是最常用的 O_2 吸收剂。反应分两步进行,首先是焦性没食子酸和碱发生中和反应,生成焦性没食子酸钾。反应如下:

$$C_6H_3(OH)_3 + 3KOH \longrightarrow C_6H_3(OK)_3 + 3H_2O$$

然后是焦性没食子酸钾和 O_2 作用,焦性没食子酸钾被氧化为六氧基联苯钾,反应如下:

$$2C_6H_3(OK)_3 + \frac{1}{2}O_2 \longrightarrow (KO)_3H_2C_6C_6H_2(OK)_3 + H_2O$$

按通用配方制备的焦性没食子酸的氢氧化钾溶液,每 1mL 能吸收 8~12mL O_2。此试剂的吸收效率随温度降低而减弱。0℃时几乎不能吸收氧,温度在 15℃以上、气体中含 O_2 量在 25% 以下时,吸收效率最高。对含 O_2 量低于 10% 的气体,应使用有精密标度的仪器。因为试剂是碱性溶液,所以也受酸性气体的干扰。

强还原剂低亚硫酸钠(又名连二亚硫酸钠、二硫磺酸钠,俗名保险粉,$Na_2S_2O_4$),在有蒽醌-β-磺酸钠作为催化剂共存时,也是良好的 O_2 吸收剂,吸收反应也是氧化还原过程,反应如下:

$$2Na_2S_2O_4 + O_2 + 2H_2O \longrightarrow 4NaHSO_3$$

按通用配方制备的低亚硫酸钠的碱性溶液每 1mL 能吸收 10mL O_2。

③ 一氧化碳(CO)吸收剂。氯化亚铜的氨性溶液是常用的一氧化碳吸收剂,一氧化碳

和氯化亚铜作用生成不稳定的 $Cu_2Cl_2 \cdot 2CO$。反应如下：

$$Cu_2Cl_2 + 2CO \longrightarrow Cu_2Cl_2 \cdot 2CO$$

在氨性溶液中，进一步发生不可逆的分解反应：

$$Cu_2Cl_2 \cdot 2CO + 4NH_3 + 2H_2O \longrightarrow \begin{array}{c} Cu\text{-}COONH_4 \\ | \\ Cu\text{-}COONH_4 \end{array} + 2NH_4Cl$$

按通用配方制备的氯化亚铜的氨性溶液，每 1mL 能吸收 16mL CO。CO 含量高的气体，应使用两次吸收装置。经过氯化亚铜的氨性溶液的剩余气体中，常含有氨气，因此，在测量剩余气体的体积之前，应该先使气体通过硫酸溶液，除去氨气。

亚铜盐的氨性溶液还能吸收氧、乙炔、乙烯及许多不饱和碳氢化合物和酸性气体。在吸收一氧化碳之前，应除去一切干扰气体。也可以用亚铜盐的盐酸溶液吸收一氧化碳，但是，吸收效率较差。

④ 不饱和烃（C_nH_m）吸收剂。在气体分析中，不饱和烃通常是指分子通式为 C_nH_{2n}（例如乙烯、丙烯、丁烯）、C_nH_{2n-2}（例如乙炔）的烃以及苯和甲苯等。溴能和不饱和烃发生加成反应生成液态溴代烃，因此饱和溴水是不饱和烃的良好吸收剂，反应如下：

$$CH_2=CH_2 + Br_2 \longrightarrow CH_2Br\text{-}CH_2Br$$
$$CH\equiv CH + 2Br_2 \longrightarrow CHBr_2\text{-}CHBr_2$$

浓硫酸在有硫酸银作为催化剂时，能和不饱和烃作用生成烃基磺酸、亚烃基磺酸或芳磺酸，因此，也是不饱和烃的常用吸收剂，反应如下：

$$CH_2=CH_2 + H_2SO_4 \longrightarrow CH_3\text{-}CH_2OSO_2OH \text{（乙基硫酸）}$$
$$CH\equiv CH + 2H_2SO_4 \longrightarrow CH_3\text{-}CH(OSO_2OH)_2 \text{（亚乙基硫酸）}$$
$$C_6H_6 + H_2SO_4 \longrightarrow C_6H_5SO_3H + H_2O$$

⑤ 二氧化氮（NO_2）吸收剂。硫酸、高锰酸钾、氢氧化钾溶液是二氧化氮的吸收剂，涉及的化学反应如下：

$$2NO_2 + H_2SO_4 \longrightarrow HO(ONO)SO_2 + HNO_3$$
$$10NO_2 + 2KMnO_4 + 3H_2SO_4 + 2H_2O \longrightarrow 10HNO_3 + K_2SO_4 + 2MnSO_4$$
$$2NO_2 + 2KOH \longrightarrow KNO_3 + KNO_2 + H_2O$$

(3) 混合气体的吸收顺序　上述气体吸收剂不完全是某种气体的特效吸收剂，因此，在吸收过程中，必须根据实际情况，妥善安排吸收次序。例如分析煤气时，吸收顺序应该作如下安排：

① KOH 溶液。只吸收 CO_2，其他组分不干扰吸收，应排在第一。

② 饱和溴水。只吸收不饱和烃，其他组分不干扰。但是，由于吸收不饱和烃后，用碱溶液除去混入的溴蒸气时，二氧化碳也同时被吸收。因此，只能排在氢氧化钾溶液之后。

③ 焦性没食子酸的碱性溶液。试剂本身只和氧气作用，但因为是碱性溶液，能吸收酸性气体，所以，应排在氢氧化钾溶液之后。

④ 氯化亚铜的氨性溶液。不但能吸收一氧化碳，还能吸收二氧化碳、氧气、不饱和烃等气体。因此，只能在这些干扰气体除去后使用，故排在第四位。

所以煤气分析的顺序应为：KOH 溶液吸收 CO_2，饱和溴水吸收不饱和烃，焦性没食子酸的碱性溶液吸收 O_2，氯化亚铜的氨性溶液吸收 CO，用燃烧法测定 CH_4 及 H_2 的含量，不能被吸收或燃烧的气体视为 N_2。

2. 吸收滴定法

将待测的混合气体通过特定的吸收剂溶液，则混合气体中待测组分和吸收剂反应而被吸收，在一定条件下，用一定的标准溶液滴定。根据消耗的标准溶液的体积，计算出待测气体的含量。

例如，天然气中有害杂质硫化氢含量的测定，将一定量的天然气样品通过乙酸镉溶液，则 H_2S 和 Cd^{2+} 反应生成黄色 CdS 沉淀。然后，将溶液转化为酸性，加入一定量过量的碘标准溶液，氧化 S^{2-} 为 S，用硫代硫酸钠标准溶液滴定剩余的 I_2。由 I_2 的消耗量计算硫化氢含量，反应按下列顺序进行：

吸收 $\qquad H_2S + CdAc_2 \longrightarrow CdS\downarrow + 2HAc$

酸化及氧化 $\qquad CdS + 2HCl + I_2 \longrightarrow 2HI + CdCl_2 + S\downarrow$

返滴定 $\qquad I_2 + 2Na_2S_2O_3 \longrightarrow Na_2S_4O_6 + 2NaI$

再如气体中氨含量的测定，可以用酸标准溶液吸收，然后用碱标准溶液滴定剩余过量的酸，反应为：

吸收 $\qquad 2NH_3 + H_2SO_4 \longrightarrow (NH_4)_2SO_4$

滴定 $\qquad H_2SO_4 + 2NaOH \longrightarrow Na_2SO_4 + 2H_2O$

氯元素含量的测定，则常用碘化钾溶液吸收，因为氧化还原反应释放出和氯等物质的量的碘，然后，用硫代硫酸钠标准溶液滴定，反应如下：

吸收 $\qquad 2KI + Cl_2 \longrightarrow 2KCl + I_2$

滴定 $\qquad I_2 + 2Na_2S_2O_3 \longrightarrow Na_2S_4O_6 + 2NaI$

3. 吸收重量法

综合应用吸收法和重量分析法，测定气体物质（或可以转化为气体物质的元素）含量，称为吸收重量法。例如，使混合气体通过氢氧化钾溶液，则二氧化碳被吸收。由氢氧化钾溶液增加的重量，测定混合气体中二氧化碳的含量。

又如，测定有机化合物中碳及氢等元素的含量，是使有机化合物在氧气流中燃烧，碳及氢分别被氧化为 CO_2 及 H_2O。然后，用已知重量的吸收剂——碱石棉及过氯酸镁分别吸收 CO_2 及 H_2O。由吸收剂增加的重量，计算有机化合物中碳及氢的含量。

4. 吸收比色法

综合应用吸收法和比色法来测定气体物质（或可以转化为气体物质的元素）含量的分析方法称为吸收比色法。其原理是使混合气体通过吸收剂（固体或液体），待测气体被吸收，而吸收剂产生不同的颜色（或吸收后再作显色反应），其颜色的深浅与待测气体的含量成正比，从而得出待测气体的含量。此法主要用于微量气体组分含量的测定。

例如，测定混合气体中的微量乙炔时，使混合气体通过吸收剂——亚铜盐的氨溶液，乙炔被吸收，生成乙炔铜的紫红色胶体溶液。反应如下：

$$2C_2H_2 + Cu_2Cl_2 \longrightarrow 2CH\equiv CCu + 2HCl$$

其颜色的深浅与乙炔的含量成正比，可进行比色测定，从而得出乙炔的含量。大气中的二氧化碳、氮氧化物等均是采用吸收比色法进行测定的。

二、化学燃烧法

有些气体，例如挥发性饱和碳氢化合物，性质比较稳定，与一般化学试剂较难发生化学反应，没有适当的吸收剂，因此，不能用吸收法测定。但是这些气体大都可以燃烧，所以可以利用燃烧法测定其含量。

H_2 及 CO 虽然有吸收剂，但是在一定情况下，也可以用燃烧法测定。

1. 原理

可燃性气体燃烧时，其体积的缩减、消耗氧的体积或生成二氧化碳的体积等，都与原来的可燃性气体有一定的比例关系，可根据它们之间的这种定量关系，分别计算出各种可燃性气体组分的含量，这是燃烧法的主要理论依据。

(1) H_2 的燃烧　H_2 燃烧的反应按下式进行：

$$2H_2 + O_2 \longrightarrow 2H_2O$$

在实际的测量中，H_2 的体积一般不超过 100mL。因此，燃烧后生成的水蒸气在室温下冷凝为液态水的体积很小，可以忽略不计。由上式可知，反应过程中有 3 体积的气体消失，(2 体积 H_2，1 体积 O_2)。其中，H_2 的体积为缩减体积的 2/3。以 $V(H_2)$ 代表未燃烧前 H_2 的体积，$V_{缩}$ 代表燃烧后缩减体积，则：

$$V(H_2) = \frac{2}{3} V_{缩} \tag{3-1}$$

或

$$V_{缩} = \frac{3}{2} V(H_2) \tag{3-2}$$

在 H_2 燃烧过程中，消耗 O_2 的体积是原有 H_2 体积的 1/2，以 $V_{耗氧}$ 代表消耗氧的体积，则：

$$V(H_2) = 2V_{耗氧} \tag{3-3}$$

(2) CH_4 的燃烧　CH_4 燃烧的反应按下式进行：

$$CH_4 + 2O_2 \longrightarrow CO_2 + 2H_2O$$

反应式表明，1 体积 CH_4 和 2 体积 O_2 反应生成 1 体积 CO_2 和 0 体积液态水。气体由 3 体积缩减为 1 体积，即 1 体积 CH_4 燃烧后，体积的缩减是 CH_4 体积的 2 倍。以 $V(CH_4)$ 代表燃烧前 CH_4 的体积，则：

$$V_{缩} = 2V(CH_4) \tag{3-4}$$

在 CH_4 燃烧过程中，消耗 O_2 的体积是原有 CH_4 体积的 2 倍，则：

$$V(CH_4) = \frac{1}{2} V_{耗氧} \tag{3-5}$$

或

$$V_{耗氧} = 2V(CH_4) \tag{3-6}$$

CH_4 燃烧后，产生与 CH_4 同体积的 CO_2。以 $V_{生}(CO_2)$ 代表燃烧后生成的 CO_2 的体积，则：

$$V_{生}(CO_2) = V(CH_4) \tag{3-7}$$

(3) CO 的燃烧　CO 燃烧的反应按下式进行：

$$2CO + O_2 \longrightarrow 2CO_2$$

反应式表明，2 体积 CO 和 1 体积 O_2 反应生成 2 体积 CO_2。由 3 体积缩减为 2 体积，即体积缩减的量为 CO 体积的 1/2。如果，以 $V(CO)$ 代表燃烧前 CO 的体积，则：

$$V(CO) = 2V_{缩} \tag{3-8}$$

或

$$V_{缩} = \frac{1}{2} V(CO) \tag{3-9}$$

在 CO 燃烧过程中，消耗 O_2 的体积是原有 CO 体积的 1/2 倍，则：

$$V_{耗氧} = \frac{1}{2} V(CO) \tag{3-10}$$

或

$$V(CO) = 2V_{耗氧} \tag{3-11}$$

CO 燃烧后，产生与 CO 同体积的 CO_2，则：

$$V_{生}(CO_2) = V(CO) \tag{3-12}$$

综合上述可知，任何可燃性气体燃烧后，由其体积缩减、消耗 O_2 的体积或生成 CO_2 的体积，都可以计算可燃性气体的量，这就是燃烧法测定可燃性气体含量的理论依据。

2. 应用示例

（1）一元可燃性气体燃烧后的计算　气体混合物中只含一种可燃性气体时，测定过程及计算都比较简单。可以先用吸收法除去干扰组分（例如 O_2、CO_2 等），再加入一定量的 O_2 或空气进行燃烧，根据体积的变化或生成 CO_2 的体积，计算可燃性气体含量。

【例 3-1】 有 N_2、O_2、CO_2、CO 的混合气体 50.00mL。经用 KOH 溶液、焦性没食子酸碱性溶液吸收，测定 CO_2 及 O_2 的含量后，向剩余气体中加入空气（供给燃烧所需要的 O_2）燃烧，测得生成的 CO_2 体积为 20.00mL。计算混合气体中 CO 的体积分数。

解： 因为 CO 燃烧后，生成 CO_2 的体积应与混合气体中 CO 的体积相等，所以 $V(CO) = 20.00$mL，则

$$\varphi(CO) = \frac{20.00}{50.00} \times 100\% = 40.00\%$$

【例 3-2】 有 H_2 和 N_2 的混合气体 40.00mL，加空气燃烧后，测得其总体积减少 18.00mL，求 H_2 在混合气体中的体积分数。

解： 根据燃烧法的基本原理

$$2H_2 + O_2 \longrightarrow 2H_2O$$

H_2 燃烧时，体积的缩减为 H_2 体积的 3/2，即

$$V(H_2) = \frac{2}{3} \times 18.00 = 12.00 (mL)$$

$$\varphi(H_2) = \frac{12.00}{40.00} \times 100\% = 30.00\%$$

（2）二元可燃性气体混合物的测定　如果气体混合物中含两种可燃性组分，可以先用吸收法除去干扰组分后再进行燃烧，测量其体积缩减、消耗 O_2 的体积或生成 CO_2 的体积，根据前述燃烧法基本理论，列出二元方程组，计算可燃性组分的含量。

① CH_4 及 CO 的气体混合物。设 CO 的体积为 $V(CO)$，CH_4 的体积为 $V(CH_4)$，则燃烧后，由 CO 引起的体积缩减应为 $\frac{1}{2}V(CO)$，而由 CH_4 引起的体积缩减应为 $2V(CH_4)$，实际测定的总体积缩减为 $V_{缩}$。则

$$V_{缩} = \frac{1}{2}V(CO) + 2V(CH_4) \tag{3-13}$$

又由于 CO 及 CH_4 燃烧后，分别都生成等体积的 CO_2。如果设实际测定生成 CO_2 的总体积为 $V(CO_2)$，则

$$V(CO_2) = V(CO) + V(CH_4) \tag{3-14}$$

解联立方程组式(3-13) 及式(3-14)，得

$$V(CO) = \frac{4V(CO_2) - 2V_{缩}}{3} \quad V(CH_4) = \frac{2V_{缩} - V(CO_2)}{3}$$

【例 3-3】 CO、CH_4 及 N_2 的混合气体 20.00mL。加入一定量过量的 O_2，燃烧后体积缩减 21.00mL，生成 CO_2 18.00mL。计算混合气体中各组分的体积分数。

解： 由前述理论及题意得：

$$\frac{1}{2}V(\mathrm{CO})+2V(\mathrm{CH_4})=21.00(\mathrm{mL}) \tag{1}$$

$$V(\mathrm{CO})+V(\mathrm{CH_4})=18.00(\mathrm{mL}) \tag{2}$$

解联立方程组(1)及方程组(2)得:

$$V(\mathrm{CO})=10.00(\mathrm{mL})$$
$$V(\mathrm{CH_4})=8.00(\mathrm{mL})$$
$$V(\mathrm{N_2})=2.00(\mathrm{mL})$$

则:

$$\varphi(\mathrm{CO})=\frac{10.00}{20.00}\times100\%=50.00\%$$

$$\varphi(\mathrm{CH_4})=\frac{8.00}{20.00}\times100\%=40.00\%$$

$$\varphi(\mathrm{N_2})=\frac{2.00}{20.00}\times100\%=10.00\%$$

② H_2 及 CH_4 的气体混合物。设 H_2 的体积为 $V(\mathrm{H_2})$，CH_4 的体积为 $V(\mathrm{CH_4})$，则燃烧后，由 H_2 引起的体积缩减应为 $\frac{3}{2}V(\mathrm{H_2})$，而由 CH_4 引起的体积缩减应为 $2V(\mathrm{CH_4})$，实际测定的总体积缩减为 $V_{缩}$。

$$V_{缩}=\frac{3}{2}V(\mathrm{H_2})+2V(\mathrm{CH_4}) \tag{3-15}$$

又由于 H_2 燃烧消耗 O_2 的体积应为 $\frac{1}{2}V(\mathrm{H_2})$，$CH_4$ 燃烧消耗 O_2 的体积应为 $2V(\mathrm{CH_4})$，则总消耗 O_2 的体积应为:

$$V(\mathrm{O_2})=\frac{1}{2}V(\mathrm{H_2})+2V(\mathrm{CH_4}) \tag{3-16}$$

H_2 燃烧不生成 CO_2，而 CH_4 燃烧则生成等体积 CO_2。

$$V(\mathrm{CO_2})=V(\mathrm{CH_4}) \tag{3-17}$$

因此，根据燃烧后测量的 $V_{缩}$、$V(\mathrm{O_2})$、$V(\mathrm{CO_2})$ 中任意两个数据，由式(3-15)~式(3-17)中任意二式联立，都可以计算氢及甲烷的量。

【例 3-4】 含 H_2、CH_4、N_2 的混合气体 20.00mL，精确加入空气 80.00mL，燃烧后用 KOH 溶液吸收生成的 CO_2，剩余气体体积为 68.00mL，再用焦性没食子酸碱性溶液吸收剩余的 O_2 后，体积为 66.28mL，计算混合气体中 H_2、CH_4 及 N_2 的体积分数。

解：因为空气中含 O_2 为 20.9%，所以 80.00mL 空气中含 O_2 为 $80.00\times\frac{20.9}{100}$ mL。燃烧后剩余的 O_2 为 (68.00-66.28)mL，故气体燃烧时消耗 O_2 的体积为:

$$V(\mathrm{O_2})=80.00\times\frac{20.9}{100}-(68.00-66.28)=15.00(\mathrm{mL})$$

即:

$$\frac{1}{2}V(\mathrm{H_2})+2V(\mathrm{CH_4})=15.00 \tag{1}$$

燃烧后，虽然未直接测量缩减体积，但是因为燃烧前气体的总体积为 (20.00+80.00)mL，而除去生成的二氧化碳后的体积为 68.00mL，可知应有下列关系:

$$V_{缩}+V(\mathrm{CO_2})=20.00+80.00-68.00=32.00(\mathrm{mL})$$

而 $V_{缩}=\frac{3}{2}V(\mathrm{H_2})+2V(\mathrm{CH_4})$，$V(\mathrm{CO_2})=V(\mathrm{CH_4})$，代入上式得:

$$\frac{3}{2}V(\mathrm{H_2})+3V(\mathrm{CH_4})=32.00(\mathrm{mL}) \tag{2}$$

解式(1)、式(2) 联立方程组,得:
$V(H_2)=12.7(mL)$,$V(CH_4)=4.33(mL)$,$V(N_2)=20.00-12.7-4.33=2.97(mL)$
计算百分含量,则为:

$$\varphi(H_2)=\frac{12.70}{20.00}\times 100\%=63.50\%$$

$$\varphi(CH_4)=\frac{4.33}{20.00}\times 100\%=21.65\%$$

$$\varphi(N_2)=\frac{2.97}{20.00}\times 100\%=14.85\%$$

其他多元气体燃烧计算方法与二元气体燃烧相似,只要找出相应的关系建立多元方程组即可。

3. 燃烧方式

在气体分析中,使可燃性气体燃烧的方法,通常有三种。

(1) 爆炸燃烧法　可燃性气体和空气(或氧)混合,当二者的浓度达到一定比例时,遇火源即能爆炸。利用可燃性气体的这种性质,使可燃性气体在特殊仪器中爆炸燃烧,称为爆炸燃烧法。

不同气体,能够爆炸燃烧的浓度有一定的变动范围,这个范围称为"爆炸极限"。在这个范围内,可燃性气体的最低浓度称为"爆炸下限";最高浓度称为"爆炸上限"。例如,在空气中氢气的爆炸极限为 $4.00\%\sim74.20\%$、甲烷为 $5.00\%\sim15.00\%$、一氧化碳为 $12.50\%\sim74.20\%$、氨为 $15.50\%\sim27.00\%$。其他常见气体或蒸气在空气中的爆炸极限,可参阅《分析化学手册》。爆炸极限在工业生产的防火、防爆工作中,有极重要的意义。

(2) 缓慢燃烧法　如果使可燃性气体和空气(或氧)混合,但是浓度控制在爆炸极限的下限以下,则只能在炽热金属丝加热下,缓慢燃烧,这种使可燃性气体燃烧的方法,称为缓慢燃烧法。缓慢燃烧法适用于可燃性组分浓度较低的混合气体或空气中可燃物的测定。

(3) 氧化铜燃烧法　氧化铜在高温下,具有一定的氧化活力,可以氧化可燃性气体使其缓慢燃烧。H_2、CO,在280℃以上,即开始燃烧。CH_4 则必须在600℃以上,才能氧化燃烧。在实际应用中,如果单独测定氢,应控制温度为350~400℃,如果燃烧甲烷,则必须提高温度至750℃左右。燃烧反应按下式进行:

$$H_2+CuO\longrightarrow H_2O+Cu$$
$$CO+CuO\longrightarrow CO_2+Cu$$
$$CH_4+4CuO\longrightarrow CO_2+2H_2O+4Cu$$

氧化铜被还原后,可以在400℃的空气流中氧化、再生,继续使用。氧化铜燃烧法的优点是不加入空气或氧气,减少一次体积测量,误差较小,计算也相应地简化。

思考与交流

1. 如果气体试样中含有 CO_2、O_2、C_nH_{2n}、CO 四个组分,应选用哪些吸收剂,如何安排吸收顺序?

2. H_2、CH_4、CO 在燃烧后其体积的缩减、消耗的 O_2 与生成的 CO_2 体积与原气体体积有何关系?

3. 常用的燃烧方法有哪些?各有什么特点?

任务三　煤气质量分析

任务要求

1. 了解人工煤气的组成。
2. 熟悉常用气体分析仪——奥氏气体分析仪的组成。
3. 会组装奥氏气体分析仪。
4. 能熟练操作奥氏气体分析仪分析煤气中各组分的含量。

气体的化学分析法所使用的仪器，通常是奥氏气体分析仪。其他如苏式 BTH 型气体分析仪，则主要用于精密的气体全分析或校对自动气体分析仪表。仪器的型号不同，其结构或形状也不同，但是基本原理却是一致的。

一、奥氏气体分析仪的组成

图 3-9 为常见的 QF-100 型奥氏气体分析仪的结构示意图，其基本部件简述如下。

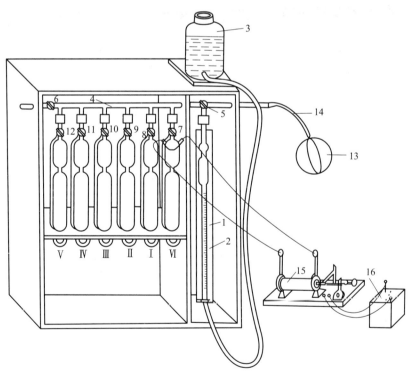

图 3-9　QF-100 型奥氏气体分析仪结构示意图
1—量气管；2—恒温水套管；3—水准瓶；4—梳形管；5—三通旋塞；6~12—旋塞；
13—取样器；14—气体导入管；15—感应圈；16—蓄电池；Ⅰ~Ⅴ—吸收瓶；Ⅵ—爆炸瓶

1. 量气管

量气管是量取一定量气体体积的装置，关于量气管的介绍见任务一（气体体积的测量部分）。

2. 梳形管

图 3-10 为梳形管的示意图，它是将量气管和吸收瓶及燃烧瓶连接起来的装置，根据不同的需要使用普通旋塞或三通旋塞，通过旋塞旋转来改变气体流动的方向。

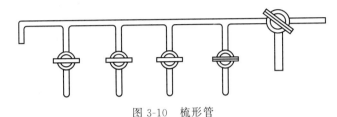

图 3-10　梳形管

3. 水准瓶

水准瓶是帮助气体引入与排出的装置，里面装有合适的封闭液，与量气管连接构成连通器，借助水准瓶的提高或降低向量气管中排出或引入气体。

4. 吸收瓶

吸收瓶是供气体进行吸收作用的部件。吸收瓶有多种形状（图 3-11），但都由作用部分及承受部分组成，每部分的体积都大于量气管的体积，约为 120～150mL。作用部分与承受部分可并列排列、底部连通或上下排列。也有作用部分插于承受部分之内的。作用部分通过旋塞梳形管和量气管相连，承受部分通大气。使用时，首先利用水准瓶及量气管将吸收瓶内的吸收剂吸至作用部分的顶端。待吸收的气体由量气管进入吸收瓶时，则吸收剂由作用部分进入承受部分。当量气管吸回气体时，吸收剂又由承受部分流入作用部分。为了增大气体和吸收剂的接触面以提高吸收效率，作用部分中装有许多支直立的玻璃管的为接触式吸收瓶；如使用一支几乎插至瓶底的气泡喷管，气体经过喷头被分散为小气泡，流过吸收剂上升至作用部分上部的为鼓泡式吸收瓶。前者适用于黏滞性吸收剂，后者则适用于非黏滞性吸收剂。

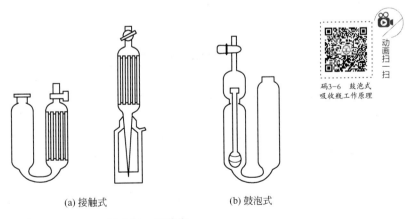

(a) 接触式　　(b) 鼓泡式

图 3-11　吸收瓶

5. 燃烧管

燃烧管是供气体进行燃烧反应的部件，因为燃烧的方法不同，燃烧管也各异。

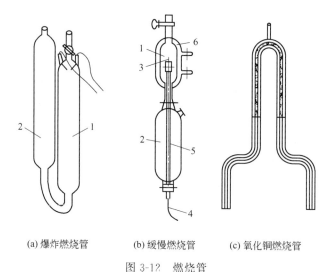

(a) 爆炸燃烧管　　(b) 缓慢燃烧管　　(c) 氧化铜燃烧管

图 3-12　燃烧管
1—作用部分；2—承受部分；3—铂丝；4—铜丝；5—玻璃管；6—水套管

(1) 爆炸燃烧管（又称爆炸瓶）　爆炸瓶通常是两支并列、底部连通、厚壁优质的玻璃管〔图 3-12(a)〕，包括作用部分及承受部分，也有其他形状的。作用部分的上部接近顶端处，相向熔封有两支长约 20mm、直径 1mm、间隙约 1mm 的铂丝作为电极。铂丝的外端接电源，经过感应圈，可以通入超过 10000V 的高压电流，使铂丝电极间隙处产生火花，引起可燃性气体爆炸燃烧。作用部分的顶端为带旋塞的毛细管，用橡胶管和梳形管及量气管相连，承受部分通大气。

(2) 缓慢燃烧管（或缓燃管）　通常为上下排列的两支优质玻璃管〔图 3-12(b)〕，上部为作用部分，下部为承受部分。由承受部分底部直至作用部分上部，贯穿一支玻璃管。玻璃管的上端口外熔封有一段螺旋状铂丝，管内为铜丝导线，通过变压器及滑动电阻接通电源。通入 6V 的低压电流，使铂丝炽热，将可燃性气体缓慢燃烧。

(3) 氧化铜燃烧管　通常为 U 形石英管〔图 3-12(c)〕。低温燃烧时，也可以用石英玻璃管。管的中部长约 10cm、直径约 6mm，填有棒状或粒状氧化铜。燃烧管用电炉加热，可燃性气体在管内往复通过，缓慢氧化燃烧。

二、奥氏气体分析仪测定人工煤气中各组分含量

由煤、焦炭等固体燃料或重油等液体燃料经干馏、气化或裂解等过程所制得的气体，统称为人工煤气。按照生产方法，一般可分为干馏煤气和气化煤气（发生炉煤气、水煤气、半水煤气等）。人工煤气的主要成分为烷烃、烯烃、芳烃、一氧化碳和氢气等可燃气体，并含有少量的二氧化碳和氮等不可燃气体。人工煤气中半水煤气是合成氨的原料，它是由焦炭、水蒸气和空气等制成的。它的全分析项目有 CO_2、O_2、CO、CH_4、H_2、N_2 等，可以利用化学分析法测定，也可利用气相色谱法分析。当用化学分析法时，CO_2、O_2、CO 可用吸收法来测定，CH_4 和 H_2 可用燃烧法来测定，剩余气体为 N_2。它们的含量一般为：CO_2，7%～11%；O_2，0.5%；CO，26%～32%；H_2，38%～42%；CH_4，1%；N_2，18%～22%。测定半水煤气各成分的含量，可作为合成氨造气工段调节水蒸气和空气比例的根据。

1. 仪器安装

将洗涤清洁并干燥的气体分析仪部件按一定的次序连接安装。所有的旋塞都必须涂抹润滑剂，使其不漏气但是又必须能灵活转动，旋塞孔道中不得落入润滑剂。

将吸收剂及封闭液分别注入吸收瓶、量气管及爆炸瓶中。对于煤气或半水煤气的分析，吸收瓶Ⅰ中注入KOH溶液、瓶Ⅱ中注入硫酸银的硫酸溶液、瓶Ⅲ中注入焦性没食子酸的碱性溶液、瓶Ⅳ及瓶Ⅴ中注入氯化亚铜的氨性溶液（见图3-9）。吸收剂的注入量，应稍大于吸收瓶总容积的1/2。向吸收瓶的承受部分中注入5～8mL液体石蜡，以隔绝空气。在水准瓶中注入封闭液。

2. 气密性检查

配合使用水准瓶和梳形管中各旋塞，使吸收瓶、量气管、爆炸瓶中的吸收液和封闭液上升至顶端，关闭各旋塞，将水准瓶置于仪器底板上。如果这时量气管内的液面只是稍微下降后即不再移动；爆炸瓶及各吸收瓶内液面也不下降，表明仪器不漏气。反之，如果液面不断下降，表明仪器漏气，应仔细检查。在仪器完好的情况下，一般漏气往往是由于旋塞或橡胶管连接处不够严密所致。查明后，重新涂抹润滑剂或重新连接即可。

3. 测定

（1）取样 利用水准瓶与量气管的配合操作，先用待分析样品置换量气管中气体2～3次，每次体积20mL左右，然后在量气管中量入100mL的待测气体，准确读取体积（V_0）。

（2）测定 此部分可配合前文图3-9奥氏气体分析仪的结构示意图进行理解。

① 吸收法测定。将量气管中气体首先引入KOH吸收瓶中吸收CO_2。打开KOH吸收瓶的旋塞使之与量气管相通，提高水准瓶直至量气管内液面升至顶端标线，再降低水准瓶将气体吸回量气管，如此反复排出、吸回3～4次。最后一次，当吸收瓶内吸收剂液面升至顶端标线时，关闭旋塞。将水准瓶和量气管并列，上下移动2～3次后，使液面在同一水平。等待1min，读取量气管刻度（反复吸收3～4次，一般都能吸收完全。但是，有时为了检查是否吸收完全，可以再旋开旋塞，排气体入吸收瓶做一次检查性吸收。如果两次体积读数之差小于0.1mL，则认为吸收完全）。按上述同样的操作，依次吸收不饱和烃、O_2、CO。吸收CO后，应将气体送入硫酸银的硫酸溶液吸收瓶中，反复2～3次除去氨气后，再读取量气管读数（V_5）。

② 燃烧法测定。旋开旋塞9，缓缓提高水准瓶，排气体入吸收瓶Ⅱ中贮存，至量气管中准确残留气体恰为25.0mL或其他合适体积时，关闭旋塞9。转动旋塞5，使量气管通大气，小心缓缓降低水准瓶，准确吸入干燥并除去二氧化碳的空气75.0mL（总体积恰为100mL）。转动旋塞5，使量气管接梳形管。旋开旋塞7，提高水准瓶，排混合气体入爆炸瓶至量气管内液面升至顶端标线，关闭并用手指按紧旋塞7。揿动点火器开关，则铂丝间隙产生火花，混合气体爆炸燃烧。燃烧后旋开旋塞7，降低水准瓶将爆炸燃烧后的气体吸回量气管至爆炸瓶内封闭液面升至顶端标线，关闭旋塞7，测量气体体积。然后，再排入吸收瓶Ⅰ中，吸收生成的二氧化碳，再测量残余气体体积。

4. 结束工作

测定工作全部结束后，拆下取样器，旋开旋塞6（图3-9），排除量气管及吸收瓶Ⅰ内残余气体至封闭液面升至顶端标线。关闭旋塞5，置水准瓶于仪器底板凹槽内，以备下次分析使用。仪器暂停使用过程中，应经常转动碱性吸收剂的吸收管旋塞，以免被碱腐蚀而粘连。如果长期不再使用，则应将所有液体排出，充分洗涤各部件，旋塞用薄纸包裹后，塞入旋塞孔中，置仪器于安全地点，妥善保管。

5. 计算

如果在测定过程中温度或气压改变，首先应利用气体方程式将气体体积换算至样品条件下的体积，再按下列各式计算气体中各组分的含量。但在通常情况下，一般温度和压力不改变（在室温常压下），故可省去换算工作，直接用各测得的结果（体积）来计算出各组分的含量。

（1）吸收部分

$$\varphi(CO_2) = \frac{V_1}{V_0} \times 100\% \tag{3-18}$$

$$\varphi(C_n H_m) = \frac{V_2}{V_0} \times 100\% \tag{3-19}$$

$$\varphi(O_2) = \frac{V_3}{V_0} \times 100\% \tag{3-20}$$

$$\varphi(CO) = \frac{V_4}{V_0} \times 100\% \tag{3-21}$$

式中 V_0——采取试样的体积，mL；

V_1——试样中含 CO_2（用 KOH 溶液吸收前后气体体积之差）的体积，mL；

V_2——试样中含 $C_n H_m$（用浓硫酸＋硫酸银溶液吸收前后气体体积之差）的体积，mL；

V_3——试样中含 O_2（用焦性没食子酸的碱性溶液吸收前后气体体积之差）的体积，mL；

V_4——试样中含 CO（用氯化亚铜的氨性溶液吸收前后气体体积之差）的体积，mL。

（2）燃烧部分　燃烧时只取了部分剩余气体进行测定，所以要注意换算。

在所取的 25.00mL 样品中氢气和甲烷体积的计算为：

$$V_生(CO_2) = V(CH_4) = a \tag{3-22}$$

$$V_缩 = \frac{3}{2} V(H_2) + 2V(CH_4) = b \tag{3-23}$$

解得：
$$V(CH_4) = a$$

$$V(H_2) = \frac{2}{3}(b - 2a) \tag{3-24}$$

换算至 V_4 体积中的氢气和甲烷的体积：

$$V'(CH_4) = \frac{V_4}{25.0} a$$

$$V'(H_2) = \frac{V_4}{25.0} \times \frac{2}{3}(b - 2a) \tag{3-25}$$

则：
$$\varphi(CH_4) = \frac{V'(CH_4)}{V_0} \times 100\% \tag{3-26}$$

$$\varphi(H_2) = \frac{V'(H_2)}{V_0} \times 100\% \tag{3-27}$$

任务实施

操作 2　奥氏气体分析仪分析半水煤气组成

一、目的要求
1. 了解奥氏气体分析仪的组成。
2. 掌握奥氏气体分析仪的安装及操作要领。
3. 掌握化学吸收法和燃烧法的原理及测定方法。

二、方法原理
在奥氏气体分析仪中采用吸收法测定半水煤气中 CO_2、O_2、CO、C_nH_m，用燃烧法测定 CH_4、H_2，用减量法计算 N_2 的含量。

三、仪器和试剂
1. 仪器

主要仪器有：奥氏气体分析仪一套、球胆。

2. 试剂

① 33%KOH 溶液：1 份质量的 KOH 溶解于 2 份质量的蒸馏水中。

② 焦性没食子酸的碱性溶液：称取 5g 焦性没食子酸，溶解于 15mL 水中。另称取 40g KOH 溶解于 32mL 水中。使用时将两种溶液在吸收瓶中混合。

③ CuCl 的氨性溶液：称取 250g NH_4Cl 溶解于 750mL 水中，加 200g CuCl，溶解后迅速转移于预先装有铜丝的试剂瓶中至几乎充满。用橡胶塞塞紧（溶液应无色）。临用前，加入密度为 0.9g/mL 的氨水，加入比例为 2 体积的氨水与 1 体积的亚铜盐溶液。

④ 含硫酸银的硫酸溶液：称取 4g 硫酸银溶解于 65mL 水中，在不断搅拌下缓缓加入浓硫酸 400mL。

⑤ 封闭液：量气管的封闭液，可以为水、酸、盐的水溶液、甘油或汞。封闭液不得吸收被测定的气体。汞是最好的封闭剂，但是因为有剧毒，不宜经常使用，使用时应注意安全。一般分析可以使用盐的饱和溶液（例如含 1%盐酸的氯化钠饱和溶液；含 2%硫酸的硫酸钠饱和溶液）。尽管气体在盐的饱和溶液中的溶解度很小，但是为了进一步阻止气体溶解，在使用前仍必须用待分析的气体通入封闭液中至其饱和。封闭液中还应加少量酸碱指示剂（例如甲基红）使溶液有颜色，以便观察并可及时发现碱性吸收剂的倒流事故。

煤气或半水煤气的分析，可以使用 10%硫酸作为量气管封闭液。爆炸瓶的封闭液，则用二氧化碳饱和的水溶液即可。

四、测定步骤
1. 安装仪器并检查仪器的气密性（见任务三　煤气质量分析）。
2. 用量气管准确量取一定量的气体，并依次引入各吸收瓶进行吸收，吸收后的剩余气体与空气按适当比例混合后引入爆炸瓶燃烧，测定燃烧后气体的体积及燃烧产生的 CO_2 体积（见任务三　煤气质量分析）。

五、数据记录与处理
根据各吸收瓶吸收前后气体体积之差分别计算 CO_2、O_2、CO、C_nH_m 的体积分数，根据燃烧前后缩减的体积及生成的 CO_2 体积计算 H_2 和 CH_4 的含量，用 100%减去上述所有气体的含量总和即为 N_2 的含量。

温度/℃		压力/kPa	
第一次读数/mL		采样的体积 V_0/mL	
第二次读数/mL		被吸收的 CO_2 体积 V_1/mL	
第三次读数/mL		被吸收的 C_nH_m 体积 V_2/mL	
第四次读数/mL		被吸收的 O_2 体积 V_3/mL	
第五次读数/mL		被吸收的 CO 体积 V_4/mL	
燃烧时取样体积/mL		燃烧后缩减体积/mL	
燃烧后产生 CO_2 体积/mL		CO_2 的体积分数/%	
C_nH_m 的体积分数/%		O_2 的体积分数/%	
CO 的体积分数/%		CH_4 体积分数/%	
H_2 体积分数/%		N_2 体积分数/%	

操作人：_____ 审核人：_____ 日期：_____

六、注意事项

测定过程中，排出或吸入气体时，应缓缓升降水准瓶，不能过快或过高过低。升降水准瓶时，应注意观察上升液面而不必观察下降液面。不能让吸收剂或封闭液越过标线进入梳形管中。转动旋塞不得用力过猛，以防扭断玻璃管。

爆炸燃烧时，如果不产生火花可能是铂丝上沾有油污，应清洗。也可能是铂丝间隙不合要求或电路不通，应检查、调整。爆炸瓶外最好能用铁丝网或透明塑胶片包裹，以保安全。

【任务评价】

出勤	预习情况	实验操作	实验结果	报告书写	文明操作	总评成绩

思考与交流

1. 奥氏气体分析仪的组成部件有哪些？
2. 如何检查装置的气密性？
3. 如果测定过程中温度、压力变化较大，如何对测定结果进行校正？

知识拓展

随着中国国民经济的迅速发展，气体制造和气体应用行业对气体分析技术的要求越来越高，社会对气体分析仪器的需求，不论是数量上还是性能上，都有很大幅度的提升，而且应用领域也在迅速扩大。由于气体成分的测定数据，对生产工艺条件的变化反映最及时、准确，直观性强，使得气体分析逐渐成为气体制造和应用行业不可或缺的工作环节。由于被分析气体千差万别和分析原理的多种多样，气体分析仪的种类繁多。常用的有热导式气体分析仪、电化学式气体分析仪和红外线气体分析仪等。

热导式气体分析仪根据不同气体具有不同导热能力的原理，通过测定混合气体导热系数来推算其中某些组分的含量。这种分析仪表简单可靠，适用的气体种类较多，是一种基本的分析仪表。

电化学式气体分析仪根据化学反应所引起的离子量的变化或电流变化测量气体成分。为了提高选择性,防止测量电极表面沾污和保持电解液的性能,一般采用隔膜结构。常用的电化学式分析仪有定电位电解式和伽伐尼电池式两种。定电位电解式分析仪的工作原理是在电极上施加特定电位,被测气体在电极表面就产生电解作用,只需测量加在电极上的电位,即可确定被测气体特有的电解电位,使仪表具有选择识别被测气体的能力。伽伐尼电池式分析仪是将透过隔膜扩散到电解液中的被测气体电解,通过测量电解电流,就能确定被测气体的浓度。通过选择不同的电极材料和电解液来改变电极表面的内部电压,实现对具有不同电解电位气体的选择性测量。

红外线气体分析仪是根据不同组分气体对不同波长的红外线具有选择性吸收的特性而工作的分析仪表。测量这种吸收光谱可判别出气体的种类;测量吸收强度可确定被测气体的浓度。红外线气体分析仪的使用范围较广,不仅可分析气体成分,也可分析溶液成分,且灵敏度较高,反应迅速,能在线连续指示,也可组成调节系统。

素质拓展阅读

中国色谱之父——卢佩章

卢佩章

卢佩章(1925—2017年),出生于浙江杭州,分析化学与色谱学家,中国科学院学部委员(院士)。

卢佩章生在战争频繁、民不聊生的旧中国,少时饱经忧患。1949年新中国成立前夕,卢佩章怀着发展祖国科学技术事业的勃勃雄心,奔赴百废待兴的东北,走进了当时新组建的中国科学院大连化学物理研究所的前身——大连大学科学研究所。他的科研人生从此与国家建设需要紧密联系在一起。

新中国成立初期,他参与了国家从煤里制取石油这一国民经济急需的科研任务,承担了其中水煤气合成产品的分析任务。1954年,他把气-固色谱法的体积色谱成功用于水煤气合成产品的气体组分分析。1960年,由于国家对液氢生产及稀有气体的迫切需要,卢佩章组建了超纯气体分析组,研制开发了国际上只有个别发达国家才有的新型分子筛催化剂,利用吸附浓缩净化的方法制备了6个"9"以上的超纯氢气、氦气、氩气等气体,并建立相应的测试方法。这项成果不仅为"两弹一星"研制做出贡献,也为工业生产超纯气体提供了先进方法和手段。20世纪70年代,卢佩章又接受了一项国防科研紧急任务,为我国第一艘核动力潜艇密闭舱气体作出准确的分析。核潜艇可以在水下连续航行数月甚至一年以上,艇内空气如何净化、再生及保证含氧量是制约各国核潜艇技术发展的一大难题。经过方法研究、仪器试制和现场反复考核,卢佩章小组成功地把色谱技术应用到潜艇密闭舱中,可迅速、连续测定密闭舱中气体组成,研制出了当时世界上最先进的船用色谱仪。

20世纪70年代中期,卢佩章开展了国际上刚刚开始的高效液相色谱的研究。针对当时高效液相色谱的两个主要矛盾:一是仪器设备,二是固定相,开展了微粒型硅胶及其各种化学键合相的研究,并提供产品供应国内需求。20世纪80年代以来,他领导开展了有国际水平的色谱系统理论、技术及软件开发等方面的研究，在研究色谱峰型等规律基础上提出了选择色谱最佳操作条件的方法，成功应用于细管径高效液相色谱；在深入系统进行气相色谱和高效液相色谱理论研究的基础上，开发出气相和液相色谱定性、拟合定量和智能优化等专家系统及软件。

作为新时代青年，我们要继续发扬老一辈科学家的"爱岗敬业，精益求精"精神，为国家发展、人民幸福作出自己的贡献。

项目小结

对煤气等工业气体进行分析时必须结合气体的特性，采用合适的方法及工具采集一定量具有代表性的样品，常用的采样方法有正压、常压、负压。如在流通管路或气体钢瓶中采样一般用正压采样方法，煤矿井下空气中有害气体的采集可采用负压气体采样方法。

因为气体流动性大、体积庞大、质量较小，所以在定量分析时一般用体积分数表示其含量的多少。如果气体中待测组分含量较高量取体积时可以使用量气管，其量取体积一般最高为100mL。当组分含量较低需要采集大量气体进行含量测定时，就须借助流量计或流速计测定所采集气体的量。

气体分析方法根据分析原理可分为化学分析法、物理分析法、物理化学分析法。化学分析法是根据气体的某一化学特性进行分析的方法，包括化学吸收法和化学燃烧法。化学吸收分析法包括吸收体积法、吸收滴定法、吸收重量法和吸收比色法等。化学燃烧法根据燃烧方式不同又分为爆炸燃烧法、缓慢燃烧法和氧化铜燃烧法。

用化学分析法分析煤气含量时通常结合使用吸收法和爆炸燃烧法，用得比较多的仪器是奥氏气体分析仪。使用奥氏气体分析仪时，分析前首先要搭建仪器，并对搭建后的仪器进行气密性检查，保证仪器不漏气，否则会影响测定结果。分析煤气含量时先采用吸收法测定CO_2、不饱和烃、O_2、CO含量，一定要注意吸收顺序；然后将吸收后的剩余气体与空气按一定比例混合后采用燃烧法测定H_2、CH_4的含量，既不吸收又不能燃烧的气体视为N_2，用差减法计算含量。

练一练测一测

1. 单选题

（1）当气样的压力等于大气压时属于（　　）取样。

A. 正压　　　　　　B. 负压　　　　　　C. 常压　　　　　　D. 无法确定

（2）球胆一般用于（　　）状态取样。

A. 常压　　　　　　B. 正压　　　　　　C. 负压　　　　　　D. 标准

（3）在使用量气管时，提高水准瓶，量气管中气体量（　　）。

A. 增加　　　　　　B. 减少　　　　　　C. 先增后减　　　　D. 先减后增

（4）含CO与N_2的样气10mL，在标准状态下加入过量氧气使CO完全燃烧后，气体体积减少了2mL，则样气中有CO（　　）mL。

A. 2　　　　　　　B. 4　　　　　　　C. 6　　　　　　　D. 8

(5) 下列燃烧方法中，不必加入燃烧所需的氧气的是（　　）。
A. 爆炸法　　　　　　　　　　　B. 缓慢燃烧法
C. 氧化铜燃烧法　　　　　　　　D. 爆炸法或缓慢燃烧法
(6) 乙烷燃烧后缩减体积是乙烷体积的（　　）倍。
A. 1　　　　　B. 2　　　　　C. 5/2　　　　　D. 2/3
(7) 吸收瓶内装有许多细玻璃管或一支气泡喷管是为了（　　）。
A. 增大气体的通路　　　　　　　B. 延长吸收时间
C. 加快吸收速度　　　　　　　　D. 减小吸收面积
(8) 用量气管量取气体读数时水准瓶中液面与量气管中液面（　　）。
A. 相齐　　　　B. 略高　　　　C. 略低　　　　D. 无要求
(9) 一般量气管最多可量取（　　）mL 体积的气体。
A. 50　　　　　B. 80　　　　　C. 100　　　　　D. 200
(10) 今有含 H_2 气体 50mL，除 H_2 外其他气体不能燃烧，现经燃烧后体积缩减了 15mL，则气体中 H_2 的体积分数为（　　）。
A. 0.1　　　　B. 0.2　　　　C. 0.3　　　　D. 0.4

2. 判断题
(1) 对于常压下的气体，只需放开取样点上的活塞，气体即可自动流入气体取样器中。（　　）
(2) 工业气体中 CO 的测定可采用燃烧法或吸收法。（　　）
(3) 气样中的被测组分被吸收剂吸收后，气样体积与被吸收气体体积的差值即是被测组分的体积。（　　）
(4) 吸收比色法是综合利用吸收法与比色法来测定气体物质含量的分析方法。（　　）
(5) 奥氏气体分析仪中梳形管主要用于连接各部件。（　　）
(6) 要想排出量气管中气体可降低水准瓶。（　　）
(7) 负压下采集气体样品需要使用吸气器或抽气泵。（　　）
(8) 奥氏气体分析仪器中装有氧化铜燃烧瓶。（　　）

3. 填空题
(1) 用气体吸收法测定 CO_2 时用_____作吸收剂。
(2) 气体吸收瓶包括_____和_____。
(3) 采集气体样品时至少用相当于采样管路和容器体积_____倍的气体清洗装置。
(4) 量气管的下端用橡胶管与_____相连。
(5) 爆炸瓶在球的上端熔封有两条_____丝。

4. 计算题
(1) 含有 CO_2、O_2 及 CO 的混合气体 75mL，依次用 KOH 溶液、焦性没食子酸的碱性溶液、氯化亚铜的氨性溶液吸收后，气体体积依次减少至 70mL、63mL 和 60mL，求各成分在原气体中的体积分数。
(2) 24mL CH_4 在过量的氧气中燃烧，体积的缩减是多少？生成的 CO_2 是多少？如另

有一含 CH_4 的气体在氧气中燃烧后体积缩减 8.0mL，求 CH_4 的原始体积。

（3）从生产现场取含 CO、H_2 的空气混合气体 20.0mL，加空气 80.0mL 燃烧后体积减少了 0.5mL，生成 CO_2 0.2mL，求可燃气体中各组分的体积分数。

（4）取含有 CO_2、O_2、CO、CH_4、H_2、N_2 的混合气体 100.0mL，依次吸收了 CO_2、O_2、CO 后气体体积分别为 91.2mL、84.6mL、71.3mL。为了测定 CH_4 和 H_2，取 18.0mL 残气，添加 62.0mL 过量空气进行爆炸燃烧之后，混合气体体积缩减了 9.0mL，生成 CO_2 3.0mL，求混合气体中各组分的体积分数。

项目四
肥料分析

项目引导

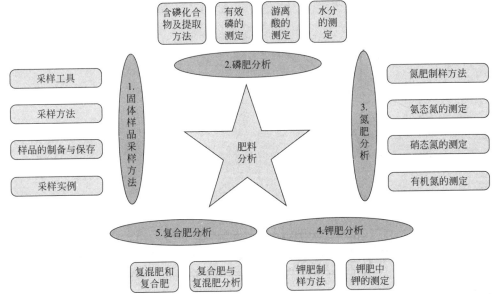

肥料是农业生产的物质基础,也是工业生产中的一大项目。分析检验肥料质量时首先要取样,要按照一定的取样规则和要求取得供分析检验用的一定量的样品,然后根据样品性质选择合适的制样方法制备供分析用的样品溶液。氮、磷、钾是肥料的三要素,一般肥料分析项目包括氮、水溶性磷和有效磷、氧化钾含量的测定,此外还测定肥料中的游离酸、水分、粒径、氯离子及其他物质的含量。

任务一 固体样品采样方法

任务要求

1. 了解固体样品的取样工具,熟悉固体样品的取样方法。
2. 能设计采样方案采集固体样品。
3. 熟悉固体样品的制备过程。
4. 掌握四分法缩分样品和机械法缩分样品的方法。

相比于液体与气体样品,固体的流动性很差,性质极不容易均匀,而且固体样品性质差异很大,形状各异。如一般肥料以颗粒状存在的形态较多,而正常的煤样是块状居多,常用的药用原料又是粉末状的形态。对于不同形态的固体样品,采样工具各有不同。对于袋装肥料,常用采样探子采样。采样时要根据样品数量及包装情况,确定采样单元数和采样点的布置,以取得具有代表性的样品。而且按照采样规则采得的样品量往往远超分析需要量,所以要进行合理的缩分以得到需要量的样品。

一、采样工具

采取固体试样常用的采样工具有采样铲(图 4-1)、采样探子(图 4-2)、采样钻(图 4-3)、气动采样探针(图 4-4)和真空采样探针(图 4-5)、接斗等。

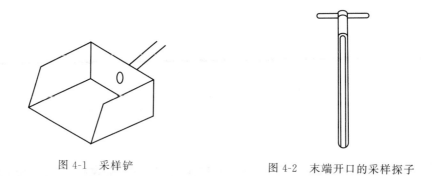

图 4-1 采样铲　　　　　　　图 4-2 末端开口的采样探子

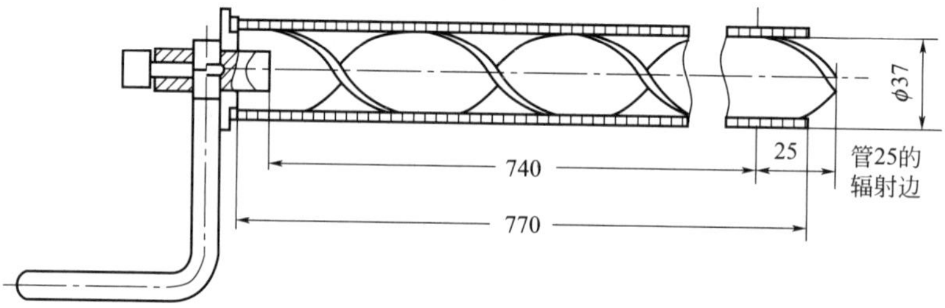

图 4-3 关闭式采样钻(单位:mm)

采样铲适用于从物料流中和静止物料中采样。铲的长和宽均应不小于被采样品最大粒度的 2.5~3 倍。

采样探子适用于从包装桶或包装袋中采集粉末、小颗粒、小晶体等固体物料。进行采样时,应按一定角度插入物料,插入时应槽口向下,把探子转动两三次,小心地把探子抽回,并注意抽回时应保持槽口向上,再将探子内的物料倒入样品容器中。

采样钻适用于较坚硬的固体采样。关闭式采样钻是由一个金属圆桶和一个装在内部的旋转钻头组成的。采样时,牢牢地握住外管,旋转中心棒,使管子稳固地进入物料,必要时可稍加压力以保持均等的穿透速度。到达指定部位后,停止转动中心棒,提起钻头,反方向转动中心棒,将所取样品移进样品容器中。

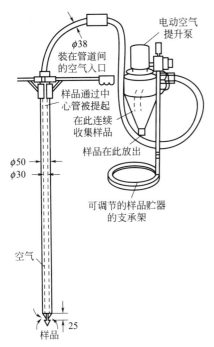

图 4-4 气动采样探针（单位：mm）

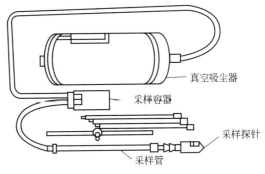

图 4-5 真空采样探针

气动和真空采样探针适用于粉末和细小颗粒等松散物料的采样。气动采样探针由一个空气提升泵与一个由两个同心圆组成的探子构成，开启空气提升泵，使空气沿着两管之间的环形通路流至探头，并在探头产生气动而提起样品，同时使探针不断插入物料。真空采样探针由一个真空吸尘器通过装在采样管上的采样探针把物料抽入采样容器中，探针由内管和一节套筒构成，一端固定在采样管上，另一端开口。

接斗是在物料的落流处采取试样的工具，斗的开口尺寸至少应为被采样品最大粒度的 2.5~3 倍，其容量应能容纳输送机最大运输量时物料流全部断面的全部物料量。

二、采样方法

1. 从物料流中采样

用适当的采样工具从皮带运输机或物料流中随机或按照一定的时间或质量间隔采取试样。一次横截物料流的断面采取一个子样。从皮带运输机采样时，采样器必须紧贴皮带，不能悬空。

2. 从运输工具中采样

应根据运输工具的不同，选择不同的采样点。常用的布点方法有斜线三点法、斜线五点法。布点时应将子样分布在运输工具的一条对角线上，首、末两个子样点至少距车角 1m，其余子样点等距离分布在首、末两子样点之间，另外还有 18 点采样法、棋盘法、蛇形法等。

3. 从物料堆中采样

根据物料堆的形状和子样的数目，将子样分布在堆的顶、腰和底部，从地面开始每间隔 0.5m 划一横线，每间隔 1~2m 划一垂线，横线与垂线的交点就是采样点。采样时应先除去 0.2m 的表面层后再用采样铲采样。

4. 包装材料中采样

常见的包装为袋装或桶装，根据样品数量确定子样数目与每个子样的采集量，然后用采样工具如采样探子采样即可。

三、样品的制备与保存

采样过程中按照采样规则取得的样品量一般远远超过分析检验的需要量，而且有些样品颗粒较大，必须经过合理的制样过程才能保证送往实验室的样品具有一定的代表性。

1. 固体样品的制备方法

固体样品的制备一般包括破碎、筛分、混匀、缩分四个步骤。

（1）破碎　可用研钵或锤子等手工工具粉碎样品，也可用适当的装置和研磨机械粉碎样品。

（2）筛分　选择孔径合适的筛子，手工或机械振动筛子，使所有的试样都通过筛子。如不能通过该筛子，则需重新进行破碎，直至全部试样都能通过。

（3）混匀

① 手工方法。根据试样量的大小，选用适当的手工工具（如手铲等），采用堆锥法混合样品。

堆锥法的基本做法为：利用手铲将破碎、筛分后的试样从锥底铲起后堆成圆锥体，再交互地从试样堆两边对角贴底逐铲铲起堆成另一个圆锥，每铲铲起的试样不宜过多，并分两三次洒落在新堆的锥顶，使之均匀地落在锥体四周。如此反复进行三次，即可认为该试样已被混匀。

② 机械方法。用合适的机械混合装置混合样品。

（4）缩分　缩分是将在采样点采得的样品按规定把一部分留下来，其余部分丢弃，以减少试样数量的过程。常用的方法有手工方法和机械方法。

① 手工方法。常用的方法为堆锥四分法（图4-6）。

其基本做法为：将利用三次堆锥法混匀后的试样堆用薄板压成厚度均匀的饼状，然后用十字形分样板将饼状试样等分成四份，取其对面的两份，其他两份丢弃；再将所取试样堆成锥形压成饼状，取其对面的两份，其他两份丢弃，如此反复多次，直至得到所需的试样量。

注：最终样品的量应满足检测及备考的需要，把样品一般等量分成两份，一份供检测用，一份留作备考。每份样品的量至少应为检验需要量的三倍。

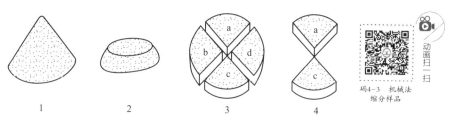

图 4-6　堆锥四分法缩分样品过程示意图

② 机械方法。用合适的机械分样器缩分样品，如格槽式分样器。

在制样过程中，这四个步骤可能是交叉进行的，并不能保证每一个步骤一次完成，特别是混匀和缩分往往是同时进行的。

2. 样品的保存

样品应保存在对样品呈惰性的包装材质中（如塑料瓶、玻璃瓶等），贴上标签，写明物料的名称、来源、编号、数量、包装情况、存放环境、采样部位、所采样品数和样品量、采样日期、采样人等。

样品保存时间一般为 6 个月，根据实际需要和物料的特性，可以适当地延长和缩短保存时间。

四、固体样品采样实例——袋装肥料的采样

GB 20412—2006《钙镁磷肥》规定对袋装钙镁磷肥的采样单元数按照项目二中表 2-1 的方法确定。

取样时，将采样探子由袋口的一角沿对角线插入袋内的 1/3～3/4 处，旋转 180°后抽出，刮出钻槽中的物料作为一个子样。

将每个采样点所采取的样品合并在一起充分混匀，然后用四分法缩分至不少于 500g，分装在两个清洁、干燥并具有磨口塞的广口瓶或带盖聚乙烯瓶中，贴上标签，注明生产厂家、产品名称、批号、采样日期和采样人姓名。一瓶供试样分析，一瓶密封保存 2 个月以备查。

在分析之前，应将所采的样品粉碎至规定粒度（一般要求不超过 1～2mm），混合均匀，用四分法缩分至 100g 左右，置于洁净、干燥瓶中，作质量分析之用。

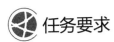

思考与交流

1. 固体样品采样工具有哪些？各适用于什么样品？
2. 如何布置采样点？
3. 如何制备和缩分固体样品？

任务二 磷肥分析

任务要求

1. 了解磷肥中磷的存在形式及提取方法。
2. 掌握磷肥中有效磷的测定原理及方法。
3. 掌握磷肥中游离酸的测定原理及方法。
4. 掌握磷肥中水分的测定原理及方法。

与人和动物生长需要养分一样，植物生长过程中也需要各种营养元素。主要营养元素碳、氢、氧可以从空气或水中获得，一般不需特殊提供。次要营养元素钙、镁、铁、硫等在土壤中的量也已足够，而另三种主要营养元素氮、磷、钾需要不断补充，因而被称为肥料三要素。提供氮、磷、钾的肥料有自然肥料也有人工肥料，也称化学肥料，即常用的化学肥料为磷肥、氮肥、钾肥以及它们的混合肥料。化学肥料生产过程中对产品质量进行监控是必不

可少的环节。

能够提供磷元素的肥料称为磷肥，它可以促使作物生长健壮、茎秆粗硬、增强病虫害和倒伏的抵抗能力，促进糖分和淀粉的生成。磷肥包括自然磷肥和化学磷肥。

磷矿石及农家肥料中的骨粉、骨灰等都是自然磷肥。草木灰、人畜尿粪中也含有一定量的磷，但是，因其同时含有氮、钾等的化合物，故称为复合农家肥。

化学磷肥主要是以自然矿石为原料，经过化学加工处理的含磷肥料。化学加工生产磷肥，一般有两种途径。一种是用无机酸处理磷矿石制造磷肥，如过磷酸钙（又名普钙）、重过磷酸钙（又名重钙）等称为酸法磷肥。另一种是将磷矿石和其他配料（如蛇纹石、滑石、白云石）或不加配料，经过高温燃烧分解制造，称为热法磷肥，如钙镁磷肥。碱性炼钢炉渣也被认为是热法磷肥，又名钢渣磷肥或汤马斯磷肥。

磷肥中磷的存在形式不同，能够被植物吸收的情况也不一样，分析时制样方法也不同。国家标准 GB/T 20413—2017《过磷酸钙》、GB/T 21634—2020《重过磷酸钙》规定对各种磷肥的分析项目一般有总磷、有效磷、水溶性磷、游离酸、水分等含量的测定，如表4-1 和表 4-2 所示。

表 4-1 疏松状过磷酸钙的技术指标

项目		优等品	一级品	合格品	
				Ⅰ	Ⅱ
有效磷(以 P_2O_5 计)的质量分数/%	≥	18.0	16.0	14.0	12.0
水溶性磷(以 P_2O_5 计)的质量分数/%	≥	13.0	11.0	9.0	7.0
硫(以 S 计)的质量分数/%	≥	8.0			
游离酸(以 P_2O_5 计)的质量分数/%	≤	5.5			
游离水的质量分数/%	≤	12.0	14.0	15.0	15.0
三氯乙醛的质量分数/%	≤	0.0005			

表 4-2 粉状重过磷酸钙的技术指标

项目		优等品	一级品	合格品
总磷(以 P_2O_5 计)的质量分数/%	≥	44.0	42.0	40.0
有效磷(以 P_2O_5 计)的质量分数/%	≥	42.0	40.0	38.0
水溶性磷(以 P_2O_5 计)的质量分数/%	≥	36.0	34.0	32.0
游离酸(以 P_2O_5 计)的质量分数/%	≤	7.0	7.0	7.0
游离水的质量分数/%	≤	8.0	8.0	8.0

一、磷肥中的含磷化合物及提取方法

过磷酸钙或重过磷酸钙中含有易溶解于水的含磷化合物。因此，施用后较易被植物吸收利用，产生肥效，称为"速效磷肥"。钙镁磷肥或钢渣磷肥中的含磷化合物则难溶于水，但是能溶解于有机弱酸。施用后，必须经过较长时间，被土壤中的酸缓慢溶解后，才能被植物吸收利用，称为"迟效磷肥"。磷块岩粉（俗称磷矿粉）中的一部分含磷化合物也微溶于有机弱酸，所以也常作为迟效磷肥施用。但是磷灰石中的含磷化合物，则难溶于有机弱酸，不能直接作为磷肥施用。

磷肥的组成一般比较复杂，往往是一种磷肥中同时含有几种不同性质的含磷化合物。磷肥的主要成分是磷酸的钙盐，有的还含有游离磷酸。虽然它们的性质不同，但是大致可以分为三类，即水溶性含磷化合物、柠檬酸溶性含磷化合物、难溶性含磷化合物。在磷肥的分析检验中，水溶性含磷化合物和柠檬酸溶性含磷化合物中的磷称为"有效磷"。磷肥中所有含磷化合物中含磷量的总和则称为"全磷"。生产实际中，因为对象或目的不同，常分别测定有效磷及全磷含量。测定的结果一律规定用五氧化二磷（P_2O_5）表示。

1. 水溶性含磷化合物的提取

可以溶解于水的含磷化合物，如磷酸、磷酸二氢钙[$Ca(H_2PO_4)_2$]称为水溶性含磷化合物。过磷酸钙、重过磷酸钙中主要含水溶性含磷化合物，故称为水溶性磷肥。这部分成分可以用水作溶剂，将其中的水溶性磷提取出来。

提取水溶性磷：精确称取过磷酸钙约1.5g或重过磷酸钙约0.8g（准确至0.0002g，含P_2O_5约200~300mg）于小乳钵中，加水约25mL，小心研磨5~10min，静置待澄清。以慢速滤纸倾泻过滤于已经预先注有5mL硝酸溶液（1+1）的250mL容量瓶中。向乳钵内的残渣再加水约25mL，继续研磨、澄清、过滤，共二次。最后一次，将残渣全部转移至滤纸上。充分洗涤至容量瓶内溶液的体积约230mL，稀释至刻度，混合均匀，供测定水溶性磷用。残渣保留，可制备测定有效磷的分析试液。

2. 有效含磷化合物的提取

能被植物根部分泌出的酸性物质溶解后吸收利用的含磷化合物称为柠檬酸溶性含磷化合物。在磷肥的分析检验中，是指能被柠檬酸铵的氨溶液或2%柠檬酸溶液（人工仿制的和植物的根部分泌物性质相似的溶液）溶解的含磷化合物，如结晶磷酸氢钙（又名磷酸二钙，$CaHPO_4 \cdot 2H_2O$）、磷酸四钙（$Ca_4P_2O_9$或$4CaO \cdot P_2O_5$）。钙镁磷肥、钢渣磷肥中主要含这类化合物，故称为柠檬酸溶性磷肥。过磷酸钙、重过磷酸钙中也常含有少量结晶磷酸二钙。这部分成分可以用柠檬酸溶性试剂作溶剂，将其中的柠檬酸溶性含磷化合物提取出来。常用的柠檬酸溶性试剂有下面几种：

（1）2%柠檬酸溶液　以柠檬酸溶液作提取剂，可将钙镁磷肥和钢渣磷肥中的磷酸四钙提取出来，过滤分离不溶物后，滤液作为测定柠檬酸溶性磷的分析试液。

提取方法举例：精确称取钙镁磷肥或钢渣磷肥约1g（准确至0.0002g）于干燥的250mL玻璃塞锥形瓶中，精确加入2%柠檬酸溶液100.00mL，塞紧瓶塞。在25~30℃温度下，用电动振荡器或人工不断振荡30min，然后立即用干燥的慢速滤纸过滤，弃去最初20mL滤液，其余滤液供测定有效磷用。

（2）中性柠檬酸铵溶液　中性柠檬酸铵溶液可以将沉淀磷酸钙或硝酸磷肥等的有效磷提取出来。

中性柠檬酸铵溶液配制方法为：柠檬酸铵450g，溶解于适量水中，缓慢加入氨水至pH值恰恰为7（以酚红试纸检验，由黄色变为红色），然后稀释至20℃时溶液的密度为1.09g/cm^3。

提取方法举例：精确称取沉淀磷酸钙约1g（偏磷酸钙或磷酸铵复合肥0.5g，准确至0.0002g）于250mL容量瓶中，加中性柠檬酸铵溶液100mL，激烈振荡10min后，静置过夜。然后，于50℃恒温水浴中保温1h（每隔15min振荡一次，加热时及振荡后，应打开瓶塞，以防瓶内溶液受热汽化，压力增大，容量瓶炸裂），冷却后，稀释至刻度。用干燥的慢速滤纸过滤，弃去最初20mL滤液，其余滤液供测定有效磷用。

（3）碱性柠檬酸铵溶液（柠檬酸铵的氨溶液）　过磷酸钙、重过磷酸钙这两种磷肥中的有效磷，主要是水溶性的H_3PO_4及$Ca(H_2PO_4)_2$，同时也含有少量可溶于柠檬酸铵的氨溶

液的 $CaHPO_4 \cdot 2H_2O$。因为在磷酸或磷酸二氢钙存在时，柠檬酸铵的氨溶液酸性增强，萃取能力增大，可能溶解其他非有效的含磷化合物，所以必须先用水按前述方法处理、萃取游离磷酸及磷酸二氢钙。剩余不溶残渣，再用柠檬酸铵的氨溶液萃取，然后合并两种萃取液，测定有效磷。用柠檬酸铵的氨溶液萃取时，其萃取效率的高低与萃取剂的浓度、酸碱度及温度等条件有密切关系，必须严格遵守规程。

柠檬酸铵的氨溶液，又名"彼得曼试剂"，配制方法比较烦琐，要求每1L溶液中含未风化的结晶柠檬酸一水合物173g和42g以氨形式存在的氮（相当于51g氨）。配制时用单标线吸管吸取10mL氨水溶液（使用前用水稀释，稀释比例为2+3），置于预先盛有400~450mL水的500mL容量瓶中，用水稀释至刻度，混匀。从500mL容量瓶中用单标线吸管吸取25mL溶液两份，分别移入预先盛有25mL水的250mL锥形瓶中，加2滴甲基红指示液，用硫酸标准溶液滴定至溶液呈红色。1L氨水溶液中，氮含量按下式计算：

$$\rho(N) = \frac{cV \times 14.01}{10 \times \dfrac{25}{500}} \tag{4-1}$$

式中　$\rho(N)$——氨水（2+3）中氮的含量，g/L；

　　　c——硫酸 $\left(\dfrac{1}{2}H_2SO_4\right)$ 标准溶液的浓度，mol/L；

　　　V——滴定时消耗硫酸标准溶液的体积，mL；

　　　14.01——N的摩尔质量，g/mol。

配制1L碱性柠檬酸铵溶液所需氨水溶液的体积按下式计算：

$$V = \frac{42}{\rho(N)} \tag{4-2}$$

按计算的体积量取氨水溶液，将其注入试剂瓶中，瓶上应有欲配的碱性柠檬酸铵溶液体积的标线。

根据配制每升碱性柠檬酸铵溶液需要173g柠檬酸，称取计算所需柠檬酸用量，再按每173g柠檬酸需要200~250mL水溶解的比例，配制成柠檬酸溶液。经分液漏斗将溶液慢慢注入盛有氨水溶液的试剂瓶中，同时瓶外用大量冷水冷却，然后加水至标线，混匀，静置两昼夜后使用。

提取方法举例：将用水萃取水溶性磷后的不溶残渣及滤纸，转移于250mL容量瓶中。加彼得曼试剂100mL，塞好瓶塞。充分振荡至滤纸全部碎裂为纤维状。置于（60±1）℃的恒温水浴中保温30min（每隔10min振荡一次，温热时瓶塞切勿塞紧，以防瓶内氨液受热汽化，压力增大，容量瓶炸裂）。冷却后，稀释至刻度，混合均匀，以干燥慢速滤纸过滤，弃去最初浑浊滤液，其余滤液与水萃取液等体积合并测定有效磷。

有效磷的提取也可以用EDTA溶液，方法如下：称取2~2.5g试样置于滤纸上，用滤纸包裹试样，塞入250mL容量瓶中，加入150mL预先加热至60℃的37.5g/L的EDTA溶液，塞紧瓶塞，摇动容量瓶使试样分散于溶液中，置于（60±1）℃的恒温水浴中振荡1h（振荡频率以容量瓶内试样能自由翻动即可）。取出容量瓶，冷却至室温，用水稀释至刻度，摇匀，过滤，取滤液测定。

3. 全磷化合物的提取

任何化学磷肥都可能因为转化反应不完全而含有少量不溶于水或其他萃取剂的难溶

性含磷化合物。磷矿石中，则几乎全部是难溶性含磷化合物，如磷酸钙、磷酸铁、磷酸铝等，为中等强酸（磷酸）形成的难溶性盐，应能溶解于强酸如盐酸及硝酸的混合酸。溶解难溶性含磷化合物主要是依靠盐酸，硝酸在此主要是发挥氧化作用，防止磷因被还原生成负三价的磷化合物——磷化氢 PH_3 而挥发损失。在强酸中有效磷化合物也必然溶解。如果磷肥中含硅量较高，则为了排除生成硅钼酸盐的干扰，应将溶液蒸发、干燥、脱水后，过滤分离硅酸。

提取方法举例：精确称取样品 1~2g（含 P_2O_5 200~300mg）于烧杯中，加盐酸 30mL、硝酸 10mL。以表面皿盖住，缓缓加热至棕红色气体停止发生，稍冷却后，加过氯酸 8mL，不盖表面皿，缓缓加热至产生浓厚白烟约半小时后，稍冷却，加 2mol/L 盐酸约 40mL，微热，转移于 250mL 容量瓶中。冷却后，稀释至刻度，混合均匀。用干燥慢速滤纸过滤，最初 20mL 滤液弃去，滤液供测定全磷用。

二、磷肥中有效磷的测定

在磷肥分析中常测定水溶性磷和有效磷的含量，其差异在于提取磷的方法不同，后续的测定方法是相似的。国家标准（GB/T 10512—2008、GB 20412—2006 等）规定测定磷肥中磷含量的仲裁方法为磷钼酸喹啉重量法，其他测定磷的方法有磷钼酸喹啉容量法、磷钼酸铵容量法、钒钼酸铵分光光度法。下面以过磷酸钙为例介绍磷肥中有效磷的测定方法。

过磷酸钙中的有效磷，主要是水溶性的磷酸一钙及游离磷酸，另含有少量可溶于彼得曼试剂的磷酸二钙，也属于有效磷。因此，应该先用水萃取水溶性磷化合物，再用彼得曼试剂萃取磷酸二钙。然后，合并两种萃取液再测定。

1. 磷钼酸喹啉重量法和容量法

（1）方法原理　用水、碱性柠檬酸铵溶液提取磷肥中的有效磷，提取液中正磷酸根离子在酸性介质中与喹钼柠酮试剂生成黄色磷钼酸喹啉沉淀，过滤、洗涤、干燥和称量所得沉淀，根据沉淀质量换算出五氧化二磷的含量。

正磷酸根离子在酸性溶液中和钼酸根离子生成磷钼杂多酸，反应为：

$$H_3PO_4 + 12MoO_4^{2-} + 24H^+ \longrightarrow H_3(PO_4 \cdot 12MoO_3) \cdot H_2O + 11H_2O$$

磷钼杂多酸是一种分子较庞大的典型杂多酸，能够和分子较大的有机碱生成溶解度很小的难溶性盐。因此，在定量分析中，常使磷酸盐在硝酸的酸性溶液中与钼酸盐、喹啉作用生成黄色磷钼酸喹啉沉淀来进行磷的测定，反应按下式进行：

$$H_3PO_4 + 12MoO_4^{2-} + 3C_9H_7N + 24H^+ \longrightarrow (C_9H_7N)_3H_3(PO_4 \cdot 12MoO_3) \cdot H_2O \downarrow + 11H_2O$$

用重量法进行测定时，是用 G_4 玻璃坩埚过滤沉淀，洗涤纯净后干燥、称量。因为磷钼酸喹啉在不同温度下干燥时组成不同，100~107℃只脱去游离水分，组成为 $(C_9H_7N)_3H_3(PO_4 \cdot 12MoO_3) \cdot H_2O$，能达到恒重，但是需要较长时间。107~155℃干燥失去结晶水，但又不完全，不易恒重。155~370℃时，结晶水全部失去，组成为 $(C_9H_7N)_3H_3(PO_4 \cdot 12MoO_3)$，能达到恒重。370~500℃沉淀分解失去有机部分，组成为 $P_2O_5 \cdot 24MoO_3$，但是不易恒重。由此可见，其中以 $(C_9H_7N)_3H_3(PO_4 \cdot 12MoO_3)$ 状态组成最为稳定，易于干燥恒重。试验表明，于 250℃左右干燥 20~30min 或 180~190℃干燥 40~60min，即可达到恒重。实际工作中，大都是在 180℃干燥 45min。

磷钼酸喹啉的摩尔质量为 2212.8g/mol，P_2O_5 摩尔质量为 141.95g/mol，由磷钼酸喹

啉换算为 P_2O_5 因数为：

$$\frac{M(P_2O_5)}{2M[(C_9H_7N)_3H_3(PO_4 \cdot 12MoO_3)]} = \frac{141.95}{2 \times 2212.8} = 0.03207 \tag{4-3}$$

换算因数较小，表明测定的准确度较高。

用容量法进行测定，是根据磷钼酸喹啉和碱之间发生如下反应：

$$(C_9H_7N)_3H_3(PO_4 \cdot 12MoO_3) \cdot H_2O + 26OH^- \longrightarrow HPO_4^{2-} + 12MoO_4^{2-} + 3C_9H_7N + 15H_2O$$

用一定量过量的氢氧化钠标准溶液溶解磷钼酸喹啉沉淀，然后以百里香酚蓝-酚酞作指示剂，用盐酸标准溶液滴定剩余的氢氧化钠，根据氢氧化钠的消耗量计算 P_2O_5 的含量。

(2) 注意事项

① 酸度的影响。磷钼杂多酸只有在酸性环境中才稳定，在碱性溶液中重新分解为原来简单的酸根离子。酸度、温度、配位酸酐的浓度不同，都严重影响杂多酸的组成。因此，沉淀条件必须严格控制。由反应可以看出，理论上，酸度大对沉淀反应更为有利，但事物不是绝对的。实践中发现，如果酸度低，反应不完全，测定结果偏低；但是酸度过高，沉淀的物理性能较差，而且难溶解于碱性溶液中。

② NH_4^+ 干扰的消除。如果溶液中有 NH_4^+ 存在，则可能生成部分与磷钼酸喹啉的性质十分相近的磷钼酸铵沉淀。由于磷钼酸铵的分子量较小，和碱反应时，需要碱的量也较少。因此，无论用重量分析法还是容量分析法进行测定，都必然造成结果偏低。在实际中，用柠檬酸铵萃取测定有效磷的溶液中，含有大量 NH_4^+。为了排除 NH_4^+ 的干扰可加入丙酮。丙酮可与 NH_4^+ 离子作用：

$$NH_4^+ + 3CH_3-\underset{\underset{O}{\|}}{C}-CH_3 \longrightarrow \text{(环状产物)} + 2H_2O + H^+$$

同时，沉淀时有丙酮存在，还可以改善沉淀的物理性能，使生成的沉淀颗粒粗大、疏松、便于过滤洗涤。

③ 柠檬酸的作用。柠檬酸和钼酸生成电离度较小的配合物，电离生成的钼酸根离子浓度很小，仅能满足生成磷钼酸喹啉沉淀的条件而不能达到硅钼酸喹啉的溶度积，所以硅钼酸喹啉不会沉淀，从而排除了硅的干扰。正因为如此，如果柠檬酸用量过多，则钼酸根离子浓度又过低，磷钼酸喹啉也不能沉淀完全，将导致结果偏低。但是如果柠檬酸过少，又会出现沉淀的物理性能不佳、易结块、不利于过滤及洗涤的现象。在柠檬酸溶液中，磷钼酸铵的溶解度比磷钼酸喹啉的溶解度大，所以有柠檬酸存在时，还可以进一步排除 NH_4^+ 离子的干扰。此外，柠檬酸还可以阻止钼酸盐水解，避免因为钼酸盐水解析出三氧化钼，导致结果偏高。

实验表明，沉淀磷钼酸喹啉的最佳条件是：硝酸的酸度为 0.6mol/L；丙酮 10%；柠檬酸 2%；钼酸钠 2.3%；喹啉 0.17%。理论上，每 10mL 沉淀剂可以沉淀约 8mg P_2O_5。实际中，根据重量分析对沉淀重量的要求及容量分析对消耗滴定剂体积的要求，进行磷钼酸喹啉沉淀时，如溶液中含 P_2O_5 为 20~30mg，溶液的总体积约 150mL，则沉淀剂过量 50%。即通常加入 50~60mL 沉淀剂，便符合最佳条件。

以水洗涤沉淀时，可能出现洗涤液浑浊的现象，是由于酸度降低钼酸盐水解析出三氧化钼所致，不必计较。

由于磷钼酸喹啉难溶于水,所以用过的玻璃过滤坩埚应该用碱(如1+1氨水)洗涤。

(3) 测定过程

① 重量法。用单标线吸管分别吸取水溶性磷提取液和有效磷提取液10~20mL(含P_2O_5约20~30mg)于400mL烧杯中,加10mL硝酸(1+1),稀释至约100mL。盖上表面皿,加热至微微沸腾。保持微沸,在不断搅拌下缓缓加入喹钼柠酮试剂35mL,继续微沸1min或置于80℃左右的水浴中保温至沉淀分层,冷却(冷却过程中应间隔搅拌,以促使沉淀沉降)。以倾泻法用预先在180℃烘干至恒重的G_4玻璃过滤坩埚过滤,用水(每次25mL)洗涤2次后,转移沉淀于坩埚内,继续洗涤5~6次,于180℃干燥约45min,移入干燥器中冷却至室温,称重,直至恒重。

必要时,应该做空白试验:除不加试样外,按照上述相同的测定步骤,使用相同试剂、溶液以相同的用量进行。

按下式计算有效磷含量:

$$\omega(P_2O_5) = \frac{(m_1 - m_2) \times 0.03207}{m \times \dfrac{V}{500}} \times 100\% \tag{4-4}$$

式中 $\omega(P_2O_5)$——以P_2O_5的质量分数表示的磷肥中有效磷的含量;

m_1——磷钼酸喹啉沉淀重量,g;

m_2——空白试验磷钼酸喹啉沉淀重量,g;

m——试样质量,g;

0.03207——磷钼酸喹啉换算为P_2O_5的系数;

V——吸取水溶性磷提取液和有效磷提取液体积之和,mL;

500——制样时水溶性磷和有效磷提取液的总体积,mL。

② 容量法。沉淀过程与重量法相似。

其他见"操作3 磷肥中水溶性磷含量的测定——磷钼酸喹啉容量法"部分。

按下式计算磷肥中有效磷的含量:

$$\omega(P_2O_5) = \frac{[c_1(V_1 - V_3) - c_2(V_2 - V_4)] \times 0.002730}{m \times \dfrac{V}{500}} \times 100\% \tag{4-5}$$

式中 $\omega(P_2O_5)$——以P_2O_5的质量分数表示的磷肥中有效磷的含量;

c_1——氢氧化钠标准溶液的浓度,mol/L;

c_2——盐酸标准溶液的浓度,mol/L;

V_1——加入氢氧化钠标准溶液的体积,mL;

V_2——滴定消耗盐酸标准溶液的体积,mL;

V_3——空白实验消耗氢氧化钠标准溶液的体积,mL;

V_4——空白实验消耗盐酸标准溶液的体积,mL;

V——吸取水溶性磷提取液和有效磷提取液体积之和,mL;

0.002730——与1.00mL氢氧化钠标准滴定溶液[$c(NaOH) = 1.000$mol/L]相当的以g表示的五氧化二磷的质量;

500——制样时水溶性磷和有效磷提取液的总体积,mL;

m——试样质量,g。

操作3　磷肥中水溶性磷含量的测定——磷钼酸喹啉容量法

一、目的要求
1. 了解磷钼酸喹啉容量法测定磷肥中磷的原理。
2. 掌握磷钼酸喹啉容量法测定磷肥中磷的实验操作。
3. 进一步掌握过滤操作。

二、方法原理
试样经水萃取水溶性磷后，在酸性条件下磷酸用喹钼柠酮沉淀，得到的磷钼酸喹啉沉淀经过滤、洗涤后，溶解于过量的氢氧化钠溶液中，用盐酸溶液返滴定过量的氢氧化钠溶液，以百里香酚蓝-酚酞为指示剂指示滴定终点，根据盐酸标准溶液和氢氧化钠标准溶液消耗量计算水溶性磷的含量。

三、仪器和试剂
1. 仪器

常用分析仪器。

2. 试剂

① 1+1 硝酸：取 1 份体积浓硝酸加 1 份体积水稀释即可。

② 喹钼柠酮试剂：

溶液Ⅰ：60g 柠檬酸一水合物溶解于 85mL 硝酸和 150mL 水的混合溶液中。

溶液Ⅱ：70g 钼酸钠二水合物溶解于 150mL 水中。

溶液Ⅲ：在不断搅拌下，缓慢地将溶液Ⅰ加到溶液Ⅱ中。

溶液Ⅳ：5mL 喹啉溶解于 35mL 硝酸和 100mL 水的混合溶液中。

溶液Ⅴ：缓缓将溶液Ⅳ加到溶液Ⅲ中，混匀后静置 24h。如果浑浊，过滤，滤液加丙酮 280mL，用水稀释为 1L，贮于聚乙烯瓶中，放于避光、避热处。

③ $c(NaOH)=0.25mol/L$ 氢氧化钠标准溶液（配制方法见附录二）。

④ $c(HCl)=0.25mol/L$ 盐酸标准溶液（配制方法见附录二）。

⑤ 百里香酚蓝-酚酞混合指示液（配制方法见附录一）。

四、测定步骤
1. 样品处理

称取 2.4～2.5g 的试样于短颈漏斗中，量取 200mL 蒸馏水分多次将试样冲入已装有 5mL 硝酸溶液（1+1）的容量瓶中，塞上瓶塞，用力振荡半小时后，用蒸馏水稀释至刻度，摇匀备用。

码4-4　振荡器的使用

2. 磷钼酸喹啉沉淀的生成

采用干过滤的方式，将容量瓶中的溶液滤至小烧杯中（小烧杯必须先用滤液润洗三次），用 25mL 的移液管移取小烧杯中的试液于 500mL 的大烧杯中，加（1+1）硝酸 10mL，35mL 的喹钼柠酮试剂，于电炉上加热煮沸 3min，冷却。将所得的沉淀用倾泻法过滤，用蒸馏水少量多次洗涤沉淀，直到用小烧杯接受 20mL 滤液加 1 滴混合指示剂和 3 滴 0.25mol/L NaOH 溶液显紫色为止。

3. 滴定

将沉淀和滤纸移入原烧杯中,加入冷蒸馏水 100mL,再准确加入 50.00mL 0.25mol/L NaOH 标准溶液,充分搅拌至沉淀溶解完全后,加入 1mL 的混合指示剂,用 0.25mol/L HCl 标准溶液滴定至溶液从紫色经灰蓝色到黄色为终点。

五、数据记录及处理

NaOH 浓度/(mol/L)		HCl 浓度/(mol/L)		
室温/℃		溶液温度/℃		
平行测定次数		1		2
试样质量/g				
滴定管消耗数/mL				
温度补正系数				
滴定管体积校正值/mL				
温度校正值/mL				
HCl 实际消耗体积/mL				
NaOH 加入的体积/mL				
P_2O_5 的含量/%				
平均值/%				
相对平均偏差%				
计算公式	$\omega(P_2O_5)=\dfrac{[50.00\times c(NaOH)-c(HCl)V(HCl)]\times 0.002730}{m\times \dfrac{25.00}{250.00}}\times 100\%$			

操作人:_____ 审核人:_____ 日期:_____

六、注意事项

1. 喹钼柠酮试剂要现用现配。
2. 样品提取时要充分振摇。
3. 沉淀过程中要控制好各项条件,保证沉淀完全。
4. 洗涤沉淀时要动作迅速并洗净沉淀。

【任务评价】

出勤	预习情况	实验操作	实验结果	报告书写	文明操作	总评成绩

2. 磷钼酸铵容量法

在酸性介质中,正磷酸根离子与钼酸铵生成磷钼酸铵沉淀,过滤后沉淀与过量的 NaOH 标准溶液反应,然后用 HNO_3 标准溶液返滴定剩余的 NaOH,用酚酞作指示剂,根据沉淀消耗 NaOH 的量计算磷肥中磷的含量,反应式如下:

$(NH_4)_2H(PMo_{12}O_{40})\cdot H_2O+24OH^- \longrightarrow HPO_4^{2-}+2NH_4^++13H_2O+12MoO_4^{2-}$

3. 钒钼酸铵分光光度法

在酸性介质中,提取液中正磷酸根离子与钼酸盐和偏钒酸盐反应,生成稳定的黄色配合物,在波长 420nm 处用差示法测定其吸光度,可计算出 P_2O_5 的含量,反应式如下:

$$2H_3PO_4 + 22(NH_4)_2MoO_4 + 2NH_4VO_3 + 46HNO_3 \longrightarrow$$
$$P_2O_5 \cdot V_2O_5 \cdot 22MoO_3 + 46NH_4NO_3 + 26H_2O$$

三、磷肥中游离酸的测定

磷肥如过磷酸钙中的游离酸，主要是磷酸及少量硫酸。含游离酸较多的过磷酸钙易吸湿、结块并有腐蚀性，尤其是能酸化土壤，不利于植物生长。因此必须严格控制游离酸的含量。在生产中，如果游离酸含量过高，应该加入适量磷矿石粉或碳酸钙中和。生产控制分析的目的在于检验配料量及产品是否符合国家标准的要求。通常用水萃取游离酸后，用酸碱滴定法（中和法）测定。

1. 方法原理

用氢氧化钠标准溶液测定磷肥提取液中的游离酸，可以用酸碱指示剂或电位法确定滴定终点，根据氢氧化钠消耗量计算游离酸的含量。

根据磷酸和磷酸盐的性质，当用氢氧化钠中和磷酸生成 NaH_2PO_4 时，由于 NaH_2PO_4 发生水解，溶液的 pH 值应为 4.5。这时，理论上甲基橙、甲基红等酸碱指示剂应该由红色变为黄色。但由于 NaH_2PO_4 溶液的缓冲性，颜色的变化不甚明晰。在实际中，又因为过磷酸钙的水萃取液中不可避免地常含有铁、铝盐等杂质，这些杂质在 pH 为 4.5 时水解使溶液浑浊，致使滴定终点时溶液颜色的变化更加不易辨认。因此，常用溴甲酚绿（由黄变蓝，变色范围 pH 值为 4.0~5.6）为指示剂。但是由于上述原因，终点颜色变化仍然不够敏锐，所以行业标准 HG/T 2221—1991《重过磷酸钙中游离酸含量的测定 容量法》规定用电位法确定终点。

为了排除铁、铝盐水解的干扰，也可以用有机萃取剂（例如丙酮、乙醚）萃取游离酸（铁、铝等的无机盐溶解较少），然后在 70~80℃的水浴中蒸发除去有机溶剂，再用水溶解，测定游离酸。

在生产控制分析中，如果要求分别测定磷酸及硫酸，则可以根据双指示剂法理论，先以甲基红为指示剂滴定中和全部硫酸，而磷酸则只中和为 NaH_2PO_4，然后再以酚酞为指示剂滴定至终点，此时 NaH_2PO_4 转变为 Na_2HPO_4。由两次滴定消耗的碱量，可以分别计算硫酸及磷酸的含量。

2. 测定过程（电位法指示终点）

称取约 5g 试样（精确至 0.001g），移入 500mL 容量瓶中，加入约 200mL 不含二氧化碳的蒸馏水，盖上瓶塞，在振荡器上振荡 15min，用不含二氧化碳的蒸馏水稀释至刻度，混匀，用干燥滤纸和漏斗过滤，弃去最初的部分滤液。

吸取 50.0mL 滤液于 250mL 烧杯中，用不含二氧化碳的蒸馏水稀释至 150mL。置烧杯于电磁搅拌器上，将甘汞电极和玻璃电极浸入溶液中，放入搅拌子，在搅拌下用 0.1mol/L 氢氧化钠标准溶液滴定至已定位的酸度计读数为 4.5。

按下式计算游离酸（以 P_2O_5 表示）含量：

$$\omega(P_2O_5) = \frac{cV \times 0.0710}{m \times \frac{50}{500}} \times 100\% \tag{4-6}$$

式中 $\omega(P_2O_5)$——以 P_2O_5 的质量分数表示的磷肥中游离酸的含量；

c——氢氧化钠标准溶液的浓度，mol/L；

V——滴定消耗氢氧化钠标准溶液的体积，mL；

0.0710——与 1.00mL 氢氧化钠标准滴定溶液 $[c(NaOH)=1.000mol/L]$ 相当的，以 g 表示的五氧化二磷的质量；

m——试样质量，g。

注：以平行测定结果的算术平均值为测定结果，要求平行测定结果的绝对差值不大于 0.15%。

四、磷肥中水分的测定

磷肥中水分测定的方法有烘箱干燥法和卡尔·费休滴定法，本部分介绍烘箱干燥法，卡尔·费休法见后面复合肥分析部分。

1. 方法原理

在一定温度下，试样干燥一段时间后的质量损失为游离水的含量。

2. 测定过程

GB/T 10514—2012《硝酸磷肥中游离水含量的测定 烘箱法》规定对硝酸磷肥中游离水分测定时取 2g 试样，称取至 0.0002g，放入预先在 (100±2)℃ 干燥至恒重的称量瓶内，置于电热恒温干燥箱中（称量瓶应放在接近温度计水银球的水平位置），待温度达到 (100±2)℃后，干燥 2h 取出，置于干燥器中冷却至室温，称量。

码4-5 玻璃干燥器的使用

按下式计算水分含量：

$$\omega = \frac{m_1 - m_2}{m_1} \times 100\% \tag{4-7}$$

式中 ω——磷肥中水分的含量；

m_1——干燥前试样质量，g；

m_2——干燥后试样质量，g。

注：计算结果表示到小数点后两位，取平行测定结果的算术平均值作为测定结果，要求平行测定结果的绝对差值不大于 0.1%。

思考与交流

1. 根据溶解性的差异，磷肥的种类有哪些，分别如何制备样品溶液？
2. 磷肥中磷含量的测定方法有哪些？测定原理分别是什么？
3. 如何测定磷肥中游离酸的含量？
4. 如何测定磷肥中水分的含量？

任务三 氮肥分析

任务要求

1. 了解氮肥中氮的存在形式。
2. 熟悉氨态氮、硝态氮、有机态氮的测定原理及方法。
3. 掌握蒸馏后滴定法的实验操作。

含氮的肥料称为氮肥。氮肥可以促使作物的茎、叶生长茂盛，叶色浓绿。化学氮肥根据氮的存在形式分为三种：氨态氮肥、硝态氮肥和有机态氮肥。氨态氮肥有硫酸铵、碳酸氢铵、硝酸铵、氯化铵以及氨水等。硝态氮肥包括硝酸钠、硝酸钙、硝酸铵等。有机态氮肥主要是尿素，含氮46%，是固体氮中含氮量最高的肥料。由于三种氮的存在形式不同，性质差异很大，所以分析方法也不同。

一、氮肥制样方法

氮在化合物中，通常以氨态、硝酸态、有机态三种形式存在。氨态氮较易溶于水，制样较简单。下面主要介绍硝态氮、有机态氮肥的制样方法。

1. 硝态氮肥的制样方法

称取 $2\sim5g$ 试样，称准至 $0.001g$，移入 $500mL$ 容量瓶中。

对可溶于水的样品，加入约 $400mL$ $20℃$ 的水于试样中，用振荡器连续振荡 $30min$，用水稀释至刻度，混匀。

对可能含有硝酸盐的水不溶物的样品，加入 $50mL$ 水和 $50mL$ 乙酸溶液至试样中，混合容量瓶中的内容物，静置至停止释出二氧化碳为止，加入约 $300mL$ $20℃$ 的水，用振荡器连续振荡 $30min$，用水稀释至刻度，混匀即可。

2. 有机氮肥的制样方法

称量约 $5g$ 试样，精确到 $0.001g$，移入 $500mL$ 锥形瓶中。在盛有试样的锥形瓶中，加入 $25mL$ 水、$50mL$ 硫酸、$0.5g$ 硫酸铜，插上梨形玻璃漏斗，在通风橱内缓缓加热，使二氧化碳逸尽，然后逐步提高加热温度，直至冒白烟，再继续加热 $20min$，取下，冷却，小心加入 $300mL$ 水，冷却。把锥形瓶中的溶液定量地移入 $500mL$ 容量瓶中，稀释至刻度，摇匀即可。

二、氨态氮的测定

氨态氮（NH_4^+ 或 NH_3）的测定有 3 种方法，分别为甲醛法、酸量法和蒸馏后滴定法。

1. 甲醛法

甲醛法测定氨态氮肥中氮的含量时是在中性溶液中，铵盐与甲醛作用生成六亚甲基四胺和相当于铵盐含量的酸。在指示剂存在下，用氢氧化钠标准溶液滴定生成的酸，通过氢氧化钠标准溶液的消耗量，求出氨态氮的含量。反应如下：

$$4NH_4^+ + 6HCHO \longrightarrow (CH_2)_6N_4 + 4H^+ + 6H_2O$$
$$H^+ + OH^- \longrightarrow H_2O$$

此方法适用于强酸性的铵盐肥料，如硫酸铵、氯化铵中氮含量的测定。

2. 酸量法

(1) 方法原理　试液与过量的硫酸标准溶液作用，在指示剂存在下，用氢氧化钠标准溶液返滴定过量的硫酸，由硫酸标准溶液的消耗量，求出氨态氮的含量。此方法适用于碳酸氢铵、氨水中氮的测定。如碳酸氢铵的测定反应如下：

$$2NH_4HCO_3 + H_2SO_4 \longrightarrow (NH_4)_2SO_4 + 2CO_2\uparrow + 2H_2O$$
$$2NaOH + H_2SO_4(剩余) \longrightarrow Na_2SO_4 + 2H_2O$$

(2) 测定过程　GB 3559—2001《农业用碳酸氢铵》规定碳酸氢铵中氮含量的测定方法为：

在已知质量、干燥的带盖称量瓶中，迅速称取约2g试样，精确至0.001g，然后立即用水将试样洗入已盛有40.0~50.0mL硫酸标准溶液的250mL锥形瓶中，摇匀使试样完全溶解，加热煮沸3~5min，以驱除二氧化碳。冷却后，加2~3滴甲基红-亚甲基蓝混合指示剂，用氢氧化钠标准溶液滴定至呈灰绿色即为终点。

空白试验：除不加试料外，其余测定步骤同试样测定。

氨态氮含量$\omega(N)$以质量分数表示，按下式计算：

$$\omega(N) = \frac{(V_1 - V_2) \times c \times 14.01 \times 10^{-3}}{m} \times 100\% \tag{4-8}$$

式中 V_1——空白实验时消耗氢氧化钠标准溶液的体积，mL；

V_2——测定试样时消耗氢氧化钠标准溶液的体积，mL；

c——氢氧化钠标准溶液的浓度，mol/L；

14.01——N 的摩尔质量，g/mol；

m——试样质量，g。

3. 蒸馏后滴定法

（1）方法原理 从碱性溶液中蒸馏出的氨，用过量硫酸标准溶液吸收，以甲基红或甲基红-亚甲基蓝乙醇溶液为指示剂，用氢氧化钠标准溶液返滴定，由硫酸标准溶液的消耗量，求出氨态氮的含量。反应为：

$$NH_4^+ + OH^- \longrightarrow NH_3\uparrow + H_2O$$
$$2NH_3 + H_2SO_4 \longrightarrow (NH_4)_2SO_4$$
$$2NaOH + H_2SO_4 \longrightarrow Na_2SO_4 + 2H_2O$$

此方法适用于含铵盐的肥料和不含有受热易分解的尿素或石灰氮之类的肥料。

（2）试剂配制 见"操作4 尿素中总氮含量的测定——蒸馏后滴定法"部分。

（3）测定过程 GB 535—2020《肥料级硫酸铵》规定硫酸铵中氮含量测定的仲裁分析法为蒸馏后滴定法，其操作如下：

称取10g试样，精确至0.001g，用蒸馏水溶解并准确稀释至500mL。从中取50.0mL试液于蒸馏瓶中蒸馏后滴定，具体操作见"操作4 尿素中总氮含量的测定——蒸馏后滴定法"部分。

按下式计算氮肥中氮的含量：

$$\omega(N) = \frac{c(V_2 - V_1) \times 14.01 \times 10^{-3}}{m \times \frac{50}{500} \times \frac{100\% - \omega(H_2O)}{100\%}} \times 100\% \tag{4-9}$$

式中 $\omega(N)$——以 N 的质量分数表示的氮肥中氮的含量；

c——氢氧化钠标准溶液的浓度，mol/L；

V_1——滴定试样时消耗氢氧化钠标准溶液的体积，mL；

V_2——空白试样消耗氢氧化钠标准溶液的体积，mL；

14.01——N 的摩尔质量，g/mol；

$\omega(H_2O)$——试样中水分的百分含量；

m——试样质量，g。

注：计算结果表示到小数点后两位，取平行测定结果的算术平均值作为测定结果，要求平行测定结果的绝对差值不大于0.10%。

三、硝态氮的测定

硝态氮（NO_3^-）的测定方法也有 3 种，分别为铁粉还原法、德瓦达合金还原法和氮试剂重量法。铁粉还原法和德瓦达合金还原法最后也都归为蒸馏后滴定法。

1. 铁粉还原法

在酸性溶液中铁粉置换出的新生态氢使硝态氮还原为氨态氮，然后加入适量的水和过量的氢氧化钠，用蒸馏法测定。反应如下：

$$Fe + H_2SO_4 \longrightarrow FeSO_4 + 2[H]$$
$$NO_3^- + 8[H] + 2H^+ \longrightarrow NH_4^+ + 3H_2O$$

此方法适用于含硝酸盐的肥料，但是对受热分解出游离氨的尿素、石灰氮或有机物等的肥料不适用。当铵盐、亚硝酸盐存在时，必须扣除它们的含量（铵盐可按氨态氮的测定方法求出其含量，亚硝酸盐可用磺胺-萘乙二胺光度法测定其含量）。

2. 德瓦达合金还原法

在碱性溶液中德瓦达合金（铜：锌：铝＝50：5：45）释放出新生态的氢，使硝态氮还原为氨态氮，然后用蒸馏法测定，求出硝态氮的含量。反应如下：

$$Cu + 2NaOH + 2H_2O \longrightarrow Na_2[Cu(OH)_4] + 2[H]$$
$$Al + NaOH + 3H_2O \longrightarrow Na[Al(OH)_4] + 3[H]$$
$$Zn + 2NaOH + 2H_2O \longrightarrow Na_2[Zn(OH)_4] + 2[H]$$
$$NO_3^- + 8[H] \longrightarrow NH_3 + OH^- + 2H_2O$$

此方法适用于含硝酸盐的肥料，但对含有受热分解出游离氨的尿素、石灰氮或有机物之类的肥料不适用。肥料中有铵盐、亚硝酸盐时，必须扣除它们的含量。

3. 氮试剂重量法

该方法是在酸性溶液中，硝态氮与氮试剂作用，生成复合物而沉淀，将沉淀过滤、干燥和称量，根据沉淀的质量，求出硝态氮的含量。

四、有机氮的测定

有机态氮以 $-CONH_2$、$=CN_2$ 等形式存在时，测定方法有尿素酶法和蒸馏后滴定法，虽然测定方法不同，但处理后均转变成氨态，可以用氨态氮的测定方法测定。

1. 尿素酶法

在一定酸度溶液中，用尿素酶将尿素态氮转化为氨，再用硫酸标准溶液滴定，反应如下：

$$CO(NH_2)_2 + 2H_2O \xrightarrow{\text{尿素酶}} (NH_4)_2CO_3$$
$$(NH_4)_2CO_3 + H_2SO_4 \longrightarrow (NH_4)_2SO_4 + CO_2\uparrow + H_2O$$

酰胺态氮的测定常用此法，此方法适用于尿素和含有尿素的复合肥料。

2. 蒸馏后滴定法

以硫酸铜为催化剂，在浓硫酸中加热使试样中的酰胺氮转化为氨态氮，加入碱性溶液将氨态氮转化为氨。从碱性溶液中蒸馏出的氨，用过量的硫酸标准溶液吸收，在指示剂存在下，用氢氧化钠标准溶液返滴定，由硫酸标准溶液的消耗量，求出氨态氮的含量。反应如下：

$$CO(NH_2)_2 + H_2SO_4(浓) + H_2O \longrightarrow (NH_4)_2SO_4 + CO_2 \uparrow$$
$$(NH_4)_2SO_4 + 2NaOH \longrightarrow Na_2SO_4 + 2NH_3 \uparrow + 2H_2O$$
$$2NH_3 + H_2SO_4 \longrightarrow (NH_4)_2SO_4$$
$$2NaOH + H_2SO_4(剩余) \longrightarrow Na_2SO_4 + 2H_2O$$

该法适用于不含有硝态氮的有机氮肥中总氮含量的测定，主要用于由氨和二氧化碳合成制得的工农业尿素总氮含量的测定（GB/T 2441.1—2008）。

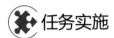任务实施

操作4 尿素中总氮含量的测定——蒸馏后滴定法

一、目的要求
1. 了解蒸馏后滴定法测定尿素中总氮含量的原理。
2. 掌握尿素样品的消化操作。
3. 掌握蒸馏装置的搭建操作。

二、方法原理
在硫酸铜的催化作用下，在浓硫酸中加热使尿素中酰胺态氮转化为氨态氮，加入过量碱液蒸馏出氨，用过量的硫酸标准溶液吸收，然后以甲基红-亚甲基蓝混合液作指示剂，用氢氧化钠标准溶液滴定剩余的酸，根据氢氧化钠标准溶液和硫酸标准溶液的消耗量计算尿素中氮的含量。

三、仪器和试剂
1. 仪器

蒸馏烧瓶，冷凝管，吸收瓶，电热套，其他滴定分析用的仪器。

2. 试剂

① $c(NaOH) = 0.5 mol/L$ 氢氧化钠标准溶液（配制方法见附录二）。

② $[c(1/2H_2SO_4)] = 0.5 mol/L$ 硫酸标准溶液（配制方法见附录二）。

③ 30%氢氧化钠溶液：取30g NaOH，用蒸馏水溶解并稀释至100mL。

④ 甲基红-亚甲基蓝混合指示液（配制方法见附录一）。

除上述试剂外，还有五水硫酸铜，浓硫酸。

四、测定步骤
1. 样品的处理

称量约 0.2~0.3g 样品（精确到0.0001g）于小烧杯中，加入15mL浓硫酸、0.3g硫酸铜，在通风橱内缓慢加热（约30min），使二氧化碳逸尽，然后逐步提高加热温度，直至冒白烟，再继续加热20min后停止加热。

2. 蒸馏后滴定

待烧杯中试液充分冷却后，分批加入100mL水，将试液小心地转入烧瓶中，充分洗涤烧杯，洗液并入烧瓶，再向烧瓶加入30mL 30% NaOH溶液。

吸收瓶中准确注入40.00mL $c(1/2H_2SO_4) = 0.5 mol/L$ 的硫酸标准溶液，滴入4~5滴甲基红-亚甲基蓝混合指示液，并保证仪器所有连接部分密封。加热蒸馏，直到吸收瓶中的溶液量达120mL时停止加热，用水洗涤冷凝管，洗涤液收集在吸收瓶中。将吸收瓶中的溶液混匀，用氢氧化钠标准溶液滴定，直至指示液呈灰绿色，滴定时要使溶液充分混匀。

3. 空白试验

除不加尿素试样外,其他操作与测定时相同。

五、数据记录及处理

平行测定次数	1	2
倾样前质量/g		
倾样后质量/g		
试样质量/g		
称量后天平零点		
初读数/mL		
末读数/mL		
消耗数/mL		
滴定管体积校正值/mL		
滴定管温度校正值/mL		
实际消耗 NaOH 体积/mL		
实际加入 H_2SO_4 体积/mL		
$c(NaOH)/(mol/L)$		
$c(1/2H_2SO_4)/(mol/L)$		
$\omega(N)/\%$		
$\omega(N)$平均值/%		
相对平均偏差/%		

备注:忽略水分的影响。

操作人:＿＿＿＿　　审核人:＿＿＿＿　　日期:＿＿＿＿

六、注意事项

1. 样品处理时注意控制温度,不能蒸干溶液。
2. 样品处理液向蒸馏烧瓶中转移时注意避免损失。
3. 向蒸馏烧瓶中加入碱液时动作要迅速。
4. 注意蒸馏时装置必须密封,蒸馏结束后要清洗蒸馏管路,洗液合并到吸收液中。

【任务评价】

出勤	预习情况	实验操作	实验结果	报告书写	文明操作	总评成绩

思考与交流

1. 氮肥中氮的存在形式有哪些?
2. 氨态氮肥中氮的测定方法有哪些,如何测定?
3. 硝态氮肥中氮的测定方法有哪些,如何测定?
4. 酰胺态氮肥中氮的测定方法有哪些,如何测定?

任务四 钾肥分析

任务要求

1. 了解钾肥的种类。
2. 掌握不同性质钾肥的制样方法。
3. 掌握四苯硼酸钠法测定钾含量的原理与方法。

钾肥可以促使农作物生长健壮、茎秆粗硬,增强病虫害和倒伏的抵抗能力,促进糖分和淀粉的生成。常用的钾肥有氯化钾、硫酸钾、窑灰钾肥等。钾肥中一般含水溶性钾盐,有少数钾肥中含有弱酸性的钾盐[如窑灰钾肥中的硅铝酸钾($K_2SiO_3 \cdot K_3AlO_3$)]及少量难溶性钾盐[如钾长石($K_2O \cdot Al_2O_3 \cdot 6SiO_2$)]。钾肥中水溶性钾盐和弱酸溶性钾盐所含钾量之和,称为有效钾。有效钾与难溶性钾盐所含钾量之和,称为总钾。不同性质的钾肥的制样方法有差异,但最终的测定方法相似。钾肥的含钾量以 K_2O 表示。

一、钾肥制样方法

钾肥分为自然钾肥和化学钾肥两大类。

自然矿物如光卤石($KCl \cdot MgCl_2 \cdot 6H_2O$)、钾石盐($KCl \cdot NaCl$)、钾镁矾石($K_2SO_4 \cdot MgSO_4$)等作为自然钾肥,可以直接施用,也可以加工为较纯净的氯化钾或硫酸钾。明矾石、钾长石是制造钾肥的主要原料。此外,许多农家肥(例如草木灰、豆饼、绿肥等)都含有一定量的钾盐。水泥窑灰也是含钾较高的肥料。

化学钾肥主要有氯化钾、硫酸钾、硫酸钾镁、磷酸氢钾和硝酸钾等。

1. 无机钾肥的制样

对于无机钾肥,测定有效钾时,通常用热蒸馏水溶解试样制备成溶液,如试样含有弱酸溶性钾盐,则用加少量盐酸的热蒸馏水溶解有效钾。测定总钾含量时,一般用强酸溶解或碱熔法制备试样溶液。

如有效钾的制备,可如下操作:称取适量试样,置于 400mL 烧杯中,加入 150mL 水及 10mL 盐酸,煮沸 15min。冷却,移入 500mL 容量瓶中,用水稀释至刻度,混匀后干过滤(若测定复合肥中水溶性钾,操作时不加盐酸,加热煮沸时间改为 30min)。

2. 有机钾肥的制样

对于有机钾肥,测定全钾时制备试样溶液的方法为:称取适量试样,置于凯氏瓶底部,用少量水冲洗黏附在瓶壁上的样品,加入 5.0mL 硫酸、1.5mL 过氧化氢,小心摇匀,瓶口放一弯颈小漏斗,放置过夜。然后在可调电压电炉上缓慢升温至硫酸冒烟,取下,稍冷后加入 15 滴过氧化氢溶液,轻轻摇动凯氏烧瓶,加热 10min,取下。稍冷后分次再加入 5~10 滴过氧化氢并分次消煮,直至溶液呈无色或淡黄色清液后,继续加热 10min,除尽剩余的过氧化氢。取下稍冷,小心加水至 20~30mL,加热至沸,取下冷却,用少量水冲洗弯颈小漏斗,洗液收入原凯氏烧瓶中。将消煮液移入 100mL 容量瓶中,加水定容,静置澄清或用滤

纸干过滤到具塞锥形瓶中备用。

同时要制备空白溶液：除不加试样外，应用的试剂和操作步骤与制备试样溶液一致。

二、钾肥中钾的测定

国家标准规定钾肥中钾的测定方法是四苯硼酸钠重量法，该方法准确度高，适用于高含量钾肥的分析，如硫酸钾、氯化钾或复混肥料中钾的测定。此外还有四苯硼酸钠容量法和分光光度法，这两种方法适用于快速分析，分光光度法因为灵敏度高还可用于低含量钾肥的测定。

1. 四苯硼酸钠重量法

试样用稀酸溶解，加入甲醛溶液，使存在的铵离子转变成六亚甲基四胺。加入乙二胺四乙酸二钠（EDTA）消除干扰分析结果的其他阳离子。在微碱性介质中，用四苯硼酸钠沉淀钾，干燥沉淀并称量。

以质量分数表示的氧化钾含量 $\omega(K_2O)$ 按下式计算：

$$\omega(K_2O) = \frac{(m_2 - m_1) \times 0.1314}{m \times \dfrac{V_1}{V_0}} \times 100\% \tag{4-10}$$

式中　m_1——空白试验所得四苯硼酸钾沉淀的质量，g；

m_2——试验所得四苯硼酸钾沉淀的质量，g；

m——试样的质量，g；

0.1314——四苯硼酸钾的质量换算为氧化钾质量的系数；

V_1——分析中所取试液的体积，mL；

V_0——制备的样品溶液的总体积，mL。

注：取平行测定结果的算术平均值作为测定结果，要求平行测定结果的绝对差值不大于 0.39%。

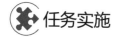

任务实施

操作 5　钾肥中水溶性氧化钾含量的测定——四苯硼酸钠重量法

一、目的要求

1. 掌握四苯硼酸钠重量法测定钾肥中水溶性氧化钾的原理。
2. 进一步熟悉重量法的操作。

二、方法原理

在碱性条件下加热消除试样溶液中铵离子的干扰，加入乙二胺四乙酸二钠消除其他微量阳离子的干扰，钾与四苯硼酸钠反应生成四苯硼酸钾沉淀，过滤、干燥后称重。

三、仪器和试剂

1. 仪器

4 号玻璃坩埚、真空抽滤泵、电热恒温真空干燥箱、电子天平、其他常规分析用玻璃仪器。

2. 试剂

① 40g/L 乙二胺四乙酸二钠（EDTA）溶液：溶解 4g EDTA 于 100mL 水中。

② 200g/L 氢氧化钠溶液：称量 20g 不含钾的氢氧化钠，溶于 100mL 水中。

③ 5g/L 酚酞指示液（配制方法见附录一）。
④ 15g/L 四苯硼酸钠溶液：称取 15g 四苯硼酸钠溶于 100mL 水中。
⑤ 1.5g/L 四苯硼酸钠洗液：取 15g/L 四苯硼酸钠溶液适量，用水稀释即可。

四、测定步骤

1. 样品制备

称取适量试样（如农业用硫酸钾为 2.0g），精确至 0.001g，置于 250mL 三角瓶中，加 100mL 蒸馏水，插上梨形漏斗，在电炉上缓缓煮沸 15min，冷却。定量转移到 500mL 容量瓶中，用水稀释至刻度，干过滤，弃去初滤液，取续滤液供分析测试用。

2. 沉淀的生成

准确吸取含有约 40mg K_2O 的滤液（K_2O 的质量分数不小于 50% 时，吸取 20.0mL 滤液；K_2O 的质量分数为 40%~45% 时，吸取 25.0mL 滤液）到 200mL 烧杯中，用水稀释至约 50mL，加入 10mL EDTA 溶液和 5 滴酚酞指示液，逐滴加入氢氧化钠溶液至红色出现并过量 1mL。加热微沸 15min，使溶液始终保持红色。在不断搅拌下，缓慢滴加四苯硼酸钠溶液 30mL，继续搅拌 1min，然后在水流下迅速冷却至室温，静置 15min。

3. 沉淀的过滤、干燥及称量

用预先在（120±2）℃烘至恒重的 4 号玻璃坩埚抽滤沉淀，用四苯硼酸钠洗液将沉淀全部移入坩埚内，再用该洗液洗涤沉淀 5 次，每次 5mL，最后用水洗涤两次，每次用 5mL。

将坩埚连同沉淀置于（120±2）℃烘箱内，干燥 1.5h，取出，放入干燥器中冷却至室温，称重，直至恒重。

4. 空白实验

在测定的同时，除不加试样外，按同样的操作步骤，加同样的试剂、溶液和用量，进行平行操作。

五、数据记录与处理

水溶性氧化钾的含量按式(4-10)计算。数据记录如下：

四苯硼酸钾沉淀质量_____ 空白试验四苯硼酸钾沉淀质量_____
称取试样质量_____ 吸取试液体积_____
钾肥中水溶性氧化钾的含量_____

六、注意事项

1. 在微酸性溶液中，铵离子与四苯硼酸钠反应也能生成沉淀，故测定过程中应该注意避免铵盐及氨的影响。如试样中有铵离子，可以在沉淀前加碱，并加热驱除氨，然后重新调节酸度进行测定。

2. 由于四苯硼酸钾易形成过饱和溶液，在四苯硼酸钠沉淀剂加入时速度要慢，同时要剧烈搅拌以促使它凝聚析出。考虑到沉淀的溶解度（$K_{sp}=2.2\times10^{-8}$），洗涤沉淀时，最好采用预先配制的四苯硼酸钾饱和溶液。

3. 沉淀剂四苯硼酸钠的加入量对测定结果有影响，应予以控制。

【任务评价】

出勤	预习情况	实验操作	实验结果	报告书写	文明操作	总评成绩

2. 四苯硼酸钠容量法

该方法是将试样用稀酸溶解,加入甲醛溶液,使存在的铵离子转变成六亚甲基四胺。加入乙二胺四乙酸二钠(EDTA)消除干扰分析的其他阳离子。在微碱性介质中,以过量的四苯硼酸钠沉淀试样中的钾,滤液中过量的四苯硼酸钠以达旦黄作指示剂,用季铵盐回滴至溶液自黄色变成明显的粉红色,其化学反应为:

$$K^+ + B(C_6H_5)_4^- \longrightarrow KB(C_6H_5)_4 \downarrow$$

$$Br[N(CH_3)_3 \cdot C_{16}H_{33}] + NaB(C_6H_5)_4 \longrightarrow B(C_6H_5)_4 \cdot N(CH_3)_3 \cdot C_{16}H_{33} \downarrow + NaBr$$

3. 分光光度法

(1) 方法原理　制备的试样溶液经适当稀释后用火焰光度法测定。在一定浓度范围内,溶液中的钾浓度与发光强度成正比关系。

(2) 试剂配制

① 1.00mg/mL 钾标准储备溶液:称取 1.907g 经 110℃烘 2h 的氯化钾,溶于 1000mL 水中。

② 100.0μg/mL 钾标准溶液:吸取 10.0mL 钾标准储备溶液放入 100mL 容量瓶中,加水定容即可。

(3) 测定过程

① 标准曲线的绘制。吸取钾标准溶液 0.00mL、2.50mL、5.00mL、7.50mL、10.00mL,分别置于 5 个 50mL 容量瓶中,加入与吸取试样溶液等体积的空白溶液,用水定容。在火焰光度计上,以空白溶液调节仪器零点,以标准溶液系列中最高浓度的标准溶液调节光度至 80 分度处。再依次由低浓度至高浓度测量其他标准溶液,记录仪器示值。根据钾浓度和仪器示值绘制标准曲线或求出直线回归方程。

② 试样测定。吸取适当试样溶液于 50mL 容量瓶中,用水定容。与标准溶液系列同条件在火焰光度计上测定,记录仪器示值。每测量 5 个样品后须用钾标准溶液校准仪器。

全钾含量 $\rho(K)$,以 g/kg 表示,按下式计算:

$$\rho(K) = \frac{cVD}{m} \times 10^{-3} \tag{4-11}$$

式中　c——由标准曲线查得或由回归方程求得的测定溶液的钾浓度,μg/mL;

　　　V——测定溶液体积,本操作为 50.00mL;

　　　D——分取倍数,定容体积与分取体积的比值;

　　　m——称取试样的质量,g;

　　　10^{-3}——将 μg/g 换算为 g/kg 的倍数。

注:所得结果应表示至小数点后第二位。

思考与交流

1. 钾肥的种类有哪些,分别如何制备样品溶液?
2. 四苯硼酸钠重量法和容量法测定钾肥中钾的原理是什么?两者有何异同?
3. 分光光度法测定钾肥中钾的原理是什么?

任务五 复合肥分析

任务要求

1. 了解复合肥和复混肥的区别。
2. 熟悉复合肥常见的分析项目。
3. 掌握卡尔·费休法测定微量水分的原理与方法。
4. 掌握肥料中缩二脲的测定原理与方法。

复混肥料是指含有两种或两种以上氮、磷、钾主要营养元素的化肥,它具有养分含量高、副成分少且物理性状好等优点,对于平衡施肥、提高肥料利用率、促进作物的高产稳产有着十分重要的作用。复混肥中的复合肥的成分按肥料中 N-P_2O_5-K_2O 各自相应的百分含量表示,其含量测定方法也按照各自肥料的有效成分测定方法测定。

一、复混肥和复合肥

含有多种植物营养元素的肥料,根据生产工艺等方面的差异,分为复混肥和复合肥,复合肥是复混肥中的一种。

复混肥是指氮、磷、钾三种养分中,至少有两种标明量的养分由化学方法和(或)掺混方法制成的肥料。其制备时可根据土壤供肥的特性和植物的营养特点,用两种或两种以上的单质化肥、或一种复合肥料与另一种单质化肥混合制得;还可以将除草、抗病虫害的农药和激素或稀土元素、腐殖酸、生物菌等科学地添加到复混肥料中,生产不同养分配比的肥料,以适应农业生产中的不同需求,尤其适合生产专用肥料。

复合肥是指氮、磷、钾三种养分中,至少有两种标明量的养分是仅由化学方法制成的肥料,如磷酸二氢钾、磷酸铵、硝酸钾等。复合肥习惯上按顺序用 N-P_2O_5-K_2O 相应的质量百分数表示其成分,如果某种营养元素不存在,则用 0 表示其含量。如磷酸二氢钾,其中 P_2O_5 含量为 50%,K_2O 含量为 30%,N 含量为 0,则复合肥的成分表示为 0-50-30。

复合肥与复混肥是两种不同类型的化学肥料,二者的价格、肥效都相去甚远。区别在于以下几点:

一是生产工艺不同。复合肥是通过化学反应合成,其养分含量均匀,颗粒大小一致。而复混肥是通过物理混合而成,生产工艺简单,养分不均,效果较差。

二是养分含量不同。复合肥养分一般固定,如氮、磷、钾各为 15%,硫为 30%。而复混肥的养分浓度低,总养分一般不超过 30%。

三是养分利用率不同。化学反应合成的复合肥养分释放均匀,利用率高。而物理混合的复混肥养分释放不均衡,易造成作物养分吸收过程中的过量或缺乏。

二、复合肥与复混肥分析

根据标准 GB/T 15063—2020《复合肥料》规定,复合肥料的技术指标如表 4-3 所示。

表 4-3 复合肥料的技术指标

项目		指标		
		高浓度	中浓度	低浓度
总养分（N+P_2O_5+K_2O）的质量分数①/% ≥		40.0	30.0	25.0
水溶性磷占有效磷百分率②/% ≥		60	50	40
硝态氮的质量分数③/% ≥			1.5	
水分的质量分数④/% ≤		2.0	2.5	5.0
粒度⑤（1.00～4.75mm 或 3.35～5.60mm）/% ≥			90	
氯离子的质量分数⑥/%	未标"含氯"产品 ≤		3.0	
	标识"含氯（低氯）"产品 ≤		15.0	
	标识"含氯（中氯）"产品 ≤		30.0	
单一中量元素（以单质计）的质量分数⑦/%	有效钙 ≥		1.0	
	有效镁 ≥		1.0	
	总硫 ≥		2.0	
单一微量元素（以单质计）的质量分数⑧/% ≥			0.02	

① 组成产品的单一养分含量不应小于 4.0%，且单一养分测定值与标明值偏差的绝对值不应大于 1.5%。
② 以钙镁磷肥等枸溶性磷肥为基础磷肥并在包装容器上注明为"枸溶性磷"时，该项目不做要求。若为氮、钾二元肥料，该项目也不做要求。
③ 包装容器上标明"含硝态氮"时检测本项目。
④ 水分以生产企业出厂检验数据为准。
⑤ 特殊形状或更大颗粒（粉状除外）产品的粒度可以由供需双方协议确定。
⑥ 氯离子的质量分数大于 30.0% 的产品，应在包装袋上标明"含氯（高氯）"，标识"含氯（高氯）"的产品氯离子的质量分数可不做检验和判定。
⑦ 包装容器上标明含钙、镁、硫时检测本项目。
⑧ 包装容器上标明含铜、铁、锰、锌、硼、钼时检测本项目，钼元素的质量分数不高于 0.5%。

1. 总氮含量的测定

复混肥料中总氮含量的仲裁测定采用蒸馏后滴定法（GB/T 8572—2010），它包括需经处理的各种形式氮含量的测定，不适用于含有机物（除尿素、氰氨基化合物外）大于 7% 的肥料。

其测定原理为在酸性介质中还原硝酸盐成铵盐。在催化剂存在下，用浓硫酸处理，将有机态氮、酰胺态氮和氰氨态氮转化为硫酸铵，从碱性介质中蒸馏出氨，并用过量硫酸标准溶液吸收，在甲基红指示剂存在下，用氢氧化钠标准溶液返滴定过量的硫酸。具体内容参考前面氮肥分析部分。

2. 有效磷和水溶性磷含量的测定

GB/T 8573—2017《复混肥料中有效磷含量的测定》规定用水和 EDTA 溶液提取水溶性磷和有效磷后，用磷钼酸喹啉重量法测定其中磷的含量。具体测定方法见磷肥分析部分。

水溶性磷占有效磷的百分比按下式计算：

$$X = \frac{\omega(P_2O_5)_{水溶性磷}}{\omega(P_2O_5)_{有效磷}} \times 100\% \tag{4-12}$$

计算结果保留到小数点后一位。

3. 钾含量的测定

GB/T 8574—2010《复混肥料中钾含量的测定 四苯硼酸钾重量法》规定用四苯硼酸钾重量法测定复合肥中钾肥的含量，测定方法见钾肥分析部分。

4. 水分测定

复合肥料中水分的测定有两种方法,分别为真空烘箱干燥法(GB/T 8576—2010)和卡尔·费休法(GB/T 8577—2010),其中卡尔·费休法为仲裁分析法。

(1) 真空烘箱干燥法　先按照 GB/T 8571—2008《复混肥料　实验室样品制备》要求,将样品研磨并通过 0.5mm 孔径的样品筛(对于潮湿样品,要求通过 1.00mm 孔径的筛子)。研磨操作要求迅速,防止研磨过程中吸湿或失水。然后取 2g 样品置于已在 $(50\pm2)℃$ 干燥至恒重的称量瓶中,称准至 0.0002g,置于 $(50\pm2)℃$、通干燥空气调节真空度为 $6.4\times10^4 \sim 7.1\times10^4$ Pa 的电热恒温真空干燥箱中干燥 (120 ± 10) min。取出并放入干燥器中冷却至室温,称量,按下式计算游离水的含量。

$$\omega(H_2O) = \frac{m - m_1}{m} \times 100\% \tag{4-13}$$

式中　m——干燥前称取试样质量,g;

　　　m_1——干燥后称取试样质量,g。

注:所得结果应表示至小数点后第二位,取平行测定结果的算术平均值作为测定结果。要求当 $\omega \leqslant 2.0\%$ 时,平行测定结果的绝对差值应 $\leqslant 0.2\%$;当 $\omega > 2.0\%$ 时,平行测定结果的绝对差值应 $\leqslant 0.3\%$。

真空烘箱干燥法不适于在干燥过程中能产生非水分的挥发性物质的复混肥料,这时可以采用卡尔·费休法进行水分测定。

(2) 卡尔·费休法 (Karl Fischer)

① 方法原理。卡尔·费休试剂由甲醇、吡啶、碘、二氧化硫组成,测定时是利用试样中的水分与卡尔·费休试剂发生如下反应:

$$H_2O + I_2 + SO_2 + 3C_5H_5N + CH_3OH \longrightarrow 2C_5H_5N \cdot HI + C_5H_5NH \cdot OSO_2OCH_3$$

卡尔·费休法是一种测定水分含量最专一、准确的方法,可应用于各种固体、气体、液体样品中水分的测定,配制卡尔·费休试剂的各种试剂一般先用 5A 分子筛脱水处理后再使用。用卡尔·费休法测定水分时可采用目视法判断和电量法指示终点。

② 卡尔·费休试剂配制。取 670mL 甲醇于干燥的 1L 带塞的棕色玻璃瓶中,加约 85g 碘,塞上瓶塞至碘全部溶解后,加入 270mL 吡啶,塞紧瓶塞后振摇至溶液完全混合,再往瓶中慢慢通入二氧化硫至溶液增加的质量为 60~70g 为止,盖上瓶塞,混合溶液后暗处放置 24h 再使用。

③ 样品测定(电量法指示终点)。于一带有橡胶塞的锥形瓶中精确称取游离水含量不大于 150mg 的样品 1.5~2.5g,称准至 0.0002g,盖上塞子,用注射器加入 50.0mL 的二氧六环(或无水乙醇、甲醇)萃取其中的水分,振荡数分钟,静置 15min,再振荡数分钟,待试样稍微沉降后,取部分溶液于带橡胶塞的离心管中进行离心。

在滴定容器中加入 50mL 甲醇,其用量足以淹没电极,接通电源,打开电磁搅拌器,用卡尔·费休试剂滴定至指针偏转一定的角度不动并至少保持 1min 不变为止。

用注射器从离心管中取出 5.0mL 的萃取液,经滴定容器加料口注入滴定容器中,用卡尔·费休试剂滴定至指针突然偏转相同的角度不动并至少保持 1min 不变为止。另取 5.0mL 二氧六环试剂(或无水乙醇、甲醇)做空白实验。

标定卡尔·费休试剂的浓度时,可取一定量的水标准溶液,同法操作。

④ 结果计算。卡尔·费休试剂的滴定度 T 按下式计算:

$$T = \frac{m}{V} \tag{4-14}$$

式中　T——卡尔·费休试剂对水的滴定度,g/mL;

m——加入到滴定容器中水的质量，g；

V——滴定消耗卡尔·费休试剂的体积，mL。

试样中游离水的含量按下式计算：

$$\omega(H_2O) = \frac{T(V_1 - V_2)}{m \times \frac{5.0}{50}} \times 100\% \tag{4-15}$$

式中　T——卡尔·费休试剂对水的滴定度，g/mL；

V_1——滴定5.0mL二氧六环萃取液所消耗卡尔·费休试剂的体积，mL；

V_2——滴定5.0mL二氧六环所消耗卡尔·费休试剂的体积，mL；

m——称取试样的质量，g。

注：1. 用二氧六环作萃取剂时，应在三次测定后将滴定容器中的溶液放掉，加入甲醇，用卡尔·费休试剂滴定至同样状态再进行下一次测定。

2. 所得结果应表示至小数点后第二位，取平行测定结果的算术平均值作为测定结果。要求当$\omega \leqslant 2.0\%$时，平行测定结果的绝对差值应$\leqslant 0.3\%$；当$\omega > 2.0\%$时，平行测定结果的绝对差值应$\leqslant 0.4\%$。

5. 粒度测定

根据产品颗粒大小，取合适孔径（1.00mm和4.75mm或3.35mm和5.60mm）的筛子，按照大孔径筛子在上、小孔径筛子在下的原则依次叠放好，装上底盘。称取200g实验室样品放入最上层的筛子上，盖上筛盖，人工或用振筛器筛分样品，振荡5min后称量1.00～4.75mm或3.35～5.60mm之间的样品质量，夹在筛孔中的试料视作不通过此筛。

以粒径为1.00～4.75mm或3.35～5.60mm的试料占全部试料的质量分数统计粒度，计算方法如下：

$$\omega = \frac{m_1}{m} \times 100 \tag{4-16}$$

式中　ω——粒度；

m_1——1.00～4.75mm或3.35～5.60mm之间试料的质量，g；

m——试料的总质量，g。

注：计算结果表示到小数点后一位。

6. 氯离子含量的测定

复混肥料中氯离子的测定采用的是佛尔哈德法，即在酸性介质中，加入过量的硝酸银标准溶液，使之与氯离子反应后，用邻苯二甲酸二丁酯包裹生成的氯化银沉淀，以硫酸铁铵为指示剂，用硫氰酸铵标准溶液滴定剩余的硝酸银，从而测定出氯离子的含量。

7. 缩二脲的测定

GB/T 22924—2008《复混肥料（复合肥料）中缩二脲含量的测定》中规定复混肥中缩二脲的测定方法为分光光度法。其原理是试样用无水乙醇作溶剂，利用超声提取试样中的缩二脲，在硫酸铜、酒石酸钾钠的碱性溶液中生成紫红色的配位化合物，在波长550nm处测定吸光度，利用标准曲线法测定试样中缩二脲的含量。

试样处理方法为：称取试样2～6g（准确至0.001g）置于锥形瓶中，加入30mL无水乙醇，超声10min后过滤，用无水乙醇洗涤5～8次（每次2～3mL），合并滤液和洗液（若溶液有颜色，可加入过氧化氢1～2mL），在沸水浴上蒸干。

用蒸馏水溶解残渣，冷却后用慢速滤纸过滤，用蒸馏水洗涤滤纸5～8次（每次3～5mL），合并滤液和洗液于100mL容量瓶中，显色和测定过程同"操作6　尿素中缩二脲含量的测定——分光光度法"部分。

采用同样的方法进行空白实验。

试样中缩二脲的质量分数按下面的公式计算：

$$\omega = \frac{(m_1 - m_0) \times 10^{-3}}{m} \times 100\% \tag{4-17}$$

式中 ω——试样中缩二脲的质量分数；

m_1——从标准曲线上查得的试样中缩二脲的质量，mg；

m_0——从标准曲线上查得的空白试验中缩二脲的质量，mg；

m——试料的质量，g。

注：取平行测定结果的算术平均值作为测定结果，要求平行测定结果的相对偏差不大于10%。

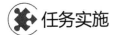任务实施

操作 6　尿素中缩二脲含量的测定——分光光度法

一、目的要求

1. 了解分光光度法测定缩二脲的原理。
2. 熟悉缩二脲的显色反应。
3. 进一步掌握标准曲线法的原理。

二、方法原理

缩二脲在硫酸铜、酒石酸钾钠的碱性溶液中生成蓝紫色配合物，在波长为550nm处测定其吸光度，利用标准曲线法计算试样中缩二脲的含量。

三、仪器和试剂

1. 仪器

分光光度计，3cm比色皿，其他分析用玻璃仪器。

2. 试剂

① 50g/L 酒石酸钾钠的碱性溶液：取 40g NaOH 溶解于 500mL 水中，冷却后加入 50g 酒石酸钾钠（$NaKC_4H_4O_6 \cdot 4H_2O$），溶解后用水稀释至1L，静置过夜，使用前过滤。

② 15g/L 硫酸铜溶液：称取 15g 硫酸铜（$CuSO_4 \cdot 5H_2O$），溶解后过滤，用水稀释至1L。

③ 2.00g/L 缩二脲标准溶液：称取 2g（准确至 0.0002g）缩二脲，溶解于不含二氧化碳的水中，准确稀释至1L。

四、测定步骤

1. 标准曲线的绘制

按照下表在8个100mL容量瓶中加入缩二脲标准溶液，然后加水稀释至约50mL，再向每个容量瓶依次加入 20.0mL 酒石酸钾钠碱性溶液和 20.0mL 硫酸铜溶液，摇匀，稀释至刻度，把容量瓶浸入（30±5）℃的水浴中约20min，不时摇动。

缩二脲标准溶液体积/mL	缩二脲的对应量/mg	吸光度
0.00	0.00	
2.50	5.00	
5.00	10.0	
7.50	15.0	
10.0	20.0	
12.5	25.0	
15.0	30.0	
20.0	40.0	
试样质量/g		

在30min内,以试剂空白为参比,在波长550nm处,用分光光度计测定标准比色溶液的吸光度。以100mL标准比色溶液中所含缩二脲的毫克数为横坐标,相应的吸光度为纵坐标,绘制标准曲线。

2.样品测定

称量约8~10g试样,精确到0.0001g,置于100mL烧杯中,加入约30~40mL水,溶解(不溶略加热),将溶液定量移入100mL容量瓶中,然后依次加入20.0mL酒石酸钾钠碱性溶液和20.0mL硫酸铜溶液,摇匀,稀释至刻度,把容量瓶浸入(30±5)℃的水浴中约20min,不时摇动。平行称量制备2次。

采用同测定绘制标准曲线相同的方法测定吸光度。

五、数据记录与处理

将测定的吸光度记录于上表中,根据试液的吸光度,从标准曲线上查得试液中缩二脲的质量,根据样品处理的情况换算为原始试样中缩二脲的含量。

试样中缩二脲的含量以质量分数表示,所得结果应表示至小数点后二位,平行测定结果的绝对差值不大于0.05%。

六、注意事项

1.如果试液有色或浑浊有色,另取2只100mL容量瓶,各加入20.0mL酒石酸钾钠碱性溶液,其中一只加入与显色时相同体积的试液,将溶液用水稀释至刻度,摇匀。以不含试液的溶液为参比,在相同条件下测定另一份试液溶液的吸光度,在计算时扣除此部分的吸光度。

2.如果试液只是浑浊,则加入0.3mL 1mol/L的盐酸溶液,剧烈摇动,用中速滤纸过滤,用少量水洗涤,将滤液和洗涤液定量收集于量瓶中,然后进行显色操作。

【任务评价】

出勤	预习情况	实验操作	实验结果	报告书写	文明操作	总评成绩

思考与交流

1.什么是复合肥?与复混肥有何不同?
2.复合肥的分析项目有哪些?分别采用什么方法测定?

知识拓展

能力验证是实验室质量保证体系中的重要组成部分，对评价实验室检测能力、提高人员的检测技术、提升实验室的检测水平具有重要意义。通过能力验证各实验室可以了解自身质量管理体系的运作情况及技术能力情况。

复合肥料中的氮、磷、钾养分可以为作物提供均衡营养，增产增收。国家陆陆续续开展了相关的测定能力验证。2007年由中国国家认证认可监督管理委员会组织，在国家化肥质量监督检验中心（北京）的具体协调下完成了"复混肥料中氮、磷、钾含量的测定能力验证计划（CNCA-07-04A）"，参加能力验证的实验室有80家。2017年，山东出入境检验检疫局检验检疫技术中心和国家化肥质量监督检验中心（上海）合作承担了"复合肥料中总氮、有效磷、氧化钾、氯离子含量测定（CNCA-17-A19）"能力验证，来自全国31个省、市、自治区、直辖市及行政特区的225家实验室参加了能力验证。2021年，青岛海关技术中心负责承担了"复合肥料主成分含量测定（CNCA-21-09）"能力验证项目的具体实施工作，检测项目包括总氮、有效磷、氧化钾、氯离子。

进行能力验证时，各参与实验室会获得相同的测试样品，然后自行选择检测方法对各个项目进行测定，一般都采用国家标准方法。然后承办单位会汇总各实验室测定数据，对数据进行分析，评估各个实验室出具数据的可靠性，帮助实验室发现肥料日常检验存在的问题，提高实验室的测试水平。

素质拓展阅读

侯德榜名言

侯德榜，著名科学家，杰出化学家，侯氏制碱法的创始人，20世纪20年代，突破氨碱法制碱技术的奥秘，主持建成亚洲第一座纯碱厂；30年代，领导建成了中国第一座兼产合成氨、硝酸、硫酸和硫酸铵的联合企业；40~50年代，又发明了连续生产纯碱与氯化铵的联合制碱新工艺，以及碳化法合成氨流程制碳酸氢铵化肥新工艺，并使之在60年代实现了工业化和大面积推广。他的名言有：

(1) 我的一切发明都属于祖国！
(2) 在化学的领域内是没有废物的。
(3) 一个国家没有实力，要在这个强权横行的世界里谈平等，要别人尊重你，这是不可能的。
(4) 难道黄头发绿眼珠的人能搞出来，我们黑头发黑眼珠的人就办不到吗？
(5) 勤能补拙，勤俭立业。

我们也要像侯德榜先生一样"爱岗敬业，精益求精"，努力学习，认真工作，成为一个心系社会，有时代担当的高素质技术技能人才，为我国的工业发展、民族振兴作出自己的贡献。

项目小结

采集固体试样常用的采样工具有采样铲、采样探子、采样钻、气动采样探针和真空采样探针、接斗等。采样铲适用于从物料流和静止物料中采样；采样探子适用于从包装桶或包装袋中采集粉末、小颗粒、小晶体等固体物料；采样钻适用于较坚硬的固体采样；气动和真空采样探针适用于粉末和细小颗粒等松散物料的采样；接斗是在物料的落流处采取试样的工具。有些固体样品粒径较大,采样前需先进行破碎。为了保证采集足够量的具有代表性的样品,破碎后常进行筛分、混匀、缩分等过程。常用的缩分方法有人工法(四分法)或机械缩分法。

肥料是一切植物生长必不可少的养分。常见的肥料有磷肥、氮肥、钾肥或混合肥料。根据磷肥中物质溶解性的差异及被植物吸收的速度不同,磷肥中的化合物分为水溶性磷化合物、柠檬酸溶性磷化合物、难溶性磷化合物。在磷肥的分析检验中,水溶性磷化合物和柠檬酸溶性磷化合物中的磷称为"有效磷"。磷肥中所有含磷化合物中含磷量的总和则称为"全磷"。不论哪种磷肥,都以 P_2O_5 表示含量,并且测定时只是制样方法不同,测定方法是一样的,包括磷钼酸喹啉重量法、磷钼酸喹啉容量法、磷钼酸铵重量法、钒钼酸铵分光光度法等。

含氮的肥料称为氮肥,依据氮的存在形式分为氨态氮肥、硝态氮肥和有机态氮肥。不同形式的氮肥制样方法不同,但最后都可采用甲醛法、酸量法或蒸馏后滴定法测定其中氮的含量,并以 N% 表示测定结果。

钾肥根据溶解性的差异也分为水溶性钾、有效钾和全钾,常用的测定方法是四苯硼酸钠重量法,此外也有四苯硼酸钠容量法和分光光度法。

含有多种营养元素的肥料称为复混肥,分析检测时除了需测定每种元素的含量外,有时还要测定氯离子、缩二脲的含量,粒径和水分也是其分析项目。

练一练测一测

1. 单选题

(1) 自袋、桶内采取细粒状物料样品时,应使用( )。
A. 钢锹　　　　B. 采样探子　　　　C. 取样阀　　　　D. 舌形铁铲

(2) 分析人员要从较坚固的原料堆中采样,应该使用( )。
A. 采样钻　　　B. 真空探针　　　　C. 采样探子　　　D. 以上的工具都可以

(3) 当散装物料大于 80t 时,采样单元为( )个。
A. 10　　　　　B. 20　　　　　　　C. 30　　　　　　D. 40

(4) 在用堆锥四分法缩分样品时每次缩分时只保留( )样品。
A. 1/4 样品　　 B. 1/2 样品　　　　 C. 对角线样品　　D. 1/3 样品

(5) 有效磷是指水溶性磷和( )之和。
A. 弱碱溶性磷　B. 弱酸溶性磷　　　C. 强碱溶性磷　　D. 强酸溶性磷

(6) 有效磷提取必须先用水提取水溶性含磷化合物,再用( )提取柠檬酸溶性含磷化合物。
A. 水　　　　　B. 碱性柠檬酸铵　　C. 酸性柠檬酸铵　D. 柠檬酸

(7) 磷肥中有效磷及全磷的分析结果一律规定用( )表示。
A. P　　　　　 B. P_2O_5　　　　　C. PH_3　　　　　D. H_3PO_4

(8) 磷肥中游离酸的测定方法是( )。
A. 色谱法　　　B. 重量法　　　　　C. 容量法　　　　D. 气化法

(9) 对氮肥中氨态氮的测定，不包括的方法是（　　）。
A. 甲醛法　　　　B. 蒸馏后滴定　　　C. 酸量法　　　　D. 尿素酶法
(10) 肥料中的碳酸氢铵、氨水中氮的测定常使用（　　）。
A. 蒸馏后滴定法　B. 硝酸银法　　　　C. 铁粉还原法　　D. 酸量法
(11) 甲醛法测定氨态氮时最后的滴定方法属于（　　）方法。
A. 酸碱滴定　　　B. 氧化还原滴定　　C. 沉淀滴定　　　D. 配位滴定
(12) 四苯硼酸钠容量法测定钾肥含量时为消除铵离子的干扰常加入（　　）。
A. 盐酸　　　　　B. 甲醛　　　　　　C. 甲醇　　　　　D. 丙酮
(13) 磷肥样品在样品提取前应将样品粉碎至（　　）mm 以下。
A. 1　　　　　　B. 2　　　　　　　C. 3　　　　　　D. 4
(14) 四苯硼酸钠容量法测定钾肥中钾含量时使用的指示剂是（　　）。
A. 甲基橙　　　　B. 甲基红　　　　　C. 达旦黄　　　　D. 柠檬黄
(15) 四苯硼酸钾沉淀的颜色为（　　）色。
A. 黄　　　　　　B. 红　　　　　　　C. 白　　　　　　D. 黑

2. 判断题

(1) 取得的固体样品可以保存在任意容器中。（　　）
(2) 肥料从来源上分为自然肥料和化学肥料。（　　）
(3) 制备全磷分析溶液时常用强酸处理样品。（　　）
(4) 在用酸碱滴定法测定磷肥中游离酸时用酸度计法指示终点比用指示剂法指示终点准确。（　　）
(5) 蒸馏后滴定法测定氮肥含量是在蒸馏过程中将含氮物质转变成 NH_3。（　　）
(6) 测定有效磷时，可以直接往样品中加入弱酸提取有效磷后测定。（　　）
(7) 磷钼酸喹啉容量法测定磷肥中磷含量时，如果沉淀洗涤不完全则使测定结果偏高。（　　）
(8) 干过滤时最初过滤出的样品即可用于测定。（　　）
(9) 测定钾肥中有效钾含量时常用热水制备试样溶液。（　　）
(10) 四苯硼酸钠的溶解度小于四苯硼酸钾。（　　）

3. 计算题

(1) 某含磷样品 1.000g，经溶解处理后将其中的磷沉淀为磷钼酸铵，再用 0.1000mol/L NaOH 标准溶液 20.00mL 溶解沉淀，过量的 NaOH 用 0.2000mol/L HNO_3 7.50mL 滴定至酚酞褪色，则试样中 P_2O_5 含量为多少？$M(P_2O_5)=141.95$g/mol。

(2) 称取磷肥试样 2.2000g，依次用水和碱性柠檬酸溶液提取，分别从两个 250mL 溶液中各吸取 10.00mL 试样，用磷钼酸喹啉重量法测定其有效磷含量，干燥后得到的磷钼酸喹啉沉淀为 0.3842g，则该肥料中有效磷的含量是多少？$M(P_2O_5)=141.95$g/mol，M(磷钼酸喹啉)$=2213.9$g/mol。

(3) 测定氮磷钾复合肥中氮的含量，称取试样 0.7569g，置于定氮仪中蒸馏，使试样中的氮以氨气的形式蒸馏出，再用 $c(1/2\ H_2SO_4)=0.2002$mol/L 的硫酸标准溶液 50.00mL 吸收，剩余的硫酸用 0.1004mol/L 的氢氧化钠返滴定，消耗氢氧化钠溶液 20.76mL，则该批复合肥中氮的含量为多少？$M(N)=14.01\text{g/mol}$。

（4）称取氯化钾化肥试样 24.132g，溶于水，过滤后制成 500mL 溶液。移取 25.00mL，再稀释至 500mL，吸取其中 15.00mL 与过量的四苯硼酸钠溶液反应，得到 0.1451g 四苯硼酸钾沉淀，则化肥中氧化钾的含量是多少？$M(K_2O)=94.20\text{g/mol}$，$M(\text{四苯硼酸钾})=358.45\text{g/mol}$。

（5）称取某钾肥试样 2.5000g，制备成 500mL 溶液。从中吸取 25.00mL，加四苯硼酸钠标准溶液（它对氧化钾的滴定度为 1.189mg/mL）38.00mL，并稀释至 100mL。干过滤后，吸取滤液 50.00mL，用 CTAB 标准溶液（1mL 该溶液相当于四苯硼酸钠标准溶液体积的 1.05mL）滴定，消耗 10.15mL，计算该肥料中氧化钾的含量。

项目五
煤质分析

项目引导

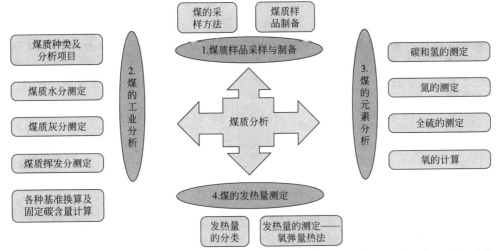

煤由可燃物和不可燃物两部分组成。可燃物主要是有机质、部分矿物质如硫化矿物中的硫，不可燃物包括水及大部分矿物质。煤中的有机质主要由碳、氢、氧、氮、硫等元素组成，其中碳、氢是煤热量的主要来源。硫燃烧时虽然也提供热量，但同时会产生有害气体二氧化硫。矿物质主要是碱金属、碱土金属、铁和铝等的碳酸盐、硅酸盐、硫酸盐、磷酸盐及硫化物，在燃烧时会变成灰分。煤质分析一般分为工业分析和元素分析，工业分析主要在煤的生产和使用部门，而元素分析主要在科研部门。但不论哪种分析，首要的任务就是按照一定规则采样与制样，否则会给测定带来很大的影响。

任务一 煤质样品采样与制备

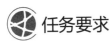任务要求

1. 了解煤样采集和制备过程中常用的术语。
2. 熟悉采样单元和子样数的确定方法。
3. 掌握初级子样采样的方法。

4. 了解煤样的制样过程和目的。
5. 掌握空气干燥煤样的制备方法。

自然界有三大能源，即天然气、石油、煤，其中煤不仅是重要的固体燃料，而且还是冶金工业和化学工业等的重要原料。煤由古生植物经过复杂的生物化学、物理化学和地球化学作用转变而成，经历的过程是植物—泥炭（腐泥）—褐煤—烟煤—无烟煤。煤质分析包括三个环节：采样、制样、化验。采样是最重要的环节，它是制样与分析的前提。但煤是一种不均匀物料，要采到组成与整批煤完全一致的煤试样几乎是不可能的，只能通过严格的采样及制样过程才能得到与整批煤组成极为接近的煤试样。GB 475—2008《商品煤样人工采取方法》规定了商品煤样的人工采取方法。

素质拓展阅读

丰富的煤炭资源

中国地大物博，资源丰富，960万平方公里（1公里＝1千米）的土地上，含煤面积达55万平方公里，煤炭资源地质总储量为50592亿吨。中国现有煤炭经济可开发剩余可采储量约占世界同类储量的11.6%。我国是世界第一产煤大国，煤炭产量占世界的40%左右。

一、煤的采样方法

1. 专门术语

（1）煤样　为确定某些特性而从煤中采取的具有一定代表性的部分煤。

（2）全水分煤样　为测定全水分而专门采取的煤样。

码5-1　九点法取全水分煤样

（3）一般分析试验煤样　破碎到粒度小于0.2mm并达到空气干燥状态，用于大多数物理和化学特性测定的煤样。

（4）缩分后试样　为减少试样质量而将之缩分后保留的一部分。

（5）子样　采样器具操作一次或截取一次煤流全横截段所采取的一份试样。

码5-2　九点法取全水分煤样

（6）初级子样　在采样第1阶段，于任何破碎和缩分前所采取的子样。

（7）分样　由均分分布于整个采样单元的若干初级子样组成的煤样。

（8）总样　从一采样单元取出的全部子样合成的煤样。

（9）系统采样　按相同的时间、空间、或质量间隔采取子样。

（10）随机采样　采取子样时，对采样的部分或时间均不施加任何人为的意志，使任何部位的煤都有机会采出。

（11）时间基采样　从煤流中采取子样，每个子样的位置用一时间间隔来确定，子样质量与采样时的煤流量成正比。

（12）质量基采样　从煤流或静止煤中采取子样，每个子样的位置用一质量间隔来确定，子样质量固定。

（13）分层随机采样　在质量基采样和时间基采样划分的质量或时间间隔内随机采取一个子样。

（14）标准煤样　具有高度均匀性、良好稳定性和准确量值的煤样，主要用于校准测定仪器、评价分析方法和确定煤的特性量值。

(15) 标称最大粒度 用筛网筛分时与筛上物累计质量分数（不大于5%）最接近的筛子所对应的筛孔尺寸。

2. 采样的一般原则

采样和制样的基本过程是从分布于整批煤的许多点收集相当数量的一份煤，即初级子样，然后将各初级子样直接合并或缩分后合并为一个总样，最后将此总样经过一系列制样程序制成所要求的数目和类型的试验煤样。

采样的基本要求是被采煤的所有颗粒都有可能进入采样设备，每个颗粒都有相等的概率被采入试样中。

3. 采样方案

商品煤样一般在煤流中或运输工具中采取，也可在煤堆上采样。采样时不应将煤中的煤块、矸石、黄铁矿等漏掉或舍弃。

(1) 采样单元的确定 商品煤以1000t为一基本采样单元，当煤量不足1000t或大于1000t时，可根据实际情况以下列煤量为一采样单元：

① 一列火车装载的煤。
② 一艘船装载的煤。
③ 一辆车装载的煤。
④ 一段时间内发送或接受的煤。

(2) 每个采样单元子样数的确定

① 基本采样单元子样数的确定。基本采样单元子样采样数如表5-1所示。

表 5-1 基本采样单元子样采样数

品种	灰分范围	采样地点				
		煤流	火车	汽车	煤堆	船舱
原煤、筛选煤	>20%	60	60	60	60	60
	≤20%	30	60	60	60	60
精煤	—	15	20	20	20	20
其他洗煤(包括中煤)	—	20	20	20	20	20

② 采样单元煤量少于1000t时的子样数。采样单元煤量少于1000t时子样数根据表5-1规定的子样数按比例递减，但最少不应低于表5-2规定的数目。

表 5-2 采样单元煤量少于1000t时的最少子样数

品种	灰分范围	采样地点				
		煤流	火车	汽车	煤堆	船舱
原煤、筛选煤	>20%	18	18	18	30	30
	≤20%	10	18	18	30	30
精煤	—	10	10	10	10	10
其他洗煤(包括中煤)	—	10	10	10	10	10

③ 采样单元煤量大于1000t时的子样数。采样单元煤量大于1000t时的子样数按式(5-1)计算：

$$N = n\sqrt{\frac{M}{1000}} \tag{5-1}$$

式中　N——应采子样数；

　　　n——表5-1规定的子样数；

　　　M——被采样煤量，单位为吨（t）。

（3）批煤采样单元数的确定　一批煤可作为一个采样单元，也可按式(5-2)划分为若干个采样单元，将一批煤划分为若干个采样单元时，采样的精密度优于作为一个采样单元时的采样精密度。

$$n = \sqrt{\frac{M}{1000}} \tag{5-2}$$

式中　n——划分的采样单元；

　　　M——被采样煤量，单位为吨（t）。

（4）试样质量

① 总样的最小质量。表5-3给出了一般煤样、全水分煤样的总样或缩分后总样的最小质量。式(5-3)给出了每个子样的质量，如果所有子样合并后的总样质量达不到表5-3的规定，应该增加子样数或子样的质量［式(5-4)］，直至总样质量符合要求，否则采样精密度很可能会下降。

表5-3　一般煤样、全水分煤样或缩分后总样最小质量

标称最大粒度/mm	一般煤样/kg	全水分煤样/kg
150	2600	500
100	1025	190
80	565	105
50	170	35
25	40	8
13	15	3
6	3.75	1.25
3	0.7	0.65
1	0.1	—

② 子样的质量。子样的最小质量按式(5-3)计算，但最小为0.5kg。

$$m_a = 0.06d \tag{5-3}$$

式中　m_a——子样的最小质量，kg；

　　　d——被采煤的标称最大粒度，mm。

如采集的子样合并为总样后质量达不到总量的最小质量要求时，按式(5-4)计算每个子样应采集的量。

$$m = \frac{m_g}{n} \tag{5-4}$$

式中　m——每个子样应采集的量，kg；

　　　m_g——总样的最小质量，kg；

　　　n——子样数目。

4. 初级子样采样方法

（1）采样工具　煤炭采样时常用的采样工具有采样铲、采样斗、手工螺旋钻、人工切割斗、探管等，采样器的开口应当至少是煤标称最大粒度的3倍并不小于30mm，采样器容量

足够大，子样不会充满采样器。

(2) 煤流中采样　在煤流中采样时可按时间基或质量基以系统采样方式或分层随机采样方式进行，从操作方便和经济的角度出发，时间基采样较好。

采样时应尽量截取一完整煤流横截面作为一个子样，试样应尽可能从流速和负荷都较均匀的煤流中采取。

当在传送带转输点的下落煤流中采取子样时，一般用采样斗沿煤流长度或厚度方向一次通过煤流截取一个子样。

(3) 静止煤采样　当对静止煤采样时应采取全深度试样或不同深度（上、中、下或上、下）的试样，在能够保证运载工具中的煤的品质均匀且无不同品质的煤分层装载时，也可从运载工具顶部采样。

在从火车、汽车或驳船顶部煤堆采样时，应在装载后立即采样。如在经过运输后采样，应挖坑至0.4~0.5m再采样，取样前应将滚落至坑底的煤块和矸石清除干净。采样工具可以使用采样铲、采样钻或探管。

采样时子样的分布原则是子样应立体分布于被采样煤各部分，使各部分被采取的概率相同。

① 火车、驳船和汽车采样时子样分布。火车和汽车采样按空间间隔分布子样，属于质量基采样。当要求的子样数少于或等于该采样单元的车厢数时，每一个车厢采一个子样。当要求的子样数大于该采样单元车厢数时，如子样数为车厢数的整数倍，每车子样数＝总子样数/车厢数；如子样数不为车厢数的整数倍，可将子样数增加到车厢数的最小整数倍，然后计算每车子样数，或者将子样数除以车厢数后的余数子样按系统或随机的方法分布于该采样单元的各车厢中。

子样位置确定时可将车厢煤表面分成若干个边长为1~2m的小方块并编号，然后用系统方法或随机方法根据每车厢子样数在小方块中取样。

② 煤堆采样。由于技术和安全的原因，GB 475—2008不推荐直接从大煤堆上采样，而应在煤炭转运工具——皮带运输机或汽车等上采样。若条件不许可时可按下述方法直接在煤堆上采样。

薄煤堆采样：薄煤堆是指煤堆厚度小于2m或与机械采样器最大插入深度相近的煤堆。采样时如果煤堆比较均匀，将煤堆表面分成若干面积相等的小块，小块数至少等于应采子样数，必要时再将小块分成2~3层，然后从每一小块采取一个全深度煤柱子样或分层子样。如果煤堆不均匀，将煤堆分成体积相等的若干部分，份数至少等于应采子样数，必要时再将每部分分成2~3层，然后从每一部分采取一个全深度煤柱子样或分层子样。

厚煤堆采样：在堆或卸过程中将煤堆分成厚度与采样器最大插入深度相等的若干层，然后按下述方法进行采样。

首先按式(5-5)计算每层子样间距d。

$$d=\sqrt{\frac{V}{Nh}} \tag{5-5}$$

式中　d——子样间距，m；

　　　V——煤堆体积，m^3；

　　　N——应采子样数；

　　　h——每层的煤堆高度，m。

然后于每一层的任一边，距边线$1/2d$处采取第一个子样，然后以此点为起点，以网格

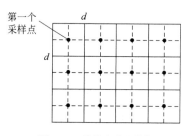

图 5-1 采样点布置图

分布方法，每隔 d 采取一个子样（见图 5-1），直到该层面采样结束。采样时应将第一层煤表面剥去 0.2m；于底层采样时采样点应距地面 0.5m。

采集的煤样应装在无吸附、无腐蚀的气密容器中，并有永久性的唯一识别标识。标签上应写有煤的种类、级别、标称最大粒度以及批的名称（船或火车名及班次），煤样类型（一般煤样、全水分煤样等）以及采样时间、地点、日期。

二、煤质样品的制备

1. 制样目的和要求

煤样制备的目的是通过破碎、混合、缩分和干燥等步骤将采集的煤样制备成能代表原来煤样特性的分析用煤样。

GB 474—2008《煤样的制备方法》中要求制样应在专门的制样室中进行，制样中应避免样品污染，每次制样后应将制样设备清扫干净，制样人员在制备煤样的过程中应穿专用鞋。制样室应为水泥地面，并且宽大敞亮，不受风雨及外来灰尘的影响，同时配有除尘设备。堆锥缩分区还应在地面铺厚度为 6mm 以上的钢板。贮存煤样的房间不应有热源，不受强光照射，无任何化学药品。

2. 制样工具

煤破碎过程中可以使用破碎机或人工破碎工具如锤子、手工磨碎煤样的钢板和钢棍等。混合缩分过程中可以使用分样器自动缩分样品，或者用十字分样板采用堆锥四分法缩分样品。筛分样品主要用不同孔径的分样筛，在振筛机上筛分样品。制备后的样品应存储于不透气、不吸水的密闭容器中如带盖玻璃瓶、塑料瓶、塑料袋或金属袋等。

3. 制样过程

（1）破碎　破碎的目的是增加试样颗粒数，减小缩分误差。同样质量的试样，粒度越小，颗粒数越多，缩分误差越小。但破碎耗时间、耗体力，同时会产生试样的损失，特别是水分损失。因此制样时不应将大量大粒度试样一次破碎到所要求的粒度，而应采用多阶段破碎缩分的方法，即将试样破碎到一定粒度后缩分到一定量，然后再将缩分后的试样进一步破碎到一定粒度，再缩分到一定量，但缩分阶段也不宜过多。具体各阶段的试样量请看缩分部分（表 5-4）。

表 5-4　缩分后试样的最小质量

标称最大粒度/mm	一般和共用煤样/kg	全水分煤样/kg	粒度分析煤样/kg	
			精密度 1%	精密度 2%
150	2600	500	6750	1700
100	1025	190	2215	570
80	565	105	1070	275
50	170	35	280	70
25	40	8	36	9
13	15	3	5	1.25
6	3.75	1.25	0.65	0.25
3	0.7	0.65	0.25	0.25
1	0.1	—		

(2) 筛分　将煤样一份一份地置于规定孔径的筛子上，用人工或机械方法使筛子以一定幅度左右水平移动或做圆周运动，直至不再有煤粒通过筛子落下为止。

(3) 混合和缩分　混合的目的是使煤样尽可能均匀，一般与缩分同步进行。缩分是制样最关键的程序，可以采用机械法，也可用人工方法。为减少人为误差，应尽量采用机械法缩分样品。当机械法缩分时会破坏试样的完整性如水分损失，或者煤的粒度过大无法使用机械法缩分时应该用人工方法缩分。

缩分可以在任意阶段进行，缩分后的试样最小质量应符合表5-4的要求。当一次缩分后的质量大于要求的质量时，可将缩分后的试样再次缩分或在下一阶段做进一步缩分。具体破碎和缩分方法可查阅项目四任务1"固体样品采样方法"部分。

4. 空气干燥煤样的制备

空气干燥的目的有两个：一是为了使试样顺利通过破碎机和缩分器，二是为了使试样在随后的分析试验过程中水分不发生显著变化，提高分析的准确度和精密度。

空气干燥可在任一制样阶段进行，其干燥方法为：将煤样放入盘中，摊成均匀的薄层，厚度不能超过煤样标称最大粒度的1.5倍，于温度不超过50℃的条件下与大气湿度达到平衡。其干燥状态的判断是煤样在实验室大气中连续暴露1h后质量变化不超过0.1%。

码5-3　0.2mm 煤样的粉碎

如一般分析试验用的空气干燥煤样，在样品粉碎至0.2mm前，用磁铁将煤样中的铁屑吸去，再粉碎到全部通过0.2mm的筛子，然后进行空气干燥。制备后的样品装入煤样瓶中，装入煤样的量不应超过煤样瓶容积的3/4，以便使用时混合。

思考与交流

1. 煤样制样的目的是什么？如何确定采样单元与子样数目？
2. 最小子样质量是多少？
3. 煤质样品的制样过程包括哪些步骤，分别有什么作用？

任务二　煤的工业分析

任务要求

1. 了解煤质种类及分析项目。
2. 熟悉常用的煤质水分、灰分、挥发分测定方法。
3. 了解煤质不同基准的含义，掌握不同基准间的换算方法。
4. 熟悉煤质固定碳含量的计算方法。

为了确定煤的性质，评价煤的质量和合理利用煤炭资源，工业上最重要和最普通的分析方法就是煤的工业分析和元素分析。

一、煤质种类及分析项目

1. 煤质种类

根据成煤植物的不同，煤可分为腐泥煤、腐植煤、腐泥腐植煤、残植煤。腐泥煤由藻类、浮游生物等低等植物形成，如藻煤、胶泥煤，油页岩是一种含矿物质高的腐泥煤。腐植煤由苔藓、蕨类、裸子植物和被子植物等高等植物形成，包括泥炭、褐煤、烟煤、无烟煤。腐植煤中以角质层、树脂、孢子等稳定组分为主要成分的称残植煤。腐殖腐泥煤的原始物质，既有高等植物也有低等植物，如烛煤。

2. 煤的分析方法分类

（1）煤的元素分析 指煤中碳、氢、氧、氮、硫五个项目分析的总称。元素分析结果是对煤进行科学分类的主要依据，在工业上是计算发热量、干馏产物的产率、热量平衡的依据。

（2）煤的工业分析 在国家标准中，煤的工业分析包括煤的水分（M）、灰分（A）、挥发分（V）和固定碳（FC）等指标的测定。通常煤的水分、灰分、挥发分是直接测出的，而固定碳是用差减法计算出来的。广义上讲，煤的工业分析还包括煤的全硫分和发热量的测定，又叫煤的全工业分析。煤的工业分析是在人为规定的条件下测定经转化生成的物质，这些物质的产率会随加热的温度、加热时间及通风条件的改变而改变，因此这类分析方法都有统一规定的实验条件。工业分析虽然不足以全面说明煤的质量，但是可以确定煤的工业价值，满足工业的需要。煤的工业分析主要用于煤的生产或使用部门。

二、煤质水分的测定

煤的水分，是煤炭计价中的一个辅助指标。煤的水分直接影响煤的使用、运输和储存。煤的水分增加，煤中有用成分会相对减少，且水分在燃烧时吸热变成蒸汽，降低了煤的发热量。煤的水分增加，还增加了无效运输，并给卸车带来了困难。特别是冬季寒冷地区，运输水分多的煤时经常发生冻车，影响卸车、影响生产、影响车皮周转等状况，加剧了运输的紧张。煤的水分也容易引起煤炭黏仓而减小煤仓容量，甚至发生堵仓事故。煤的水分测定是煤质一项重要的质量指标，也是进行不同基的煤质分析结果换算的基础数据。

1. 煤中水分的存在状态

煤中水分按存在形态的不同分为两类，即游离水和化合水。游离水是以物理状态吸附在煤颗粒内部毛细孔中和附着在煤颗粒表面的水分；化合水也称结晶水，是以化合的方式同煤中矿物质结合的水，如高龄土（$Al_2O_3 \cdot 2SiO_2 \cdot 2H_2O$）中的结晶水。游离水在 105~110℃的温度下经过 1~2h 可蒸发掉，而结晶水通常要在 200℃以上才能分解析出。煤的工业分析中只测游离水，不测化合水。

煤的游离水分又分为外在水分和内在水分。

外在水分（M_f）：附着在煤颗粒表面的水膜和存在于直径$>10^{-5}$cm 的毛细孔中的水分。外在水分很容易在常温下的干燥空气中蒸发，直至煤颗粒表面的水蒸气压与空气的湿度平衡，因此外在水分也是指在一定条件下煤样与周围空气湿度达到平衡时所失去的水分。除去外在水分的煤称为风干煤。

内在水分（M_{inh}）：吸附或凝聚在煤颗粒内部直径$<10^{-5}$cm 毛细孔中的水分。内在水分需在 100℃以上的温度经过一定时间才能蒸发，除去内在水分的煤称为干燥煤。

煤的全水分（M_t）：是指煤中全部的游离水分，即煤中外在水分和内在水分之和。

2. 一般分析试验煤样水分（M_{ad}）的测定

GB/T 212—2008《煤的工业分析方法》规定了一般分析试验煤样水分的测定有三种方法，其中通氮干燥法适用于所有煤样，空气干燥法适用于烟煤和无烟煤，微波干燥法适用于褐煤和烟煤。

（1）通氮干燥法

① 方法概要。称取一定量的一般分析试验煤样，置于105～110℃干燥箱中，在干燥氮气流中干燥到质量恒定。根据煤样的质量损失计算出水分的质量分数。

② 测定过程。在预先干燥和已称量过的称量瓶中称取粒度小于0.2mm的煤样（1±0.1）g，称准至0.0002g，平摊在称量瓶中。打开称量瓶盖，放入预先通入干燥氮气（纯度99.9%，含氧量小于0.1%）并已加热到105～110℃的干燥箱中。烟煤干燥1.5h，褐煤和无烟煤干燥2h。在称量瓶放入干燥箱前10min开始通入氮气，氮气流量以每小时换气15次为宜。

从干燥箱中取出称量瓶后，立即盖上盖，放入干燥器中冷却至室温（约20min）后称量。

进行检查性干燥时干燥的时间为每次30min，直到连续两次干燥煤样质量的减少量不超过0.0010g或质量增加时为止。在后一种情况下，采用质量增加前一次的质量为计算依据。水分在2.00%以下时，不必进行检查性干燥。

（2）空气干燥法

① 方法概要。称取一定量的煤试样，置于105～110℃鼓风干燥箱中，在空气流中干燥到质量恒定。根据煤样的质量损失计算出水分的质量分数。

② 测定过程。该方法测定过程与通氮干燥法相似，只是将通氮操作改为鼓风操作，烟煤干燥时间为1h，无烟煤干燥时间为1.5h。

（3）微波干燥法

① 方法概要。称取一定量的一般分析试验煤样，置于微波水分测定仪内，炉内磁控管发射非电离微波，使水分子超高速振动，产生摩擦热，使煤中水分迅速蒸发，根据煤样的质量损失计算水分含量。

② 测定过程。在预先干燥和已称量过的称量瓶中称取粒度小于0.2mm的煤样（1±0.1）g，称准至0.0002g，平摊在称量瓶中。

将一个盛有约80mL蒸馏水、容量约250mL的烧杯置于微波水分测定仪内的转盘上，用预加热程序加热10min，取出烧杯。

打开称量瓶瓶盖，将带煤样的称量瓶放在转盘上，并使称量瓶与转盘上石棉垫的标记圈相内切。放满一圈后多余的称量瓶可紧挨第一圈称量瓶内侧放置。在转盘中心放一盛有蒸馏水的带表面皿盖的250mL烧杯（盛水量与测定仪说明书规定一致），并关上测定仪门。按测定仪说明书规定的程序加热煤样。

加热程序结束后，取出称量瓶，立即盖上盖子，放入干燥器中冷却至室温（约20min）后称量。

（4）结果计算　煤样的空气干燥基水分按下式计算：

$$M_{ad} = \frac{m_1}{m_2} \times 100\% \tag{5-6}$$

式中　M_{ad}——空气干燥基煤样的水分含量；

　　　m_1——煤样干燥后失去的质量，g；

m_2——称取的空气干燥基煤样的质量，g。

注：称量瓶直径为40mm，高25mm，并带有严密的磨口盖。

知识拓展

甲苯蒸馏法测定煤样水分

甲苯蒸馏法测定煤样水分是一种间接容量法，适用于所有煤种。其方法原理是称取一定量的风干煤样于圆底烧瓶中，加入甲苯共同煮沸，分馏出的液体收集在水分测定管（图5-2）中并分层，量出水的体积，根据同温度下水的密度计算出水的质量，以水的质量占煤样的质量分数作为水分的含量。因为该方法中使用到有害物质甲苯，故目前正逐渐被淘汰。

码5-4 甲苯蒸馏法测定煤样水分

码5-5 甲苯蒸馏法测定煤的水分时回收曲线的制作

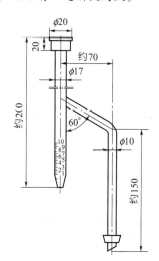

图 5-2 水分测定管（单位：mm）

三、煤质灰分的测定

煤的灰分是指煤完全燃烧后剩下的残渣。因为此残渣是煤中可燃物完全燃烧，煤中矿物质（除水分外所有的无机质）在燃烧过程中经过一系列分解、化合反应后的产物，所以确切地说，煤的灰分应称为灰分产率。

煤中灰分是煤炭计价指标之一。在灰分计价中，灰分是计价的基础指标；在发热量计价中，灰分是计价的辅助指标。

煤用作动力燃料时，灰分增加，煤中可燃物质含量相对减少。矿物质燃烧灰化时要吸收热量，大量排渣要带走热量，因而降低了煤的发热量，影响了锅炉操作（如易结渣、熄火），加剧了设备的磨损，增加排渣量。煤用于炼焦时，灰分增加，焦炭灰分也随之增加，从而降低了高炉的利用系数。还必须指出的是，煤中灰分增加，增加了无效运输，加剧了运输的紧张。

国标 GB/T 212—2008 规定灰分的测定方法有两种：缓慢灰化法，可作为仲裁分析法；快速灰化法，可作为例行分析法。

1. 缓慢灰化法

① 方法概要。称取一定量的煤样，放入马弗炉中，以一定的速度加热到（815±10）℃，灰化并灼烧至质量恒定。以残留物的质量占煤样质量的百分数作为煤样的灰分。

② 测定过程。在预先灼烧至质量恒定的灰皿（图 5-3）中，称取粒度小于 0.2mm 的煤样（1±0.1）g，称准至 0.0002g，均匀地摊平在灰皿中，使其每平方厘米的质量不超过 0.15g。

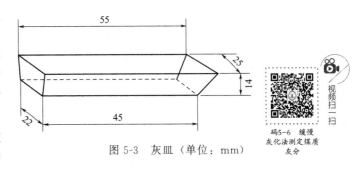

图 5-3 灰皿（单位：mm）

将灰皿送入炉温不超过 100℃ 的马弗炉恒温区，关上炉门并使炉门留有 15mm 左右的缝隙。在不少于 30min 的时间内将炉温缓慢升至 500℃，并在此温度下保持 30min。继续升温到（815±10）℃，并在此温度下灼烧 1h。从炉中取出灰皿，放在耐热瓷板或石棉网上，在空气中冷却 5min 左右，移入干燥器中冷却至室温（约 20min）后称量。

进行检查性灼烧时，每次灼烧 20min，直到连续两次灼烧后的质量变化不超过 0.0010g 为止。以最后一次灼烧的质量为计算依据。灰分低于 15.00% 时，不必进行检查性灼烧。

2. 快速灰化法

快速灰化法包括方法 A 和方法 B。

（1）方法 A

① 方法概要。将装有煤样的灰皿放在预先加热至（815±10）℃ 的灰分快速测定仪的传送带上，煤样自动送入仪器内完全灰化，然后送出。以残留物的质量占煤样质量的百分数为煤样的灰分。

② 测定过程。将快速灰分测定仪预先加热到（815±10）℃。开动传送带并将其传送速度调节到 17mm/min 左右或其他合适的速度。

在预先灼烧至质量恒定的灰皿中，称取粒度小于 0.2mm 的煤样（1.0±0.1）g，称准至 0.0002g，均匀地摊平在灰皿中，使其每平方厘米的质量不超过 0.15g。将盛有煤样的灰皿放在快速灰分测定仪的传送带上，灰皿即自动送入炉中。当灰皿从炉内送出时，取下，放在耐热的瓷板上，在空气中冷却 5min 左右，移入干燥器中冷却至室温后称量。

（2）方法 B

① 方法概要。将装有煤样的灰皿由炉外逐渐送入预先加热至（815±10）℃ 的马弗炉中灰化至质量恒定。以残留物的质量占煤样质量的百分数作为煤样的灰分。

② 测定过程。在预先灼烧至质量恒定的灰皿中，称取粒度小于 0.2mm 的煤样（1.0±0.1）g，称准至 0.0002g，均匀地摊平在灰皿中，将盛有煤样的灰皿预先排放在耐热瓷板上。

将马弗炉加热到（815±10）℃，打开炉门，将放有灰皿的耐热瓷板缓慢地推入马弗炉中，先使第一排灰皿中的煤样灰化，待 5~10min 后煤样不再冒烟时，以每分钟不大于 2cm 的速度把其余各排灰皿顺序推入炉内炽热部分（若煤样着火发生爆炸，实验应作废）。关上炉门并使炉门留有 15mm 左右的缝隙，在（815±10）℃ 下灼烧 40min。

从炉中取出灰皿，放在空气中冷却 5min，移入干燥器中冷却至室温后，称量。进行检查性灼烧时，每次 20min，直到连续两次灼烧后的质量变化不超过 0.0010g 为止。以最后一次灼烧后的质量为计算依据。如遇检查性灼烧时结果不稳定，应改用缓慢灰化法重新测定。灰分低于 15.00% 时，不必进行检查性灼烧。

3. 结果计算

煤样的空气干燥基灰分按式（5-7）计算：

$$A_{ad} = \frac{m_1}{m} \times 100\% \tag{5-7}$$

式中 A_{ad}——空气干燥基煤样的灰分；

m——称取的空气干燥基煤样的质量，g；

m_1——灼烧后残留物的质量，g。

四、煤质挥发分的测定

煤的挥发分是煤在一定温度下隔绝空气加热，逸出物质（气体或液体）中减掉水分后的含量，剩下的残渣叫做焦渣。因为挥发分不是煤中固有的，而是在特定温度下热解的产物，所以确切地说应称为挥发分产率。煤的挥发分不仅是炼焦、气化须考虑的一个指标，也是动力用煤的一个重要指标，还是动力煤按发热量计价的一个辅助指标。

挥发分是煤分类的重要指标。煤的挥发分反映了煤的变质程度，挥发分由大到小，煤的变质程度由小到大。如泥炭的挥发分高达70%，褐煤一般为40%~60%，烟煤一般为10%~50%，高变质的无烟煤则小于10%。

挥发分测定的方法原理是称取一定量空气干燥的煤样，放在带盖的瓷坩埚中，在(900±10)℃下，隔绝空气加热7min，以减少的质量占煤样质量的百分数减去该煤样的水分含量作为煤样的挥发分。其挥发分计算公式如式（5-8）所示。

$$V_{ad} = \frac{m_1}{m} \times 100\% - M_{ad} \tag{5-8}$$

式中 V_{ad}——空气干燥基煤样的挥发分；

m_1——煤样加热后减少的质量，g；

m——空气干燥基煤样的质量，g；

M_{ad}——空气干燥基煤样的水分。

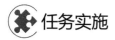

任务实施

操作7 煤样挥发分的测定

一、目的要求

1. 了解煤样挥发分的测定原理。
2. 掌握挥发分测定的实验操作。

二、方法原理

将一定量的分析试验煤样在隔绝空气的条件下加热，加热后减少的质量扣除水分后的量即为挥发分的量。

三、仪器

挥发分坩埚：带有配合严密的坩埚盖，总质量为15~20g，坩埚高40mm，底部直径为18mm，上口直径为33mm，壁厚1.5mm。

马弗炉：带有高温计和调温装置。

坩埚架：用镍铬丝或其他耐热金属丝制成，其规格形状见图5-4。

坩埚架夹：其形状见图5-5。

码5-8 煤的挥发分测定

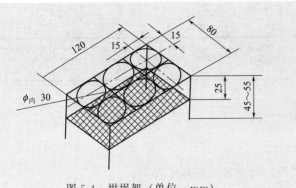

图 5-4 坩埚架（单位：mm）

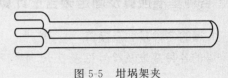

图 5-5 坩埚架夹

四、测定步骤

1. 在预先于 900℃ 下灼烧至质量恒重的带盖瓷坩埚中，称取粒度小于 0.2mm 的空气干燥煤样 (1±0.01)g，称准至 0.0002g，然后轻轻振动坩埚，使煤样摊平，盖上盖，放在坩埚架上。褐煤和长焰煤应先压饼，并切成边长为 3mm 的小块。

2. 将马弗炉预先加热至 920℃ 左右。打开炉门，迅速将放有坩埚的架子送入恒温区，立即关上炉门并计时，准确加热 7min。坩埚及架子放入后，要求炉温在 3min 内恢复至 (900±10)℃，此后保持在该温度，否则此次实验作废。加热时间包括温度恢复的时间。

3. 从炉中取出坩埚，放在空气中冷却 5min 左右，移入干燥器中冷却至室温后称量。

五、数据记录与处理

测定次数	1	2
煤样质量/g		
煤样加热后减少的质量/g		
$M_{ad}/\%$		
$V_{ad}/\%$		
V_{ad} 平均值/%		
相对偏差/%		

操作人：_____   审核人：_____   日期：_____

六、注意事项

1. 挥发分测定是一个典型的规范性测定方法，改变其中任一因素都不会得到正确的结果，因此测定过程中应注意：

① 不能揭开坩埚盖，以防焦渣被氧化而造成测量误差。

② 马弗炉的恒温区应在关闭炉门下测定，并至少半年校准一次。

2. 当煤中的碳酸盐含量高时必须按式(5-9)或式(5-10)进行校正。

当煤中碳酸盐及二氧化碳含量为 2%~12% 时有：

$$V_{ad} = \frac{m_1}{m} \times 100\% - M_{ad} - \omega_{ad}(CO_2) \tag{5-9}$$

当煤中碳酸盐及二氧化碳含量大于 12% 时有：

$$V_{ad} = \frac{m_1}{m} \times 100\% - M_{ad} - \omega_{ad}(CO_2) - \omega_{ad焦渣}(CO_2) \tag{5-10}$$

【任务评价】

出勤	预习情况	实验操作	实验结果	报告书写	文明操作	总评成绩

五、各种基准换算及固定碳含量计算

1. 煤的各种基准及换算

煤的各种基准及符号见表 5-5，不同基准组分含量的换算见表 5-6。

表 5-5 煤的各种基准及符号表示

基准名称	含义	符号表示
收到基	以收到状态的煤为基准	ar
空气干燥基	以与空气湿度达到平衡状态的煤为基准	ad
干燥基	以假想无水状态的煤为基准	d
干燥无灰基	以假想无水、无灰状态的煤为基准	daf
干燥无矿物质基	以假想无水、无矿物质状态的煤为基准	dmmf
恒湿无灰基	以假想含最高内在水分、无灰状态的煤为基准	maf
恒湿无矿物质基	以假想含最高内在水分、无矿物质状态的煤为基准	m,mmf

表 5-6 不同基准组分含量的换算

已知基	未知基			
	收到基 ar	空气干燥基 ad	干燥基 d	干燥无灰基 daf
收到基 ar		$\dfrac{100\%-M_{ad}}{100\%-M_{ar}}$	$\dfrac{100\%}{100\%-M_{ar}}$	$\dfrac{100\%}{100\%-M_{ar}-A_{ar}}$
空气干燥基 ad	$\dfrac{100\%-M_{ar}}{100\%-M_{ad}}$		$\dfrac{100\%}{100\%-M_{ad}}$	$\dfrac{100\%}{100\%-M_{ad}-A_{ad}}$
干燥基 d	$\dfrac{100\%-M_{ar}}{100\%}$	$\dfrac{100\%-M_{ad}}{100\%}$		$\dfrac{100\%}{100\%-A_d}$
干燥无灰基 daf	$\dfrac{100\%-M_{ar}-A_{ar}}{100\%}$	$\dfrac{100\%-M_{ad}-A_{ad}}{100\%}$	$\dfrac{100\%-A_d}{100\%}$	

【例 5-1】 已知某一煤样空气干燥基灰分为 8.33%，收到基水分为 5.40%，空气干燥基水分为 1.50%，请计算以收到基、干燥基表示的灰分含量。

解：已知 $A_{ad}=8.33\%$

则：$A_{ar}=\dfrac{100\%-M_{ar}}{100\%-M_{ad}}\times A_{ad}$，$A_d=\dfrac{100\%}{100\%-M_{ad}}\times A_{ad}$

$A_{ar}=\dfrac{100\%-5.40\%}{100\%-1.50\%}\times 8.33\%=8.00\%$

$A_d=\dfrac{100\%}{100\%-1.50\%}\times 8.33\%=8.46\%$

由此可知，煤中某一组分含量若以不同基准表示，会有不同的数据，不能进行相互比较。若要比较不同煤的某组分含量，必须换算为同一基准。

2. 固定碳含量计算

在煤的工业分析中，认为除水分、灰分、挥发分外的可燃性固体物是煤燃烧放热的主要成分，称为固定碳。固定碳含量越高发热量也越高，煤质越好。固定碳含量一般不是测试获得，而是通过公式计算得到。

固定碳计算公式：

$$FC_{ad} = 100\% - (M_{ad} + A_{ad} + V_{ad}) \tag{5-11}$$

式中　FC_{ad}——空气干燥煤样的固定碳含量；

M_{ad}——空气干燥煤样的水分含量；

A_{ad}——空气干燥煤样的灰分产率；

V_{ad}——空气干燥煤样的挥发分产率。

思考与交流

1. 什么是煤的工业分析？
2. 煤的水分测定方法有哪些，分别适用于什么煤样的水分测定？
3. 煤的灰分测定方法有哪些，分别如何操作？
4. 煤的挥发分测定原理是什么？
5. 如何计算煤的固定碳含量？

任务三　煤的元素分析

任务要求

1. 了解煤的元素分析项目。
2. 掌握煤中碳、氢元素测定的原理及仪器组成。
3. 掌握煤中氮元素的测定方法及原理。
4. 掌握煤中全硫的测定方法及原理。
5. 会计算煤中氧元素的含量。

煤中碳和氢元素占有机质的95%以上，煤在燃烧时产生热量，以有机物中碳和氢发出的热量最大。氧和氮在燃烧时不放热，称为惰性成分。硫在燃烧时虽然放热，但在燃烧过程中生成的二氧化硫对金属有腐蚀作用，进入大气后对其周围的植物危害大，污染空气。碳、氢、氧、氮、硫五种元素即为煤质元素分析的项目。

一、煤中碳和氢的测定

1. 方法概要

GB/T 476—2008《煤中碳和氢的测定方法》指出褐煤、烟煤、无烟煤和水煤浆中的碳和氢的含量可以用重量法（包括三节炉法、二节炉法）测定。其方法原理是取一定量的煤样于氧气流中燃烧，碳和氢分别生成二氧化碳和水，然后分别用二氧化碳吸收剂和吸水剂吸收，由吸收剂的增量计算煤中碳和氢的质量分数。煤样中硫和氯对碳测定的干扰在三节炉中用铬酸铅和银丝卷消除，在二节炉中用高锰酸银热解产物消除。氮对碳测定的干扰用粒状二氧化锰消除。

2. 碳氢测定仪介绍

碳氢测定仪由净化系统、燃烧装置和吸收系统三个部分组成，结构如图 5-6 所示。

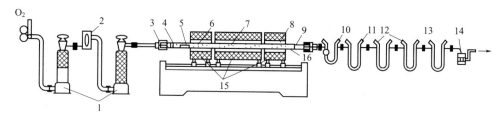

图 5-6　碳氢测定仪示意图

1—气体干燥塔；2—流量计；3—橡胶塞；4—铜丝卷；
5—燃烧舟；6—燃烧管；7—氧化铜；8—铬酸铅；9—银丝卷；
10—吸水 U 形管；11—除氮 U 形管；12—吸 CO_2 U 形管；
13—空 U 形管；14—气泡计；15—三节炉；16—保温套管

(1) 净化系统

① 气体干燥塔：两个，每个容量 500mL，前一个上部（约 2/3）装无水氯化钙（粒度 2~5mm）或无水高氯酸镁（粒度 1~3mm），下部装碱石棉。后一个装无水氯化钙或无水高氯酸镁。

② 流量计：测量范围为 0~150mL/min。

(2) 燃烧装置　由一个三节或二节管式炉及其控温系统构成，主要包括以下部件。

① 电炉：炉膛直径约 35mm。三节炉第一节长约 230mm，可加热到 (850±10)℃，并可沿水平方向移动；第二节长 330~350mm，可加热到 (800±10)℃；第三节长 130~150mm，可加热到 (600±10)℃。二节炉第一节长约 230mm，可加热到 (850±10)℃，并可沿水平方向移动；第二节长 130~150mm，可加热到 (500±10)℃。每节炉都装有热电偶、测温和控温装置。

② 燃烧管：由素瓷、石英、刚玉或不锈钢制成，内径 20~22mm，壁厚约 2mm，长约 1100~1200mm（三节炉）或 800mm（二节炉）。

③ 燃烧舟：由素瓷或石英制成，长约 80mm。

④ 橡胶塞或橡胶帽：最好用耐热硅橡胶或铜接头。

⑤ 镍铬丝钩：直径约 2mm，长约 700mm，一端弯成钩，用于取放燃烧舟。

(3) 吸收系统

① 吸水 U 形管（图 5-7）：直径约 15mm，入口端有一球形扩大部分，内装无水氯化钙或无水高氯酸镁，填装高度约 100~120mm。

② 吸 CO_2 U 形管（图 5-8）：直径约 15mm，前 2/3 装碱石棉或碱石灰，后 1/3 装无水氯化钙或无水高氯酸镁，填装高度为 100~120mm。

③ 除氮 U 形管：直径约 15mm，前 2/3 装粒状二氧化锰，后 1/3 装无水氯化钙或无水高氯酸镁，填装高度为 100~120mm。

④ 气泡计：容量约 10mL，内装浓硫酸。

3. 实验准备

(1) 净化系统　在净化系统各容器中装入相应的净化剂，然后连接好仪器，净化剂经 70~100 次使用后应进行检查或更换。

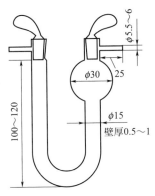
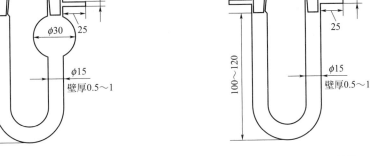

图 5-7　吸水 U 形管（单位：mm）　　　　图 5-8　吸 CO_2 U 形管（单位：mm）

（2）吸收系统　在吸收系统各容器中装入相应的吸收剂，然后连接好仪器。安装空 U 形管的目的是防止硫酸倒吸。

当出现下列现象时应更换 U 形管中的试剂：

① 吸水 U 形管中的氯化钙开始溶化并阻碍气体畅通。

② 第二个吸收 CO_2 的 U 形管一次试验后的质量增加达 50mg 时，应更换第一个 U 形管中的二氧化碳吸收剂。

③ 二氧化锰一般使用 50 次左右应更换。

上述 U 形管更换试剂后，应以 120mL/min 流量通入氧气至质量恒定后方能使用。

（3）燃烧管的填充

① 三节炉。使用三节炉时按图 5-9 填充。

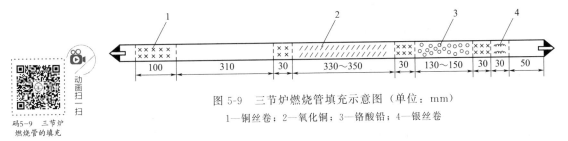

图 5-9　三节炉燃烧管填充示意图（单位：mm）
1—铜丝卷；2—氧化铜；3—铬酸铅；4—银丝卷

用直径约 0.5mm 的铜丝制作三个长约 30mm 和一个长约 100mm、直径稍小于燃烧管的铜丝卷，制得的铜丝卷既能自由插入管内又能与管内壁密切接触。

从燃烧管出气端起，留 50mm 空间，依次充填长 30mm 直径约 0.25mm 的银丝卷、30mm 长的铜丝卷、130~150mm 长的铬酸铅（与第三节炉的长度相等，使用石英管时应用铜片将铬酸铅与石英管隔开）、30mm 长的铜丝卷、330~350mm 长的线状氧化铜（与第二节炉的长度相等）、30mm 长的铜丝卷、310mm 空间和 100mm 长的铜丝卷，燃烧舟两端通过橡胶塞或铜接头分别与净化系统和吸收系统相连。橡胶塞使用前应在 105~110℃ 干燥 8h 左右。

燃烧管中的填充物（氧化铜、铬酸铅、银丝卷）经 70~100 次测定后应检查或更换。经过处理后也可重复使用，处理方法为：

氧化铜：用 1mm 孔径筛子筛去粉末。

铬酸铅：用热的稀碱液（约 50g/L NaOH 溶液）浸渍，用水洗净、干燥，并在 500~

600℃灼烧0.5h。

银丝卷：用浓氨水浸泡5min，在蒸馏水中煮沸5min，然后用蒸馏水冲洗干净并干燥。

② 二节炉。使用二节炉时按图5-10填充。

首先制成两个长约10mm和一个长约100mm的铜丝卷。再用3～4层100目的铜丝布剪成的圆形垫片与燃烧管密接，以防止粉状高锰酸银热解产物被氧气流带出，然后按图5-10装好。

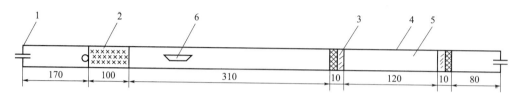

图5-10　二节炉燃烧管填充示意图（单位：mm）
1—橡胶帽；2—铜丝卷；3—铜丝布圆垫；
4—保温套管；5—高锰酸银热解产物；6—瓷舟

（4）炉温的校正　将工作热电偶插入三节炉或二节炉的热电偶孔内，使热端插入炉膛，冷端与高温计连接。将炉温升至规定温度，保温1h。然后沿燃烧管轴向将标准热电偶依次插到空燃烧管中对应于第一、第二（或第三）节炉的中心处（注意勿使热电偶和燃烧管管壁接触）。根据标准热电偶指示的温度将管式炉调节到规定温度并恒温5min，记下相应工作热电偶的读数，以后以此温度控制炉温。

（5）测定仪系统气密性检查　当仪器全部连接完成后，将所有U形管磨口塞旋开，与仪器相连。接通氧气，调节流速为120mL/min。然后关闭靠近气泡计处的U形管磨口塞，此时若氧气流量降至20mL/min以下，表明整个系统气密性良好，否则应逐个检查U形管的各个磨口塞，查出漏气处并予以解决。

注意：检查气密性时间不宜过长，以免U形管磨口塞因系统压力过大而弹开。

（6）测定仪器可靠性检查　称取0.2g标准煤样进行测定，若实测结果与标准值的差值不超过标准煤样规定的不确定度，表明测定仪可用，否则查明原因并纠正后才能进行正式测定。

（7）空白试验　将检查无问题的仪器通电升温，并接通氧气，氧气流量为120mL/min。在升温过程中将第一节炉往返移动几次，通气约20min后，取下吸收系统，将各U形管磨口塞关闭，用绒布擦净，在天平旁放置10min后称量。当第一节炉达到并保持在（850±10）℃、第二节炉达到并保持在（800±10）℃、第三节炉达到并保持在（600±10）℃后开始空白试验。

将第一节炉移至紧靠第二节炉，接通已经通气并称量过的吸收系统。在一个燃烧舟内加入三氧化钨（质量与煤样分析时相当）。打开橡胶塞，取出铜丝卷，将装有三氧化钨的燃烧舟用镍铬丝钩推至第一节炉入口处，将铜丝卷放在燃烧舟后面，塞紧橡胶塞，接通氧气并调节流量为120mL/min。移动第一节炉使燃烧舟位于炉子中心，通气23min，将第一节炉移回原位。2min后取下U形管，将U形管磨口塞关闭，用绒布擦净，在天平旁放置10min后称量，吸水U形管的质量增加即为空白值。重复上述实验，直到连续两次空白测定值相差不超过0.0010g，除氮U形管和吸CO_2U形管最后一次质量变化不超过0.0005g。取两次空白值的平均值作为当天测定氢的空白值。

4.测定步骤

(1) 三节炉法实验步骤　将第一节炉炉温控制在 (850±10)℃、第二节炉炉温控制在 (800±10)℃、第三节炉炉温控制在 (600±10)℃，并使第一节炉紧靠第二节炉。

在预先灼烧过的燃烧舟中称取粒度小于 0.2mm 的煤样 0.2g，称准至 0.0002g，并均匀铺平，在试样上铺一层三氧化钨。

接通已恒定并称量的吸收系统，并以 120mL/min 流量通入氧气，打开橡胶塞，取出铜丝卷，迅速将燃烧舟放入燃烧管，使其前端刚好在第一节炉炉口，再放入铜丝卷，塞上橡胶塞，保持氧气流量为 120mL/min。1min 后向净化系统移动第一节炉，使燃烧舟的一半进入炉子；2min 后移动炉体使燃烧舟全部进入炉子；再过 2min 使燃烧舟位于炉子中央；保温 18min 后把第一节炉移回原位。2min 后取下吸收系统，采用与前面相似的操作方法进行称量（除氮 U 形管不必称量）。第二个吸 CO_2 U 形管质量变化小于 0.0005g，计算时可忽略。

(2) 二节炉法实验步骤　用二节炉法进行碳氢测定时，第一节炉温控制在 (850±10)℃、第二节炉炉温控制在 (500±10)℃，并使第一节炉紧靠第二节炉。每次空白试验时间为 20min，燃烧舟移至第一节炉中心后保温 18min，其他操作同空白试验。进行煤样试验时燃烧舟移至第一节炉中心后保温 13min，其他操作同三节炉测定法。

5.结果计算

煤样中碳、氢的含量按式(5-12)、式(5-13) 计算。

$$\omega_{ad}(C) = \frac{0.2729 m_1}{m} \times 100\% \tag{5-12}$$

$$\omega_{ad}(H) = \frac{0.1119(m_2 - m_3)}{m} \times 100\% - 0.1119 M_{ad} \tag{5-13}$$

式中　$\omega_{ad}(C)$——空气干燥煤样中碳的质量分数；
　　　$\omega_{ad}(H)$——空气干燥煤样中氢的质量分数；
　　　m_1——吸 CO_2 U 形管质量增加值，g；
　　　m_2——吸水 U 形管质量增加值，g；
　　　m_3——水分空白值，g；
　　　m——煤样的质量，g；
　　　0.2729——二氧化碳换算为碳的换算系数；
　　　0.1119——水换算为氢的换算系数；
　　　M_{ad}——空气干燥煤样水分的质量分数。

当空气干燥煤样中碳酸盐及二氧化碳的含量大于 2% 时，应用式(5-14) 计算碳的含量。

$$\omega_{ad}(C) = \frac{0.2729 m_1}{m} \times 100\% - 0.2729 \omega_{ad}(CO_2) \tag{5-14}$$

二、煤中氮的测定

氮是煤中唯一完全以有机形态存在的元素，测定煤中的氮含量主要是为了计算煤中氧的含量、估算煤炼焦时生成氮的含量。因为煤中的氮在燃烧时转化成的氮氧化物对环境造成了一定的危害，因此环保部门也常需要了解煤中氮的含量。GB/T 19227—2008《煤中氮的测定方法》中规定使用半微量凯氏法测定褐煤、烟煤、无烟煤和水煤浆中氮的含量,半微量蒸汽法测定烟煤、无烟煤、焦炭中氮的含量。

1. 半微量凯氏法

(1) 方法概要　称取一定量的煤样,加入混合催化剂和硫酸,加热分解,氮转化为硫酸氢铵。加入过量的氢氧化钠溶液,把氨蒸出并吸收在硼酸溶液中,用硫酸标准溶液滴定,根据硫酸的消耗量计算样品中氮的含量。

实验中涉及的化学反应如下:

① 消化反应:

$$煤 + H_2SO_4 \xrightarrow{催化剂} NH_4HSO_4 + CO_2\uparrow + H_2O + SO_x + Cl_2\uparrow + H_3PO_4$$

② 蒸馏反应:

$$NH_4HSO_4 + 2NaOH \longrightarrow NH_3\uparrow + Na_2SO_4 + 2H_2O$$

③ 吸收反应:

$$NH_3 + H_3BO_3 \longrightarrow NH_4H_2BO_3$$

④ 滴定反应:

$$2NH_4H_2BO_3 + H_2SO_4 \longrightarrow (NH_4)_2SO_4 + 2H_3BO_3$$

(2) 仪器设备

① 消化装置:由加热体和加热炉组成,加热体应具有良好的导热性,一般为铝加热体,使用时四周以绝热材料缠绕。加热炉带有控温装置,能控温在350℃。消化时还要使用凯氏瓶,容积一般为50mL,消化时瓶口放一短颈玻璃漏斗。消化装置如图5-11所示。

② 蒸馏装置:实验中的蒸馏装置如图5-12所示。

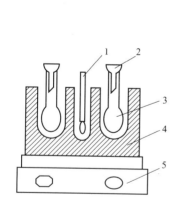

图5-11　消化装置示意图
1—温度计;2—短颈漏斗;
3—凯氏瓶;4—铝加热体;5—加热炉

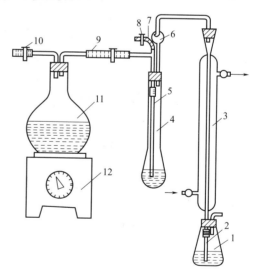

图5-12　蒸馏装置示意图
1—锥形瓶;2—玻璃管;3—直形玻璃冷凝管;4—凯氏瓶;
5—玻璃管;6—凯氏球;7,9—橡胶管;8,10—夹子;
11—圆底烧瓶;12—加热电炉

(3) 测定步骤　用擦镜纸或其他纯纤维纸称取粒度小于0.2mm的空气干燥煤样(0.2±0.01)g,称准至0.0002g。把试样包好,放入50mL凯氏瓶中,加入混合催化剂(无水硫酸钠:硫酸汞:硒粉=64:10:1,质量比)2g、浓硫酸5mL,然后放入铝加热体的孔中,并在瓶口插入一短颈玻璃漏斗。接通电源缓缓加热到350℃，保持此温度直到漂浮的黑色颗粒完全消失、溶液清澈透明为止。

将溶液冷却并用少量蒸馏水稀释后，转入250mL凯氏瓶中，用水充分洗净50mL的凯氏瓶，洗液并入250mL的凯氏瓶，最终溶液体积为100mL左右。

根据蒸馏装置示意图搭建实验装置，锥形瓶（容积250mL）中加入20mL 30g/L的硼酸溶液和2滴甲基红-亚甲基蓝混合指示剂，将玻璃管插入溶液并距瓶底约2mm。

往凯氏瓶中加入25mL混合碱溶液（370g NaOH+30g Na_2S，用水溶解并稀释至1000mL），然后通入蒸汽进行蒸馏，直至锥形瓶中流出液达到80mL左右为止（约6min），此时硼酸吸收液的颜色由紫色变成绿色。

停止蒸馏，拆下凯氏瓶，取下锥形瓶，用蒸馏水冲洗插入硼酸溶液中的玻璃管，洗液收入锥形瓶中，总体积约为110mL。用硫酸标准溶液滴定吸收液由绿色变成钢灰色即为终点。

（4）空白实验　用0.2g蔗糖代替试样重复上述测定步骤，以硫酸标准溶液滴定体积相差不超过0.05mL的2个空白值的平均值作为当天（当批）的空白值。

（5）结果计算　空气干燥煤样中氮的含量按式(5-15)计算。

$$\omega_{ad}(N) = \frac{14c \times (V_1 - V_2)}{1000m} \times 100\% \tag{5-15}$$

式中　$\omega_{ad}(N)$——煤样中氮的质量分数；

c——硫酸$\left(\frac{1}{2}H_2SO_4\right)$标准溶液的浓度，mol/L；

V_1——样品测定时消耗的硫酸标准溶液体积，mL；

V_2——空白试验时消耗的硫酸标准溶液体积，mL；

14——氮的摩尔质量，g/mol；

m——煤样的质量，g。

注：测定值和报告值均保留到小数点后两位。

2. 半微量蒸汽法

（1）方法概要　一定量的煤样在以氧化铝作催化剂和疏松剂的条件下，于1050℃通入水蒸气，试样中的氮及其化合物全部被还原成氨。生成的氨经氢氧化钠溶液蒸馏，经硼酸溶液吸收后用硫酸标准溶液滴定，根据硫酸标准溶液的消耗量计算氮的含量。

（2）仪器设备　半微量蒸汽法的试验装置如图5-13所示。

（3）试验准备

① 水解管的填充。先将1～3mm厚的硅铝酸棉填充在水解管的细颈端（出口端），放入做好的镍铬丝支架，在支架的另一端填充1～3mm厚的硅铝酸棉。

② 高温水解炉恒温区的测定。将高温水解炉及其控温装置按规定安装，并将水解管水平放在水解炉内，通电升温。待温度达到1050℃并保温10min后，按常规恒温区测定方法，测定其恒温区（1050±10）℃，记下恒温区到水解管入口端的距离。按同样方法测定450～500℃和750～800℃区域。

③ 套式加热器工作温度的确定。将一支测量范围为0～200℃的水银温度计放在套式加热器底部，周围充填硅铝酸棉。通电缓慢升温，待温度达到125℃时调节控温旋钮，使温度保持在(125±5)℃约30min，记下控温旋钮的位置，即为工作温度的控制位置。

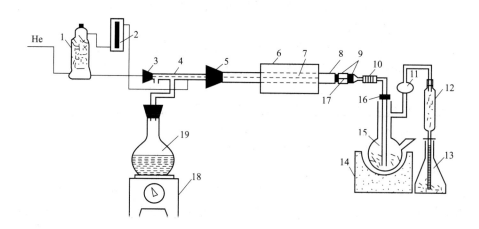

图 5-13 半微量蒸汽法装置示意图

1—气体干燥塔；2—氦气流量计；3,5—橡胶塞；4—T形玻璃管；6—高温炉；
7—石英托盘；8—水解管；9—硅酸铝棉；10—硅橡胶管；11—缓冲球；
12—蛇形冷凝管；13—吸收瓶；14—套式加热器；15—蒸馏瓶；
16—硅橡胶塞；17—镍铬丝支架；18—电炉；19—平底烧瓶

④ 水蒸气发生量的确定。在蒸汽发生装置圆底烧瓶内加入蒸馏水并与冷凝管连接，接通冷凝水。通电升温至圆底烧瓶内的蒸馏水沸腾，调节控温旋钮，使蒸汽发生量控制在流出速度为 (100~120)mL/30min，记下控温旋钮的位置，即为工作温度的控制位置。

⑤ 气密性检查。连接好装置，调节氦气流量为 50mL/min，在冷凝管出口端连接另一个氦气流量计，若氦气流量没有变化，则证明装置各部件及各接口气密性良好，可以进行测定。否则检查各个部件及其接口情况。

(4) 测定步骤 水解炉通电升温，塞紧橡胶塞，以 50mL/min 速度通入氦气。

从蒸馏瓶侧管加入 250g/L 的 NaOH 溶液 150mL，并用橡胶塞塞紧侧管口，接通冷凝管，套式加热器通电升温，并控制温度为 (125±5)℃。

当水解炉炉温升到 500℃时通入水蒸气，继续升温到 1050℃。在此温度下空蒸 30min 或待馏出物体积达 100~200mL 后再进行样品测定，每天都要如此操作。

取空气干燥煤样 (0.1±0.01)g，称准至 0.0002g，与 0.5g 氧化铝充分混合后转入瓷舟。对挥发分较高的烟煤，在混合后的试样上覆盖一层氧化铝（约为 0.3~0.5g）。

在吸收瓶中加入 20mL 硼酸溶液和 3 滴甲基红-亚甲基蓝混合指示剂，连接冷凝管出口端至液面以下。将瓷舟放入燃烧管的石英托盘上，塞紧带进样杆的橡胶塞，通入水蒸气。先将试样推到 450~500℃区域停留 5min，然后推到 750~800℃区域停留 5min，最后推到 1050℃区域停留 25min（此时溶液体积约 150mL）。

取下吸收瓶，并用水冲洗硼酸溶液中的玻璃管内外，洗液并入吸收瓶。以硫酸标准溶液滴定吸收瓶中溶液，溶液由绿色变为钢灰色为终点，根据硫酸标准溶液的消耗量计算煤中氮的含量。

实验结束后停止通入水蒸气，将托盘拉回低温区，关冷凝水、氦气，关闭所有电源开关，将蒸馏瓶内的碱液倒出，并清洗干净。

(5) 空白实验 以 0.1g 石墨代替煤样，重复上述测定步骤。以硫酸标准溶液滴定体积相差不超过 0.05mL 的 2 个空白值的平均值作为当天（当批）的空白值。

(6) 结果计算　计算方法同半微量凯氏法。

三、煤中全硫的测定

煤中硫，按其存在形态分为有机硫和无机硫两种，有的煤中还有少量的单质硫。按其在空气中能否燃烧又分为可燃硫和不可燃硫。有机硫、硫铁矿硫和单质硫都能在空气中燃烧，都是可燃硫。硫酸盐硫不能在空气中燃烧，是不可燃硫。煤中各种形态的硫的总和称为煤的全硫（S_t）。硫是煤中的一种有害元素，在煤炭燃烧、气化、焦化等工业利用途径中都会造成不同程度的危害，因此当今对煤中的全硫含量特别关注，是煤炭分析试验最主要的项目之一。GB/T 214—2007《煤中全硫的测定方法》规定可以采用艾氏卡法、库仑法、高温燃烧中和法测定褐煤、烟煤、无烟煤和焦炭中全硫的含量，其中艾氏卡法是各国通用的标准方法。

1. 艾氏卡法

(1) 方法概要　艾氏卡法是一种重量分析法，它是将煤样和艾氏卡试剂混合灼烧，煤中硫生成硫酸盐，然后使硫酸根离子生成硫酸钡沉淀，根据硫酸钡的质量计算硫的含量。

测定中涉及的化学反应如下：

① 煤样燃烧：

$$煤 + O_2 \longrightarrow SO_2 + SO_3 + CO_2 + H_2O + N_2 + \cdots$$

② 硫氧化物的转化：

$$2Na_2CO_3 + 2SO_2 + O_2 \longrightarrow 2Na_2SO_4 + 2CO_2$$
$$Na_2CO_3 + SO_3 \longrightarrow Na_2SO_4 + CO_2$$
$$2MgO + 2SO_2 + O_2 \longrightarrow 2MgSO_4$$
$$Na_2CO_3 + CaSO_4 \longrightarrow Na_2SO_4 + CaCO_3$$

③ 硫酸钡沉淀：

$$Na_2SO_4 + MgSO_4 + 2BaCl_2 \longrightarrow 2BaSO_4 + 2NaCl + MgCl_2$$

(2) 艾氏卡试剂的组成及作用　艾氏卡试剂是由 2 份质量的化学纯轻质氧化镁和 1 份质量的化学纯无水碳酸钠混合而成，并研细至粒度小于 0.2mm 后使用。使用前应在密闭容器中保存。

氧化镁因为熔点高（2800℃），当煤样与其混合于 800～850℃下灼烧时不至于熔融，使熔块保持疏松，并可防止硫酸钠熔化。熔块疏松也有利于煤样与空气充分接触，有利于溶剂对生成的硫化物的吸收。碳酸钠的作用是将煤样中的硫酸盐转化成可溶性的硫酸钠。

(3) 结果计算　空气干燥基煤中全硫的含量按公式(5-16) 计算。

$$S_{t,ad} = \frac{(m_1 - m_2) \times 0.1374}{m} \times 100\% \tag{5-16}$$

式中　$S_{t,ad}$——空气干燥煤样中全硫含量；

m_1——煤样试验中获得的硫酸钡质量，g；

m_2——空白试验中获得的硫酸钡质量，g；

0.1374——由硫酸钡换算为硫的系数；

m——煤样质量，g。

任务实施

操作 8　艾氏卡法测定煤中全硫含量

一、目的要求
1. 了解艾氏卡试剂的组成。
2. 掌握艾氏卡法测定煤中全硫含量的原理。
3. 掌握煤样的制备方法。

二、方法原理
将煤样和艾氏卡试剂混合灼烧，煤中硫生成硫酸盐，然后使硫酸根离子生成硫酸钡沉淀。根据硫酸钡的质量计算硫的含量。

三、仪器和试剂
1. 仪器

码5-10　滤纸的折叠方法

马弗炉：带温度控制装置，能升温到900℃，温度可调并可通风；
瓷坩埚：容量为30mL和10～20mL两种；
中速定性滤纸和致密无灰定量滤纸；
其他常规分析用玻璃仪器。

2. 试剂

① 艾氏卡试剂。
② 1∶1盐酸溶液：取1份盐酸加1份水溶解。
③ 100g/L氯化钡溶液：称取10g氯化钡，加水溶解后稀释至100mL。
④ 2g/L甲基橙溶液（配制方法见附录一）。
⑤ 10g/L硝酸银溶液：取1g硝酸银，用水溶解后加入几滴硝酸，然后用水稀释至100mL，贮于棕色瓶中保存。

四、测定步骤

1. 于30mL坩埚内称取粒度小于0.2mm的空气干燥煤样（1.00±0.01）g，称准至0.0002g，再称入艾氏卡试剂2g（称准至0.1g），仔细混合均匀，再用1g艾氏卡试剂覆盖。将装有煤样的坩埚移入通风良好的马弗炉中，在1～2h内从室温逐渐加热到800～850℃，并在该温度下保持1～2h。

2. 将坩埚从马弗炉中取出，冷却到室温，用玻璃棒将坩埚中的灼烧物仔细搅松捣碎（如发现有未烧尽的煤粒，应在800～850℃继续灼烧0.5h），然后移入到400mL烧杯中，用热水冲洗坩埚内壁，将洗液收入烧杯，再加入100～150mL刚煮沸的水充分搅拌。

3. 用中速定性滤纸以倾泻法过滤，用热水冲洗3次，然后将残渣移入滤纸上，用热水洗涤至少10次，使溶液体积保持在250～300mL。向滤液中滴加2滴甲基橙指示剂，加盐酸溶液（1+1）中和后，再过量2mL，使溶液显微酸性。将溶液加热到沸腾，在不断搅拌下滴加氯化钡溶液10mL，在近沸状况下保持2h，最后溶液体积保持在200mL左右。

4. 溶液静置过夜后（便于陈化），用定量滤纸过滤，并用热水洗涤至无氯离子为止（用硝酸银检验氯离子）。将带沉淀的滤纸移入已知质量10～20mL的瓷坩埚中，先在低温下灰化滤纸，然后在800～850℃的马弗炉中灼烧20～40min，取出坩埚，在空气中稍加冷却后放入干燥器中冷却至室温称量。再作检查性灼烧，每次20min，直至两次质量之差小于0.0010g时为止。

每配制一批艾氏卡试剂或更换试剂时，应进行2个以上空白实验，硫酸钡的质量之差不得大于0.0010g，取算术平均值作为空白值。

五、数据记录及处理

测定次数	1	2
煤样敲样前质量/g		
煤样敲样后质量/g		
煤样质量 m/g		
空坩埚质量/g		
灼烧恒重后空坩埚+硫酸钡质量/g		
硫酸钡的质量 m_1/g		
空白试验硫酸钡质量 m_2/g		
$S_{t,ad}$		
$S_{t,ad}$ 平均值		
计算公式	$S_{t,ad}=\dfrac{(m_1-m_2)\times 0.1374}{m}\times 100\%$	
备注		

操作人：_____ 审核人：_____ 日期：_____

六、注意事项

1. 如果用热水洗涤灼烧物发现有黑色煤粒漂浮在液面上，则本次测定作废。
2. 硫酸钡沉淀颗粒较细，过滤时注意观察是否透滤。
3. 艾氏卡法测定煤中全硫含量的重复性要求为：$S_{t,ad}<1\%$时重复性为0.05%；$1\%<S_{t,ad}<4\%$时重复性为0.10%；$S_{t,ad}>4\%$时重复性为0.20%。

【任务评价】

出勤	预习情况	实验操作	实验结果	报告书写	文明操作	总评成绩

2. 库仑滴定法

(1) 方法概要　煤样在催化剂作用下，于空气流中燃烧分解，煤中的硫生成二氧化硫并被碘化钾溶液吸收，以电解碘化钾溶液所产生的碘进行滴定，根据电解消耗的电荷量计算煤中全硫的含量。

测定中涉及的化学反应如下：

① 煤样燃烧：
$$煤+O_2 \longrightarrow SO_2+SO_3+CO_2+H_2O+N_2+\cdots$$

② 电解反应：

阳极 $\qquad 2I^- -2e \longrightarrow I_2$

阴极 $\qquad 2H^+ +2e \longrightarrow H_2$

③ 滴定反应：
$$I_2+SO_3^{2-}+H_2O \longrightarrow 2I^-+SO_4^{2-}+2H^+$$

(2) 结果计算 若库仑积分器最终显示数为硫的质量时,则全硫含量按式(5-17)计算。

$$S_{t,ad} = \frac{m_1}{m} \times 100\% \tag{5-17}$$

式中 $S_{t,ad}$——空气干燥煤样中全硫的含量;
m_1——库仑积分器显示值,mg;
m——煤样质量,mg。

3. 高温燃烧-酸碱滴定法

(1) 方法概要 煤样在催化剂作用下于氧气流中燃烧,煤中硫生成硫的氧化物(SO_2和SO_3),将此氧化物用过氧化氢吸收,均生成硫酸。用氢氧化钠标准溶液滴定生成的硫酸,根据氢氧化钠用量计算出全硫的含量。

测定中涉及的化学反应如下:

① 煤样燃烧:

$$煤 + O_2 \longrightarrow SO_2 + SO_3 + CO_2 + H_2O + N_2 + \cdots$$

② 吸收反应:

$$SO_2 + H_2O_2 \longrightarrow H_2SO_4$$
$$SO_3 + H_2O \longrightarrow H_2SO_4$$

③ 滴定反应:

$$H_2SO_4 + 2NaOH \longrightarrow Na_2SO_4 + 2H_2O$$

(2) 结果计算 高温燃烧-酸碱滴定法测定全硫含量时,按下式进行计算:

$$S_{t,ad} = \frac{(V - V_1) \times c \times 16 \times f}{m \times 1000} \times 100\% \tag{5-18}$$

式中 V——煤样测定时,氢氧化钠标准溶液的用量,mL;
V_1——空白实验时,氢氧化钠标准溶液的用量,mL;
c——氢氧化钠标准溶液的物质的量浓度,mol/L;
f——校正系数,当$S_{t,ad} < 1\%$时 $f = 0.95$,当$S_{t,ad}$为$1\% \sim 4\%$时 $f = 1.00$,当$S_{t,ad} > 4\%$时 $f = 1.05$;
m——煤样质量,g;
16——硫$\left(\frac{1}{2}S\right)$的摩尔质量,g/mol。

(3) 氯的校正 当氯含量高于0.02%或者该煤为经氯化锌减灰的精煤时应对氯进行校正。

校正方法:在氢氧化钠滴定到终点的溶液中加入10mL羟基氰化汞溶液,用硫酸标准溶液滴定到溶液由绿色变为钢灰色,记下硫酸标准溶液的用量,用式(5-19)计算全硫含量。

$$S_{t,ad} = S_{t,ad}^n \frac{c \times V_2 \times 16}{m \times 1000} \times 100\% \tag{5-19}$$

式中 $S_{t,ad}$——校正氯后的空气干燥基煤样中全硫的含量;
$S_{t,ad}^n$——未校正氯后的空气干燥基煤样中全硫的含量;
V_2——硫酸标准溶液的用量,mL;
c——硫酸标准溶液的物质的量浓度,mol/L;
m——煤样质量,g;

16——硫$\left(\dfrac{1}{2}S\right)$的摩尔质量，g/mol。

注：羟基氰化汞溶液的配制为称取约 6.5g 羟基氰化汞，溶于 500mL 蒸馏水中，充分搅拌后，放置片刻，过滤。滤液中加入 2 滴甲基红-亚甲基蓝混合指示剂，用稀硫酸中和至中性，贮存于棕色瓶中保存。此溶液应该在一周内使用。

任务实施

操作 9　高温燃烧-酸碱滴定法测定煤中全硫含量

一、目的要求
1. 熟悉管式炉的使用方法及注意事项。
2. 掌握高温燃烧-酸碱滴定法测定煤中全硫的方法原理。
3. 掌握高温燃烧-酸碱滴定法测定煤中全硫的实验操作。

二、方法原理
煤样在三氧化钨催化剂的作用下于氧气流中燃烧，煤中硫生成硫的氧化物，并捕集在过氧化氢溶液中形成硫酸，用氢氧化钠溶液滴定，根据氢氧化钠溶液的消耗量计算煤中全硫的含量。

三、仪器和试剂
1. 仪器

管式高温炉，能升温到 1200℃，附有热电偶测温和控温装置；氧气瓶及气体管路，带气体净化装置；气体流量计，测量范围 0～600mL/min；吸收管；燃烧舟，由瓷或者刚玉制成，耐温 1300℃ 以上，长约 77mm，上宽约 12mm，高约 8mm；镍铬丝钩，用直径约 2mm 的镍铬丝制成，长约 700mm，一端弯成小钩；其他滴定分析用仪器。

2. 试剂

① 过氧化氢溶液：充当吸收液，配制时取 30mL 30% 过氧化氢加入 970mL 蒸馏水中，加 2 滴甲基红-亚甲基蓝混合指示剂，用稀硫酸或稀氢氧化钠中和至溶液呈现钢灰色，此溶液应当天使用当天中和。

② 甲基红-亚甲基蓝混合指示剂（配制方法见附录一）。

③ 0.03mol/L 氢氧化钠标准溶液（配制方法见附录二）。

码5-11　吸收管的连接

码5-12　管氏炉的使用

四、测定步骤
1. 实验准备

把燃烧管插入管式炉中，使管端伸出炉口约 100mm，并接上一段长约 30mm 的硅橡胶管。将管式炉加热并稳定在 (1200±10)℃，将气体管路和吸收瓶连接好，并检查装置的气密性。

2. 测定

用量筒分别量取 50mL 已中和的过氧化氢溶液于 2 个吸收瓶中，塞上带有气体过滤器的瓶塞并连接到燃烧管的气路中，再次检查装置的气密性。

称取粒度小于 0.2mm 的空气干燥煤样 (0.2±0.01)g，称准至 0.0002g，置于燃烧舟中，并盖上一层三氧化钨。

打开氧气钢瓶开关,调节流量为350mL/min,将瓷舟用炉钩推入瓷管高温区,立即塞上橡胶塞,使煤样在该区燃烧3min,取下塞子,停止通氧气,取出瓷舟。

将吸收杯中溶液转移到锥形瓶中,并用少量蒸馏水洗涤吸收杯3次,洗涤后的溶液要并入锥形瓶中。之后在锥形瓶中加入混合指示剂3滴,用0.03mol/L NaOH 标准溶液滴定至由桃红色变为钢灰色,记下氢氧化钠标准溶液的用量。

3. 空白测定

在燃烧舟中放一薄层三氧化钨,按上述步骤测定空白值。

五、数据记录与处理

测定次数	1	2	3
煤样质量/g			
滴定管初读数/mL			
滴定管末读数/mL			
滴定管体积校准值/mL			
温度校正值/mL			
实际消耗 NaOH 值/mL			
空白试验消耗值 V_1/mL			
$S_{t,ad}$/%			
$S_{t,ad}$ 平均值/%			
相对平均偏差/%			
备注			

操作人:_____ 审核人:_____ 日期:_____

六、注意事项

1. 实验中要注意瓷舟一定要推到管式炉的高温区燃烧,否则硫酸盐中的硫不能分解出来。
2. 在钩出燃烧后的瓷舟时一定要注意安全。
3. 装置的气密性一定要好。
4. 实验中氧气的流量不能太高也不能太低。太高会使生成的硫氧化物来不及被双氧水吸收而使测定结果偏低,太低的碳酸盐分解产生的 CO_2 不易被从吸收液中驱除,使滴定终点不明确,测定结果又会偏高。

【任务评价】

出勤	预习情况	实验操作	实验结果	报告书写	文明操作	总评成绩

四、氧的计算

煤中氧元素的含量不是测定而得,而是通过式(5-20)计算得到的。

$$O_{ad}=100\%-C_{ad}-H_{ad}-N_{ad}-S_{t,ad}-M_{ad}-A_{ad} \tag{5-20}$$

当空气干燥煤样中碳酸盐及二氧化碳含量大于2%时,则:

$$O_{ad}=100\%-C_{ad}-H_{ad}-N_{ad}-S_{t,ad}-M_{ad}-A_{ad}-\omega(CO_2)_{ad} \tag{5-21}$$

式中　O_{ad}——空气干燥基煤样中氧的含量；
　　　C_{ad}——空气干燥基煤样中碳的含量；
　　　H_{ad}——空气干燥基煤样中氢的含量；
　　　N_{ad}——空气干燥基煤样中氮的含量；
　　　$S_{t,ad}$——空气干燥基煤样中全硫的含量；
　　　M_{ad}——空气干燥基煤样中水分的含量；
　　　A_{ad}——空气干燥基煤样中灰分产率；
$\omega(CO_2)_{ad}$——空气干燥基煤样中碳酸盐及二氧化碳的含量。

思考与交流

1. 什么是煤的元素分析？有什么作用？
2. 煤中碳、氢含量测定的原理是什么？三节燃烧炉和二节燃烧炉有什么区别？
3. 测定煤中氮含量时半微量凯氏法和半微量蒸汽法的原理分别是什么？
4. 什么是艾氏卡试剂？艾氏卡法测定煤中全硫含量的原理是什么？
5. 高温燃烧-酸碱滴定法测定煤中全硫含量时有哪些注意要点？

任务四　煤的发热量测定

任务要求

1. 了解煤的发热量测定意义。
2. 掌握煤的发热量种类及区别。
3. 熟悉氧弹式热量计测定发热量的原理及方法。

发热量是煤炭的重要质量指标之一，随着煤的变质程度（煤化程度）不同而不同，根据煤的发热量可以估计煤的类型，推测煤的变质程度。对于燃烧用煤来说，煤发热量的高低直接决定了它的商品价值。

一、发热量的分类

煤的发热量又称为煤的热值，是指单位质量的煤完全燃烧所放出的热量，用 Q 表示，单位为焦耳（J/g）或千焦（kJ/g）。

煤的发热量可以直接测定，也可以用工业分析的结果粗略地计算，国标 GB/T 213—2008《煤的发热量测定方法》在测定发热量时规定有以下几种表示方法。

1. 弹筒发热量

单位质量的试样在充有过量氧气的氧弹内燃烧，其燃烧产物为氧气、氮气、二氧化碳、硝酸、硫酸、液态水和固态灰时放出的热量。

2. 恒容高位发热量

单位质量的试样在充有过量氧气的氧弹内燃烧，其燃烧产物为氧气、氮气、二氧化碳、二氧化硫、液态水和固态灰时放出的热量。

恒容高位发热量即由弹筒发热量减去硝酸形成热和硫酸校正热后得到的发热量。

3. 恒容低位发热量

单位质量的试样在充有过量氧气的氧弹内燃烧，其燃烧产物为氧气、氮气、二氧化碳、二氧化硫、气态水（假定压力为 0.1MPa）和固态灰时放出的热量。

恒容低位发热量即由恒容高位发热量减去水（煤中原有的水和煤中氢燃烧生成的水）的汽化热后得到的发热量。

4. 恒压低位发热量

单位质量的试样在恒压条件下，在过量氧气中燃烧，其燃烧产物为氧气、氮气、二氧化碳、二氧化硫、气态水（假定压力为 0.1MPa）和固态灰时放出的热量。

二、发热量的测定——氧弹量热法

国标 GB/T 213—2008 规定用氧弹量热法测定煤的恒容高位发热量，并通过计算求得恒容和恒压低位发热量。该标准可用于泥炭、褐煤、烟煤、无烟煤、焦炭、碳质页岩等固体矿物燃料和水煤浆的发热量测定。

1. 方法概要

该方法是用氧弹热量计测定煤的发热量。测定时取一定量的煤样置于氧弹热量计中，在充有过量氧气的氧弹内燃烧，热量计的热容量通过在相近条件下燃烧一定量的基准量热物苯甲酸来确定。根据试样燃烧前后量热系统产生的温升，并对点火热等附加热进行校正后即可求得试样的弹筒发热量。

从弹筒发热量扣除硝酸形成热和硫酸校正热（氧弹反应中形成的水合硫酸与气态二氧化硫的形成热之差）即得恒容高位发热量。

2. 仪器设备

（1）氧弹 由耐热、耐腐蚀的镍铬或镍铬钼合金钢制成，结构如图 5-14 所示，要求能承受充氧压力和燃烧过程中产生的瞬时高压并且气密性良好。

（2）热量计 我国氧弹量热法采用的热量计有恒温式和绝热式两种，它们的量热系统都被包围在充满水的双层夹套（外筒）中，区别在于外筒的控温方法不同。绝热式热量计外筒温度能始终保持与内筒温度一致，随着内筒温度变化而变化，两筒间没有热交换。恒温式热量计是在外筒内装入大量的水，使外筒温度恒定不变，因此内外筒间有热交换，需做冷却校正，图 5-15 和图 5-16 分别展示了两种热量计的示意图。

① 内筒：也称水筒，由紫铜、黄铜或不锈钢制成，筒内装能浸没氧弹（进、出气阀和电极除外）的水。内筒中装有搅拌器以使内筒温度均匀，外表作电镀抛光处理以减少与外筒的辐射作用。内筒置于外筒中，底部有绝缘支柱支撑，与外筒间距10mm。

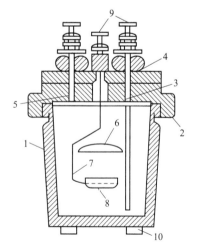

图 5-14 氧弹示意图
1—弹体；2—弹盖；3—进气管；
4—进气阀；5—排气管；6—遮火罩；7—电极柱；8—燃烧皿；
9—接线柱；10—弹脚

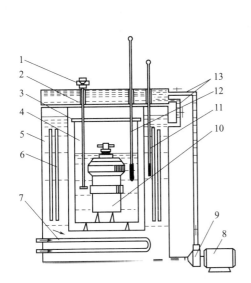
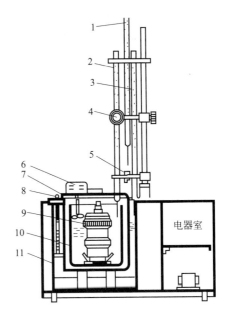

图 5-15 绝热式热量计示意图

1—内筒搅拌器；2—顶盖；3—内筒盖；4—内筒；5—绝热外筒；6—加热电极；7—冷却水盘管；8—水泵电机；9—水泵；10—氧弹；11—普通温度计；12—量热温度计；13—管路

图 5-16 恒温式热量计示意图

1—温度计；2—量热温度计；3—外筒温度计；4—读数镜；5—振荡器；6—内筒搅拌器；7—筒盖；8—外筒搅拌器；9—氧弹；10—内筒；11—外筒

② 外筒：也称水套，为金属制成的双壁容器，有上盖，外壁为圆形，内壁形状依内筒形状而定，应能完全包围内筒，并与内筒周围和底部有 10~20mm 的间距。外筒内部应电镀并高度抛光，以减少辐射作用。

③ 量热温度计：用于指示内筒水温度的变化，是热量计的核心部件，要求至少应有 0.001K 的分辨率，在它测量的每个温度变化范围内应是线性的或线性化的。常用的是玻璃水银温度计和数字显示温度计。

玻璃水银温度计又有固定测温范围的精密温度计和可变测温范围的贝克曼温度计，两者的最小分度值应为 0.01K。为了满足所需要的分辨率，需要使用 5 倍的放大镜读取温度。为防止水银柱在玻璃上的黏滞，通常需要一个机械振荡器来敲击温度计。如果没有机械振荡器，在读取温度前应人工敲击温度计。

数字显示温度计要求短期重复性不应超过 0.001K，6 个月内的长期漂移不应超过 0.05K，以保证测温的准确性。

（3）附属设备　其他附属设备有燃烧皿、点火装置、氧气提供设施、压饼机等。

3. 测定过程

称取一定量的分析煤样于燃烧皿中并放入氧弹内。

取一段已知质量的点火丝，接上仪器的两个电极柱。往氧弹中加入 10mL 蒸馏水，小心拧紧氧弹盖。从氧气钢瓶缓缓充入氧气至初压为 2.6~3.0MPa，充氧时间不得少于 30s。往内筒中加入足够的水，使氧弹盖的顶面（不包括突出的氧气阀和电极）浸入水面以下 10~20mm。每次实验时用水量与标定热容量一致（相差 1g 以内）。

码5-13　煤炭发热量的测定

把氧弹放入内筒中，如氧弹无气泡漏出表明气密性良好。把内筒放入外筒的绝缘支架上，然后接上点火电极插头，装上搅拌器和量热温度计，并盖上外筒盖子。开动搅拌器，5min后开始计时和读取内筒温度并立即通电点火，随后记下外筒温度和露出柱温度。外筒温度至少读到0.05K，内筒读到0.001K。

观察内筒温度（注意点火后20s内不要将身体的任何部位伸到热量计上方），如30s内温度急剧上升表明点火成功。点火后100s时读取一次内筒温度，读到0.01K即可。接近终点时开始按1min间隔读取内筒温度，读到0.001K。以第一个下降温度作为终点温度，读温前要开动振荡器。

停止搅拌，取出内筒和氧弹，开启放气阀，打开氧弹，仔细观察弹筒和燃烧皿内部，如果有燃烧不完全的迹象则实验作废。找出未烧完的点火丝，并量出长度，以便计算实际消耗量。

用蒸馏水充分冲洗氧弹、燃烧皿和燃烧残渣，洗液收集在一个烧杯中供测硫使用。

4. 弹筒发热量（$Q_{b,ad}$）的计算

（1）恒温式热量计

$$Q_{b,ad}=\frac{EH[(t_n+h_n)-(t_0+h_0)+C]-(q_1+q_2)}{m} \tag{5-22}$$

式中 $Q_{b,ad}$——空气干燥基煤样的弹筒发热量，J/g；
E——热量计的热容量，J/K；
H——贝克曼温度计的平均分度值，使用数字显示温度时$H=1$；
q_1——点火热，J；
q_2——添加物如包纸等产生的总热量，J；
m——煤样质量，g；
t_n——终点时的内筒温度，℃；
t_0——点火时的内筒温度，℃；
h_n，h_0——分别对应于t_n和t_0时温度计刻度校正，℃；
C——冷却校正值，℃。

（2）绝热式热量计

$$Q_{b,ad}=\frac{EH[(t_n+h_n)-(t_0+h_0)]-(q_1+q_2)}{m} \tag{5-23}$$

式中的各项意义同式(5-22)。

5. 其他发热量的计算

（1）恒容高位发热量（$Q_{gr,V,ad}$）

$$Q_{gr,V,ad}=Q_{b,ad}-(94.1S_{b,ad}+\alpha Q_{b,ad}) \tag{5-24}$$

式中 $Q_{gr,V,ad}$——空气干燥基煤样的恒容高位发热量，J/g；
$Q_{b,ad}$——空气干燥基煤样的弹筒发热量，J/g；
$S_{b,ad}$——由弹筒洗液测得的硫含量，通常用煤的全硫量代替；
94.1——硫酸生成热校正系数，J；
α——硝酸生成热校正系数，当$Q_{b,ad}\leq16.70$kJ/g时$\alpha=0.001$；当16.70kJ/g$<Q_{b,ad}\leq25.10$kJ/g时$\alpha=0.0012$；当$Q_{b,ad}>25.10$kJ/g时$\alpha=0.0016$。

（2）恒容低位发热量（$Q_{net,V,ad}$）

$$Q_{net,V,ad}=Q_{gr,V,ad}-25(M_{ad}+9H_{ad}) \tag{5-25}$$

式中　$Q_{\text{net},V,\text{ad}}$——空气干燥基煤样的恒容低位发热量，J/g；

　　　$Q_{\text{gr},V,\text{ad}}$——空气干燥基煤样的恒容高位发热量，J/g；

　　　H_{ad}——空气干燥基煤样中氢的含量；

　　　M_{ad}——空气干燥基煤样中水分的含量；

　　　25——相当于0.01g水的蒸发热，J。

（3）恒压低位发热量（$Q_{\text{net},p,\text{ad}}$）

$$Q_{\text{net},p,\text{ad}}=[Q_{\text{gr},V,\text{ad}}-212H_{\text{ad}}-0.8(O_{\text{ad}}+N_{\text{ad}})]\times(100\%-M_t)/(100\%-M_{\text{ad}})-24.4M_t \tag{5-26}$$

式中　$Q_{\text{net},p,\text{ad}}$——空气干燥基煤样的恒压低位发热量，J/g；

　　　$Q_{\text{gr},V,\text{ad}}$——空气干燥基煤样的恒容高位发热量，J/g；

　　　H_{ad}——空气干燥基煤样中氢的含量；

　　　O_{ad}——空气干燥基煤样中氧的含量；

　　　N_{ad}——空气干燥基煤样中氮的含量；

　　　M_{ad}——空气干燥基煤样中水分的含量；

　　　M_t——煤的全水分。

思考与交流

1. 什么是煤的发热量？不同类型的发热量有什么区别？
2. 氧弹式热量计组成部件有哪些？
3. 如何使用氧弹式热量计测定恒容高位发热量？

知识拓展

煤是由植物残骸经过复杂的生物化学作用和物理化学作用转变而成的。古生代的石炭纪和二叠纪，成煤植物主要是孢子植物，主要煤种为烟煤和无烟煤。中生代的侏罗纪和白垩纪，成煤植物主要是裸子植物，主要煤种为褐煤和烟煤。新生代的第三纪，成煤植物主要是被子植物，主要煤种为褐煤，其次为泥炭，也有部分年轻的烟煤。

由植物变为煤分为三个阶段：

菌解阶段，即泥炭化阶段。当植物堆积在水下被泥沙覆盖起来时，便逐渐与氧气隔绝，由厌氧菌作用促使有机质分解而生成泥炭。泥炭质地疏松、呈褐色、无光泽、密度小，可看出有机质的残体，用火柴可以点燃，烟浓灰多。

煤化作用阶段，即褐煤阶段。当泥炭被沉积物覆盖形成顶板后，便成了完全封闭的状态，细菌作用逐渐停止，泥炭开始压缩、脱水而胶结，碳的含量进一步增加，过渡成为褐煤。褐煤颜色为褐色或近于黑色，光泽暗淡，基本上无有机物残体，用火柴可以点燃，有烟。

变质阶段，即烟煤及无烟煤阶段。如果褐煤埋藏在地下较深的位置，会受到高温高压作用，使褐煤的化学成分发生变化，主要是水分和挥发分减少，含碳量相对增加。褐煤首先会煤化成黑色、有光泽、致密状的烟煤。烟煤用蜡烛可以引燃，火焰明亮，有烟。烟煤进一步变质，成为用蜡烛不能引燃、燃烧无烟的无烟煤。

素质拓展阅读

煤制天然气——清洁化能源的开发

我国85%的煤炭是通过直接燃烧使用的,高耗低效的燃烧向空气中排放出大量SO_2、CO_2和烟尘,造成了污染。在国家"贫油、少气、富煤"的能源消费格局下,面对当前大气污染防治的严峻形势,我国的煤制天然气发展备受关注。

煤制天然气的思路是劣质煤经过气化-净化-甲烷化得到清洁的合成天然气产品。作为新型煤化工的重要组成,该技术是我国煤炭清洁化利用、保障民生用气的重要方向之一,关系国家能源安全和民生发展。甲烷化技术是把煤炭变为清洁天然气的关键核心技术之一,对提高煤炭利用效率起到至关重要的作用。我国的煤制天然气项目起步于"十一五"期间,2022年8月由中国海洋石油集团有限公司下属的中海石油气电集团有限责任公司(简称气电集团)与西南化工研究设计院有限公司(简称西南院)联合研制的甲烷化催化剂在新疆庆华大型煤制天然气项目中首次实现满负荷平稳运行,甲烷浓度为61.7%,高于国外引进技术近3个百分点,标志着我国自主研制的大型煤制天然气甲烷化技术取得重大突破。

气电集团于2010年开始进行煤制天然气工艺技术和催化剂的研究,2013年联合西南院开展联合研发,历经10余年终于突破甲烷化技术开发的瓶颈,为我国煤炭清洁化利用、构建"清洁、低碳、安全、高效"能源体系作出了巨大贡献。

项目小结

煤是由古生植物经过复杂的生物化学、物理化学和地球化学作用转变而成的固体燃料,质地极不均匀,分析前采样和制样是关键步骤。采样时必须根据煤的存在状态合理确定采样单元数和子样数,根据采样规则正确布置采样点位置和每个子样采集的量。一般收集到的总样量总是超过实验需要量,因此必须对采集的样品进行正确制样以获得分析实验用的样品,制样的过程一般包括破碎、混匀、筛分和缩分。

煤的分析根据目的不同分为工业分析和元素分析。工业分析的项目有水分、灰分、挥发分的测定和固定碳的计算。水分测定法有空气干燥法、通氮干燥法、微波干燥法和甲苯蒸馏法,目前常用的是前两种方法,甲苯蒸馏法因为使用有害试剂甲苯而面临淘汰趋势。灰分的测定方法有缓慢灰化法和快速灰化法。挥发分测定时是将煤样在隔绝空气的条件下加热灼烧,测定减少的质量减去水分的质量即认为是挥发分产率。固定碳的含量是通过总量减去其他成分后计算获得。

煤的元素分析项目有煤中碳、氢、氧、氮、硫含量的测定,其中氧也是通过测定其他元素后计算而得。碳和氢的测定一般在碳氢测定仪中同时进行,其方法原理是取一定量的煤样于氧气流中燃烧,碳和氢分别生成二氧化碳和水,然后分别用二氧化碳吸收剂和吸水剂吸收,由吸收剂的增量计算煤中碳和氢的质量分数。氮的测定方法有半微量凯氏法和半微量蒸汽法,最终都是将煤中的氮转变为氨,然后经硼酸吸收后用硫酸滴定。硫的测定通用方法是艾氏卡法,其次还有库仑法和高温燃烧-酸碱滴定法。

因为煤分析时状态不同,分析结果差异较大,最常用的是将煤制备成空气干燥状态后测定,其次还有收到基、干基等状态,不同状态的结果可以相互换算。

煤的发热量也是常常面临的分析项目之一,一般用氧弹式热量计先测出弹筒发热量,然后计算出恒容高位发热量,由恒容高位发热量再计算低位发热量。

练一练测一测

1. 单选题

(1) 对某一商品煤进行采样时，以下三者所代表的煤样关系正确的是（　　）。
A. 子样＜总样＜采样单元　　　　　B. 采样单元＜子样＜总样
C. 子样＜采样单元＜总样　　　　　D. 总样＜采样单元＜子样

(2) 在煤堆中采样时应先除去（　　）米的表面层再采样。
A. 0.2　　　　B. 0.5　　　　C. 1　　　　D. 2

(3) 制备后的煤样装入煤样瓶时一般不超过煤样瓶容积的（　　）。
A. 1/2　　　　B. 2/3　　　　C. 3/4　　　　D. 4/5

(4) 以下测定项目不属于煤样的工业分析的是（　　）。
A. 水分　　　　B. 挥发分　　　　C. 总硫　　　　D. 固定碳

(5) 煤的元素分析不包括（　　）。
A. 碳　　　　B. 氢　　　　C. 氧　　　　D. 磷

(6) 煤的水分包括外在水分和内在水分，除去（　　）水分的煤称为风干煤。
A. 外在水分　　　　B. 内在水分　　　　C. 结晶水　　　　D. 游离水

(7) 在煤的灰分测定实验中，进行检查性灼烧时，每次20min直到连续两次灼烧的质量变化不超过（　　）。
A. 0.1g　　　　B. 0.005g　　　　C. 0.01g　　　　D. 0.001g

(8) 收到基煤样的灰分表示为（　　）。
A. A_{ar}　　　　B. A_{ad}　　　　C. A_d　　　　D. A_{daf}

(9) 煤中碳和氢的测定一般采用（　　）方法。
A. 滴定法　　　　　　　　　　　B. 燃烧-吸收重量法
C. 红外分光光度法　　　　　　　D. 气相色谱法

(10) 测定煤中氮含量时，将氨蒸出后用（　　）溶液吸收。
A. 盐酸　　　　B. 硫酸　　　　C. 硝酸　　　　D. 硼酸

(11) 高温燃烧中和法测定煤中全硫时用（　　）吸收二氧化硫和三氧化硫。
A. H_2O　　　　B. H_2O_2　　　　C. HCl　　　　D. NaOH

(12) 高温燃烧法测定煤中全硫时硫是转化为（　　）。
A. SO_2　　　　B. SO_3　　　　C. SO_2+SO_3　　　　D. S

(13) 库仑滴定法测定煤中全硫时用（　　）溶液吸收燃烧生成的二氧化硫。
A. H_2O_2　　　　B. KI　　　　C. I_2　　　　D. NaOH

(14) 单位质量的煤样在充有过量氧气的氧弹内燃烧，其产物为氧气、氮气、二氧化碳、硝酸和硫酸、液态水和固态灰时放出的热量称为（　　）。
A. 弹筒发热量　　　　　　　　　B. 恒容高位发热量
C. 恒容低位发热量　　　　　　　D. 恒压发热量

(15) 单位质量的煤样在充有过量氧气的氧弹内燃烧，其产物为氧气、氮气、二氧化碳、二氧化硫、气态水和固态灰时放出的热量称为（　　）。
A. 弹筒发热量　　　　　　　　　B. 恒容高位发热量
C. 恒容低位发热量　　　　　　　D. 恒压发热量

2. 判断题

(1) 煤样采取后应立即装入密封容器或袋中,送至制样室制样。( )
(2) 粒度大于 25mm 的煤样未经破碎不允许缩分。( )
(3) 甲苯蒸馏法测定煤中水分利用的是甲苯可以与水形成共沸物。( )
(4) 煤中挥发分的测定,加热时间应严格控制在 7min。( )
(5) 煤中存在于直径大于 10^{-5}cm 毛细孔中的水分为外在水分。( )
(6) 煤中水分的测定包括结晶水的含量。( )
(7) 煤中氮元素含量测定时加入铬酸酐是为了帮助试样分解。( )
(8) 煤中氮的测定方法一般采用气相色谱法。( )
(9) 煤中挥发分测定时,打开炉膛放样品后要求 3min 内炉温恢复至 900℃。( )
(10) 煤中氧元素的含量是通过计算得到的。( )

3. 填空题

(1) 制样的目的是将采集的煤样,经过_____等程序制备成能代表原来煤样的分析用煤样。
(2) 商品煤样的备查样品一般要保存_____月。
(3) 煤是由_____、_____和_____组成的。
(4) 附着在煤粒表面的水分为_____,除去外在水分的煤为_____。
(5) 氧弹量热仪测定煤的发热量时用_____校正仪器。
(6) 从弹筒发热量中扣除硝酸形成热和硫酸校正热后即得_____。

4. 计算题

(1) 称取空气干燥基煤样 1.000g,测定其空气干燥煤样水分时,失去质量为 0.0600g,请计算煤试样中的水分。

(2) 称取空气干燥煤样 1.2400g,测定其挥发分时失去质量为 0.1320g,测定灰分时残渣的质量是 0.1120g。如已知此煤中 M_{ad} 为 4.20%,则试样中挥发分、灰分和固定碳的质量分数为多少?

(3) 称取空气干燥煤样 1.0000g,测定挥发分时,失去质量为 0.2842g。已知此空气干燥煤样的水分为 2.50%,灰分为 9.00%,收到基水分为 5.40%。求收到基、空气干燥基、干燥基、干燥无灰基的挥发分和固定碳的质量分数各是多少?

(4) 空气干燥煤样 0.2000g,高温燃烧后产生的硫氧化物被 100mL 30%的过氧化氢溶液吸收后,用 0.02005mol/L 的氢氧化钠标准溶液滴定,消耗 2.35mL,则煤样中全硫的含量为多少? $M(S)=32.01$g/mol。

项目六 钢铁分析

项目引导

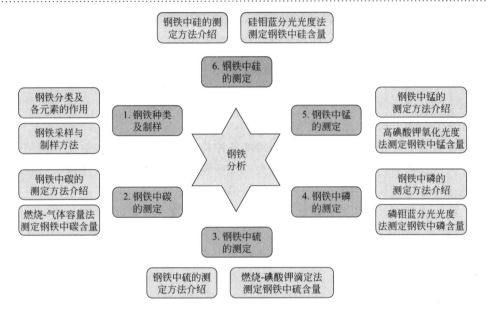

钢铁工业是国民经济的重要基础产业。钢铁是铁与碳、硅、锰、磷、硫以及少量的其他元素所组成的合金。其中除铁元素外,碳的含量对钢铁的机械性能起着主要作用,钢和铁的区别就在于碳含量的不同。钢铁分析主要是钢铁中碳、硫、磷、锰、硅五种元素和铁合金、合金钢中主要合金元素的分析。

任务一 钢铁种类及制样

任务要求

1. 了解钢和铁的区别,熟悉钢铁的种类。
2. 熟悉钢铁五元素的存在形式及对钢铁性能的影响。
3. 熟悉不同钢铁样品的采样方法。
4. 了解钢铁制样方法及常用的制样溶剂。

钢铁中除元素铁以外往往含有的杂质元素有碳、硫、磷、锰、硅（钢铁五元素），对于铁合金或合金钢来说，不同的品种常含有一定量的不同合金元素，如镍、铬、钨、钼、钒、钛等，钢铁中杂质元素的存在对钢铁的性能影响很大，其中碳、硫、磷、锰、硅被称为钢铁五元素。

一、钢铁分类及各元素的作用

1. 钢铁分类

生铁是以铁矿为原料并用焦炭在高炉中还原而得的，生铁进一步冶炼就得到钢，两者的主要区别在于含碳量的不同。通常含碳在1.7%以上称为生铁，含碳量在0.05%~1.7%称为钢。具体分类时依据杂质的化学成分种类不同，可进一步分为生铁、铁合金、碳素钢、合金钢四大类。

(1) 生铁　生铁中一般含碳2.5%~4%、锰0.5%~6%、硅0.5%~3%以及少量的硫和磷，由于其中硅和锰含量的不同，碳的存在状态也不同，生铁又可以分为铸造生铁（灰口铁）和炼钢生铁（白口铁）。

白口铁中碳以化合形式存在，剖面带暗白色，极硬且脆，难以加工，主要用于炼钢。当生铁中硅含量较高，碳以游离状态的石墨碳形式存在时，剖面带灰色，故称为灰口铁，硬度低，流动性大，便于加工，主要用于铸造。

(2) 铁合金　铁合金是含有炼钢时所需的各种合金元素的特种生铁，用作炼钢时的脱氧剂或合金元素添加剂。铁合金依据所含合金元素不同分为硅铁、锰铁、铬铁、钼铁、钨铁、钛铁、稀土合金等。其中用量最大的是硅铁、锰铁、铬铁。

(3) 碳素钢　碳素钢依其含碳量不同，分为工业纯铁（含碳量≤0.04%）、低碳钢（含碳量≤0.25%）、中碳钢（含碳量为0.25%~0.60%）、高碳钢（含碳量>0.60%）。

(4) 合金钢　为了改变钢的性能，以适应某些特殊用途，也常在上述五种元素之外，加入其他元素如镍、钨、铬、钛、钼、钒等，或者加入比一般碳素钢多的硅、锰等，这种类型的钢称为合金钢。

钢铁的分类，除了按化学成分分类外，还可以按品质、冶炼方法、用途进行分类。钢铁产品牌号的表示常须综合考虑几种分类方法，按标准用缩写符号表示，具体内容请参考国标GB/T 221—2008《钢铁产品牌号表示方法》。

2. 钢铁五元素的作用

(1) 碳　在钢中主要以化合态存在，如Fe_3C、Mn_3C等，统称为化合碳。碳在铁中主要呈现碳的固熔体，如无定形碳、退火碳、结晶形碳或石墨碳等，统称游离碳。碳是对钢性能起决定作用的元素，含碳量高则硬度增加、延性及冲击韧性降低、熔点较低，若含碳量低则相反。

(2) 硫　在钢铁中主要以MnS形式存在，部分与铁结合成FeS，钢铁中的硫通常由矿石带入。钢铁冶炼中因硫化铁熔点低，故最后凝固，位于钢的晶粒与晶粒之间。当加热压制时FeS熔化，使钢的晶粒间失去连接作用，易被压碎，称为热脆，所以硫是钢铁中的有害杂质。除热脆性外，硫能降低钢的耐磨性和化学稳定性。钢中硫的含量一般不超过0.05%，生铁含硫量较高，可达0.35%。硫在钢中易偏析，取样时需注意。

(3) 磷　在钢中主要以Fe_2P、Fe_3P及固熔体形式存在，极少量可能以磷酸盐形态存在。磷能使钢产生冷脆而使冲击韧性降低，故一般属有害元素。但含磷量高时钢的熔点低，流动性大，易于铸造，并可避免钢板轧制时粘连，所以有时特意加入磷以达到此目的。钢中磷含量通常在0.05%以下，高于0.1%的很少；炼钢生铁中磷含量小于0.3%；轧辊之类则可高达0.4%～0.5%。在钢锭中磷具有偏析倾向，取样时应注意取得代表性样品。

（4）锰 在钢铁中以MnS、MnC、FeMnSi及固熔体状态存在。锰大部分来自原料矿石，有时也在冶炼过程中有目的地加入。锰能增加钢的硬度、减弱延展性。锰含量超过1.5%时变脆，但在7%以上时，钢则具有耐磨性能。锰能使钢中FeS变成MnS，而MnS熔点较高，不在晶粒的周围生成，因而可减低硫的危害性，提高钢的机械性能。锰在冶炼过程中是良好的脱氧和脱硫剂。

（5）硅 在钢铁中主要以固熔体及FeSi、MnSi、FeMnSi等形式存在，有少部分则以硅酸盐形式存在，形成钢中的非金属夹杂物。硅一般由矿石引入，也有为特殊目的在冶炼时特意加入的。一般炼钢生铁中含硅量为0.3%～1.5%，铸造生铁含硅量达3%；钢中含硅量通常不超过1%。硅可以使钢的强度、硬度及弹性增加，硅不易与碳生成化合物并使生铁中石墨碳的比例增加。含硅稍多的铁富有流动性，易于铸造。硅又是钢的有效脱氧剂，加硅可以防止其他元素被氧化，提高了钢对氧的抵抗能力。硅也可增加钢的电阻及耐酸性。

二、钢铁采样与制样方法

1. 钢铁试样的采集

钢铁是熔炼产品，但是其组成并不均匀，这主要是在铸锭冷却时，由于其中各组分的凝固点不同而产生偏析现象，使硫、磷、碳等在锭中各部分的分布不匀。故钢或生铁的铸锭、铁水、钢水在取样时，均须按一定手续采取才能得到平均试样。

（1）生铁试样的采取和制备 铁样一般在出铁时从铁水中采取，进行成品检验时要在铁锭中取样。

① 铁锭。从一批铸铁中取样，每10t取一锭。把取得的锭块分成均匀的数组，每组中锭块不超过10个。然后在各组中取样，单独加以分析，按各组分析结果取其平均值。

如锭块是白口铁，由于其硬度大不能钻取，可用重锤敲打一块，用砂轮打光表面，再用大锤打碎，在铁块不同部位取相等的量混合成50g以上样品，放入硬质钢制的冲击钵中捣碎，直至完全通过100目筛。用垫纸的磁铁吸引铁样，轻轻敲击磁铁，弃去不被磁铁吸引的杂质，将铁样放入纸袋中，送至化验室。

灰口铁取样时，将铁块表面用砂轮打净，在出现发亮金属色泽处，用直径13～18mm的麻花钻直接钻取若干点。例如，一点垂直于铁块，其余两点在以此点为中心的对称两边钻取。最初5mm深的钻屑弃去，一般钻至距另一面5mm的地方为止（试样过厚可钻至中心）。在每份钻得的铁屑中，各取相等的量混合成50g以上。用高锰钢钵研磨至全部通过60目筛，用磁铁吸取除去杂质。测定碳含量用的钻屑要求成卷状，捣碎后通过10目筛。

② 铁水。在高炉铁水流入沟中时，用长柄铁勺在铁水流出量为全流量的1/4、1/2、3/4时从铁水流中取样三次，分别倒入铸铁模中，待凝固后制取试样，方法如上。

（2）钢样的采取和制备 炼钢生产中的炉前分析是从钢水中取样，成品检验和钢材分析需要从钢锭、钢材上取样。

① 钢材。用刨取法或钻取法采取钢样。先用钢丝刷或砂轮将表面磨净，自钢材整个横截面上沿轧制方向钻取。钻眼应沿截面均匀分布，钻孔深度大致相同。若垂直于纵轴中线取

样，其深度应达钢材轴心处。对小断面钢材的分析，钻头直径应尽可能大，至少不应小于6mm；对大断面钢材成品的分析，钻头直径不应小于12mm。

② 钢水。钢水出炉首先流入盛钢桶内，当盛钢桶倒出钢水时用取样模接取试样。模为铸铁制的带柄圆锥形，模底直径50mm，上部直径60mm，模高85mm，柄长1~2m。凝固后，从模中倒出，用冷水冷却至尚有余热，用砂轮清理表面，由试样块侧面中部垂直方向钻取。钻取时用12mm钻头。如钻屑过长，可用剪刀剪断至15mm以下。钻速也不宜过快，否则钻样时易受热，钻屑易于氧化。

码6-1 钢水取样

采取炉前试样，可用长柄铁勺，勺在使用前必须先粘上一层炉渣，否则会熔化。取样前应将炉中钢水搅匀，直接从炉中取出钢水倒入试样模，凝固后制样。也可将钢水浇铸在倾斜的钢板上，使成薄片，迅速浸入冷水中冷却、烘干、捣碎。

2. 钢铁试样的制备

钢铁试样在制备成分析检验用的溶液时主要采用酸溶解，常用的有盐酸、硫酸、硝酸。三种酸可单独使用或混合使用，混合使用时不仅能取长补短，而且往往产生新的溶解能力。此外，常用的还有磷酸、高氯酸等。一般均用稀酸而不用浓酸，以防反应过于激烈。有时为了促进溶解还可加入双氧水、氢氟酸，或者采用碱熔分解法（见项目七）。

因为大部分金属与盐酸、硝酸作用后的生成物都易溶于水，硫酸盐一般也易溶于水，且硫酸沸点高，可用于赶出易挥发的酸和脱水，所以溶解生铁及碳素钢一般采用盐酸和稀硫酸，有时须加入硝酸分解碳化物。

高氯酸在使用时要注意安全，60%~72%的热高氯酸是强氧化剂和脱水剂，如与有机物质接触会发生爆炸。高氯酸与浓硫酸混合也会爆炸，是后者使前者脱水而生成无水高氯酸所致。使用高氯酸后的通风橱，应充分通风驱尽高氯酸蒸气，并经常用水冲洗通风橱内部，定期检查通风橱木料部分是否变质，以免引起燃烧或爆炸。

溶解用酸的选择不仅决定于物质的可溶性和溶解速度的快慢，还应考虑所测定的元素、采用的分析方法及引进的离子是否有干扰等方面。

 思考与交流

1. 钢和铁的区别是什么？
2. 钢铁五元素是哪些，对钢铁性能有什么影响？
3. 如何采集钢铁样品？
4. 溶解钢铁试样时一般采用什么方法？

任务二　钢铁中碳的测定

任务要求

1. 了解钢铁中碳的存在形式。
2. 熟悉钢铁中总碳常用测定方法及原理。
3. 掌握燃烧-气体容量法测定钢铁中总碳的原理及操作。

碳是钢铁的重要元素，正是由于碳的存在，才能用热处理的方法来调节和改善钢铁的机械性能。在冶炼过程中了解和掌握碳含量的变化，对冶炼的控制有重要的指导意义。

一、钢铁中碳的测定方法介绍

钢铁中的碳主要包括化合碳和游离碳，在一般情况下是测定总碳量。在必要时利用游离碳不与热稀硝酸作用，而化合碳能溶于热稀硝酸的性质分离游离碳并测定其含量（如 GB 223.71—1997《钢铁及合金化学分析方法　管式炉内燃烧后重量法测定碳含量》）。化合碳的含量则由总碳量和游离碳的含量之差求得。

总碳量的测定方法虽然很多，但通常都是将试样置于高温氧气流中燃烧，使之转化为二氧化碳再测定，如气体容量法、吸收滴定法、吸收重量法、非水滴定法、电量法、电导法等，另外高频红外碳硫分析仪器测定碳含量也逐渐普及。

钢样在高温（1150～1250℃）下通氧燃烧，此时化合碳与游离碳均被燃烧成二氧化碳。

$$C + O_2 \longrightarrow CO_2$$
$$4Fe_3C + 13O_2 \longrightarrow 4CO_2 + 6Fe_2O_3$$
$$Mn_3C + 3O_2 \longrightarrow CO_2 + Mn_3O_4$$

生成的二氧化碳可用钢铁定碳仪测定，根据定碳仪中的吸收剂氢氧化钾吸收二氧化碳前后定碳仪的体积变化来测定总碳量的方法，称为气体容量法。由于该法操作简便，准确度高，已被列为标准方法（GB/T 223.69—2008《钢铁及合金　碳含量的测定　管式炉内燃烧后气体容量法》），并被普遍采用。如燃烧生成的二氧化碳，以氢氧化钡标准溶液吸收，用酸标准溶液回滴，即为吸收滴定法；燃烧生成的二氧化碳，以碱石棉吸收，根据其质量的增加来计算总碳含量，即为吸收重量法。

非水滴定法是发展较晚的方法，具有快速、简便、准确的特点，对低碳的测定有较高的准确度。该方法的原理是将燃烧生成的二氧化碳通入甲醇或乙醇溶液，因为甲醇或乙醇接受质子的能力比水大，故二氧化碳进入后酸性更强。滴定中使用的滴定剂是甲醇钾或乙醇钾，它们的碱性比氢氧化钾或氢氧化钠强，这两种增强使得醇钾滴定二氧化碳的突越比在水中大，满足滴定分析的要求，从而可以采用非水滴定法测定钢铁中碳的含量。

电导法是利用溶液的电导能力进行定量分析的一种方法。测定时在特定的电导池中装入一定量的能够吸收二氧化碳的电解质溶液，当导入二氧化碳后，溶液的电导率会发生变化。由于电导率的改变与导入的二氧化碳的量成正比，因此可以通过测定电导率的变化值来确定碳的含量。常用的吸收液有氢氧化钠吸收液、氢氧化钡吸收液、高氯酸钡吸收液。

二、燃烧-气体容量法测定钢铁中碳含量

1. 方法概要

燃烧-气体容量法是利用试样与助熔剂在高温管式炉内通氧燃烧，碳被完全氧化成二氧化碳，除去二氧化硫后将混合气体收集于量气管中，测量混合气体的体积。以氢氧化钾溶液吸收其中的二氧化碳，再测量剩余气体的体积，吸收前后气体体积之差即为二氧化碳的体积，通过该体积计算钢铁中碳的含量。

码6-2　燃烧-气体容量法测定钢铁中总碳含量

本法适用于生铁、铁粉、碳钢、高温合金及精密合金中碳含量的测定，测定范围为 0.10%～2.0%。

2.仪器设备

燃烧-气体容量法是使用一种专门设计的仪器钢铁定碳仪来测定试样中碳含量的方法,其结构示意图如 6-1 所示。其部分装置的作用介绍如下。

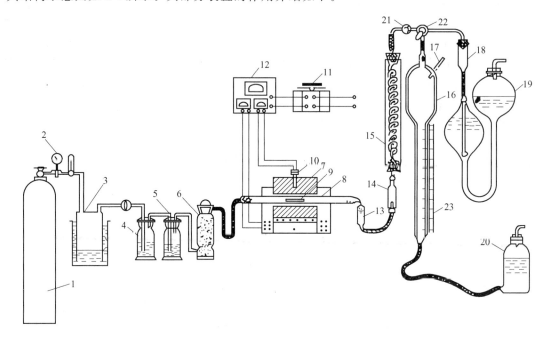

图 6-1 钢铁定碳仪示意图

1—氧气瓶;2—压力表;3—缓冲瓶;4,5—洗气瓶;6—干燥塔;7—卧式电炉;
8—瓷管;9—瓷舟;10—热电偶;11—调压变压器;12—温度指示仪;13—过滤器;
14—脱硫管;15—蛇形冷凝管;16—量气管;17—温度计;18—止逆阀;19—贮液瓶;
20—水准瓶;21—旋塞;22—三通旋塞;23—标尺

① 蛇形冷凝管:套内装冷却水,用以冷却燃烧后产生的混合气体。
② 量气管:用以测量气体的体积。
③ 水准瓶:内装酸性水溶液,配合量气管对吸收前后的气体进行体积测量。酸性水溶液为 (5+995) 的稀硫酸溶液,加几滴甲基橙或甲基红指示剂使溶液呈稳定的浅红色。
④ 吸收器:内盛 40% KOH 溶液,用以吸收混合气体中的二氧化碳。
⑤ 除硫管:内装除硫剂活性二氧化锰(粒状),其配制方法为称取硫酸

码6-3 除硫管工作原理

锰 20g 溶于 500mL 蒸馏水中,加入浓氨水 10mL,摇匀,加 90mL 过硫酸铵溶液(25%),边加边搅拌,然后加热煮沸 10min 后再滴加 1~2 滴氨水,静止至澄清。如不澄清再补加适量过硫酸铵。过滤,用氨水洗涤 10 次后用热水洗涤 2~3 次,再用硫酸 (5+95) 洗涤 12 次,最后用热水洗至无硫酸反应。于 110℃烘箱中干燥 3~4h,用筛子筛分出 20~40 目的物质保存在干燥器中备用。

3.测定数据的处理

(1)换算系数的确定 钢铁定碳仪量气管的刻度,通常是在 101.3kPa 和 16℃时按每毫升滴定剂相当于每克试样含碳 0.05% 刻制的,这个数字是根据以下计算而得的。

已知 1mol CO_2 在标准状态下所占体积为 22260mL,16℃时饱和水蒸气压力为

1.813kPa，所以在 101.3kPa 和 16℃时所占的体积可根据气态方程求出。

$$V_{16}=22260\times\frac{101.3}{101.3-1.813}\times\frac{273+16}{273}=23994(\text{mL}) \tag{6-1}$$

由于碳的原子量为 12，因此 12g 的碳生成 CO_2 的体积为 23994mL，每 1.00mL CO_2 相当碳的质量为：$\frac{12}{23994}=0.000500$（g），当试样为 1.0000g 时，每 1.00mL CO_2 相当于含碳 0.0500%。

在实际测定中如果测定时的温度、压力与量气管规定的温度、压力不一致时需要校正，即将读出的数值乘以压力温度校正系数 f。f 值可自压力温度校正系数表中查出（表 6-1），也可根据气体状态方程计算，这种计算可通过一个通用公式，将任意一个压力 p、任意一个温度 T 的体积 V_T，换算为 101.3kPa 和 16℃时的体积 V_{16}。换算公式见式(6-2)。

$$f=\frac{V_{16}}{V_T}=2.905\times\frac{p}{T} \tag{6-2}$$

式中　f——换算系数；

　　　p——测量条件下的大气压，kPa；

　　　T——测量时的热力学温度，K。

例如：在 17℃、101.3kPa 时测得气体体积为 V_{17} mL，17℃时饱和水蒸气压为 1.933kPa，则 16℃、101.3kPa 时的体积为：

$$V_{16}=V_{17}\times\frac{101.3-1.933}{101.3-1.813}\times\frac{273+16}{273+17}=0.995\times V_{17}$$
$$f=0.995$$

（2）测定结果的计算　当量气管刻度单位是 mL 时用式(6-3) 计算，如刻度单位是碳含量，则用式(6-4) 计算钢铁中碳的含量。

$$\omega(\text{C})=\frac{AVf}{m}\times 100\% \tag{6-3}$$

$$\omega(\text{C})=\frac{20Axf}{m}\times 100\% \tag{6-4}$$

式中　$\omega(\text{C})$——钢铁中碳的含量；

　　　A——用酸性水溶液作封闭液时 A 值为 0.0005000，g；

　　　V——吸收前后气体的体积差，即二氧化碳的体积，mL；

　　　f——换算系数；

　　　m——试样质量，g；

　　　x——标尺读数；

　　　20——标尺读数换算成二氧化碳体积的系数。

表 6-1　气体体积法测定钢铁中碳的压力温度校正系数表（p:kPa；t:℃）

t	p								
	91.99	92.66	93.33	93.99	94.66	95.33	95.99	96.66	97.33
10	0.932	0.938	0.945	0.952	0.959	0.966	0.973	0.980	0.986
11	0.928	0.934	0.941	0.948	0.955	0.962	0.968	0.976	0.982
12	0.923	0.929	0.937	0.943	0.951	0.957	0.964	0.971	0.978

续表

t	p								
	91.99	92.66	93.33	93.99	94.66	95.33	95.99	96.66	97.33
13	0.919	0.926	0.933	0.939	0.946	0.953	0.960	0.967	0.973
14	0.915	0.922	0.929	0.935	0.942	0.948	0.956	0.963	0.969
15	0.911	0.918	0.924	0.931	0.938	0.944	0.951	0.958	0.965
16	0.907	0.914	0.920	0.926	0.933	0.940	0.947	0.953	0.960
17	0.902	0.909	0.916	0.922	0.929	0.936	0.942	0.949	0.956
18	0.898	0.905	0.911	0.918	0.924	0.931	0.938	0.945	0.951
19	0.893	0.900	0.907	0.913	0.920	0.927	0.933	0.940	0.946
20	0.889	0.895	0.902	0.909	0.915	0.922	0.929	0.935	0.942
21	0.885	0.891	0.898	0.904	0.911	0.917	0.924	0.931	0.937
22	0.880	0.886	0.893	0.900	0.906	0.913	0.919	0.926	0.932
23	0.875	0.882	0.889	0.896	0.902	0.909	0.915	0.922	0.928
24	0.871	0.878	0.884	0.890	0.897	0.903	0.910	0.916	0.923
25	0.866	0.873	0.879	0.885	0.892	0.898	0.905	0.911	0.918
26	0.861	0.867	0.874	0.880	0.887	0.893	0.900	0.906	0.913
27	0.856	0.862	0.869	0.875	0.882	0.888	0.895	0.901	0.908
28	0.852	0.858	0.864	0.870	0.877	0.883	0.890	0.896	0.903
29	0.845	0.852	0.859	0.865	0.872	0.878	0.885	0.891	0.898
30	0.841	0.847	0.854	0.860	0.867	0.873	0.880	0.886	0.893
31	0.836	0.842	0.849	0.855	0.862	0.868	0.875	0.881	0.887
32	0.831	0.837	0.844	0.850	0.857	0.863	0.869	0.875	0.882
33	0.826	0.832	0.839	0.845	0.851	0.857	0.864	0.870	0.876
34	0.820	0.826	0.833	0.839	0.846	0.852	0.858	0.864	0.871
35	0.815	0.821	0.828	0.834	0.840	0.846	0.853	0.859	0.865
t	p								
	97.99	98.66	99.33	99.99	100.6	101.3	102.0	102.7	103.3
10	0.993	1.000	1.007	1.014	1.020	1.027	1.034	1.041	1.048
11	0.989	0.996	1.002	1.009	1.016	1.023	1.030	1.037	1.043
12	0.984	0.991	0.998	1.005	1.012	1.019	1.025	1.031	1.039
13	0.980	0.987	0.993	1.000	1.007	1.014	1.021	1.028	1.034
14	0.976	0.983	0.989	0.996	1.003	1.010	1.016	1.023	1.030
15	0.972	0.978	0.984	0.991	0.998	1.005	1.011	1.018	1.025
16	0.968	0.974	0.980	0.987	0.993	1.000	1.007	1.014	1.021
17	0.963	0.969	0.976	0.982	0.989	0.995	1.002	1.009	1.016
18	0.958	0.964	0.971	0.978	0.985	0.991	0.997	1.004	1.011
19	0.953	0.960	0.966	0.973	0.980	0.986	0.993	1.000	1.007
20	0.949	0.955	0.961	0.968	0.975	0.982	0.988	0.995	1.002

续表

t	p								
	97.99	98.66	99.33	99.99	100.6	101.3	102.0	102.7	103.3
21	0.944	0.950	0.957	0.964	0.971	0.977	0.983	0.990	0.997
22	0.939	0.946	0.953	0.958	0.965	0.972	0.978	0.985	0.992
23	0.935	0.941	0.948	0.954	0.961	0.967	0.973	0.980	0.987
24	0.930	0.936	0.943	0.949	0.956	0.962	0.968	0.975	0.982
25	0.925	0.931	0.937	0.944	0.951	0.957	0.963	0.970	0.977
26	0.920	0.926	0.933	0.939	0.945	0.952	0.958	0.965	0.971
27	0.915	0.921	0.927	0.934	0.940	0.947	0.953	0.960	0.966
28	0.909	0.916	0.922	0.929	0.935	0.942	0.948	0.955	0.961
29	0.904	0.911	0.917	0.924	0.930	0.936	0.943	0.949	0.956
30	0.899	0.905	0.911	0.918	0.924	0.931	0.937	0.944	0.950
31	0.894	0.900	0.906	0.913	0.9191	0.926	0.932	0.938	0.945
32	0.888	0.895	0.901	0.907	0.914	0.920	0.926	0.933	0.939
33	0.883	0.889	0.896	0.908	0.914	0.921	0.927	0.934
34	0.877	0.883	0.890	0.896	0.902	0.909	0.915	0.921	0.928
35	0.872	0.878	0.884	0.890	0.897	0.903	0.909	0.916	0.922

 任务实施

操作 10 燃烧-气体容量法测定钢铁中总碳含量

一、目的要求
1. 进一步熟悉管式炉的使用方法。
2. 掌握燃烧-气体容量法测定钢铁中总碳含量的方法原理。
3. 掌握燃烧-气体容量法测定钢铁中总碳含量的实验操作。

二、方法原理
试样与助熔剂在高温 1200～1350℃ 管式炉内通氧燃烧,碳被完全氧化成二氧化碳,除去混合气中的二氧化硫后用氢氧化钾溶液吸收,吸收前后体积之差即为二氧化碳体积,据此计算钢铁中的碳含量。

三、仪器和试剂
1. 仪器

钢铁定碳仪一套;瓷管,长 600mm,内径 23mm;瓷舟,长 88mm 或 97mm,使用前在 1000℃ 高温炉中灼烧 1h 以上,冷却后贮于盛有碱石灰及氯化钙的未涂油脂的干燥器中保存;镍铬丝长钩,用于推拉瓷舟进出瓷管。

2. 试剂

40%氢氧化钾溶液、活性二氧化锰、酸性水溶液、氢氧化钾-高锰酸钾溶液（1.5g KOH 溶于 35mL 4%的 $KMnO_4$ 溶液中）、碱石灰、无水氯化钙、浓硫酸、玻璃棉、锡粒。

四、测定步骤

1. 仪器安装

在两个洗气瓶中分别装入氢氧化钾-高锰酸钾溶液和浓硫酸,装入量为洗气瓶高度的 1/3。在干燥塔下层装入无水氯化钙,上层装碱石灰,中间用玻璃棉隔开,底部与顶部也铺以玻璃棉。在除硫管中装入 4g 活性二氧化锰,两端塞有脱脂棉。按照实验装置图(图 6-1)连接好仪器后在蛇形管中加入自来水,水准瓶中装入酸性水溶液,在吸收器中加入 40％氢氧化钾溶液。装上瓷管,接通电源,升温至 1200～1250℃。通入氧气,检查整个装置的管路及活塞是否漏气。

取一定量的钢样燃烧,生成的二氧化碳将管路饱和。当更换水准瓶内的封闭液、玻璃棉、除硫剂和氢氧化钾-高锰酸钾溶液后,均应先燃烧几次高碳试样,以使二氧化碳饱和后才能开始分析操作。

2. 样品测定

先称取一定量的标准钢样,根据钢铁定碳仪操作规程燃烧后测定,以检查仪器及操作。

然后准确称取一定量的钢铁试样于瓷舟中,称取量为碳含量 1.5％以下称取 0.5000～2.000g,碳含量 1.5％以上称取 0.2000～0.5000g,将钢样在瓷舟内铺匀,上面覆盖适量的助熔剂锡粒。将装好试样和助熔剂的瓷舟放入瓷管中,用长钩推至瓷管加热区的中部,立即塞紧磨口塞,预热 1min,按照钢铁定碳仪操作规程操作,记录读数。

结束后开启玻璃磨口塞,用长钩将瓷舟拉出。检查试样是否燃烧完全。如熔渣不平,熔渣断面有气孔,表明燃烧不完全,须重新称取试样测定。

3. 空白试验

取相同量的锡粒,按同样的方法操作测定其中碳的含量,并从分析结果中扣除。

五、数据记录与处理

温度/℃		
压力/kPa		
测定次数	1	2
样品质量/g		
样品测定时量气管读数		
空白试验时量气管读数		
碳含量/％		
含碳量平均值/％		
相对平均偏差％		

操作人:＿＿＿＿＿＿ 审核人:＿＿＿＿＿＿ 日期:＿＿＿＿＿＿

六、注意事项

1. 钢铁定碳仪应放在室温较正常的地方,避免阳光直射,并距离高温炉 300～500mm。

2. 燃烧完全是获得准确结果的主要条件,欲使燃烧完全必须有足够高的温度并适当控制通氧速度,并加入助熔剂。一般碳素钢及生铁的燃烧在 1150～1250℃即可。通氧速度过快过慢都不适宜,速度过快,使生成的二氧化碳没来得及全部流入量气管已被气体充满,因而使结果偏低;速度过慢浪费时间。速度不均匀,则使管内气流紊乱,可能使二氧化碳残留于燃烧管内,结果也会偏低。试样在瓷舟中要均匀铺开,以免熔化不完全。

3. 量气管内壁必须清洁，必要时用温热铬酸洗液洗涤，使壁上不挂水珠。
4. 新的燃烧管要进行通氧灼烧，以除去燃烧管中的有机物。瓷舟要进行高温灼烧后再使用。

【任务评价】

出勤	预习情况	实验操作	实验结果	报告书写	文明操作	总评成绩

思考与交流

1. 测定钢铁中总碳含量常用的方法有哪些？
2. 高温燃烧-气体容量法测定钢铁中总碳含量的原理是什么？

任务三　钢铁中硫的测定

任务要求

1. 了解硫对钢铁性能的影响。
2. 熟悉常用的测定钢铁中硫含量的方法及原理。
3. 掌握燃烧-碘酸钾滴定法测定钢铁中硫的原理及实验操作。

硫是钢铁中的有害元素，会使钢铁产生热脆性，即在钢铁热加工时产生裂纹。硫还能降低钢的力学性能，造成焊接困难和耐腐蚀性下降等不良影响，当硫超过规定范围时，在生产上要进行"脱硫"处理。

一、钢铁中硫的测定方法介绍

钢铁中硫的测定方法，按照试样分解法可分为燃烧法和酸溶解法。

1. 燃烧法

燃烧法是目前应用比较广泛的方法，该法具有简便、快速以及适用性广等特点，但缺点是硫的回收率不高，一般都低于 90%。它的基本原理是基于试样在高温下通氧燃烧，使硫转化为二氧化硫，然后加以测定。依据后面采用的测定方法不同又分为多种方法。

（1）燃烧-碘量法　燃烧产生的二氧化硫经水吸收转变成亚硫酸，然后以淀粉为指示剂，用碘标准溶液或碘酸钾标准溶液滴定，其化学反应为：

$$SO_2 + H_2O \longrightarrow H_2SO_3$$
$$H_2SO_3 + I_2 + H_2O \longrightarrow H_2SO_4 + 2HI$$

或　　　　$$3H_2SO_3 + KIO_3 + 5KI + 6HCl \longrightarrow 3H_2SO_4 + 6KCl + 6HI$$

过量的碘被淀粉（$C_{24}H_{40}O_{20}$）吸附，生成蓝色的吸附配合物，终点颜色即为蓝色。该方法的吸收剂为加入少量碘化钾的淀粉水溶液，加入的碘化钾是为了提高终点的灵敏度，如果无碘化钾存在则不会生成蓝色的淀粉吸附配合物。

(2) 燃烧-酸碱滴定法　该方法是用少量的过氧化氢水溶液吸收生成的二氧化硫，使生成的亚硫酸立即被氧化成硫酸，然后用氢氧化钠标准溶液滴定。该方法与燃烧-酸碱滴定法测定煤中硫含量相似。方法的优点为：

① 不存在亚硫酸分解而造成二氧化硫逸出的问题。
② 由于是典型的强碱滴定强酸的反应，终点相当敏锐。
③ 若燃烧过程中有三氧化硫产生也能被滴定。
④ 对滴定速度没要求，适合于碳、硫联合测定。

(3) 燃烧-分光光度法　该方法又分为两种。一种是利用二氧化硫与碘反应可以使碘褪色，从而将生成的二氧化硫通入蓝色的碘-淀粉溶液中，通过测定蓝色消褪的量就可测定二氧化硫的含量，该方法称为直接褪色法。另一种方法是将燃烧生成的二氧化硫用 0.1mol/L 的氯化汞酸钠溶液吸收，在甲醛的作用下生成羟基甲基磺酸，羟基甲基磺酸会与褪色品红作用，生成紫红色的化合物，通过测定该物质对光的吸收从而可测定二氧化硫的含量，该方法是目前测定硫最灵敏的方法之一，可测 0.0001% 的微量硫。

(4) 燃烧-电导法　将燃烧生成的二氧化硫导入特定的电导池中，以含有氧化剂如重铬酸钾、双氧水、碘的水溶液吸收，此时硫转变为硫酸。由于溶液中氢离子浓度增加，而使电导率发生变化。电导法适合于微量硫的测定，方法快速，但需要专用的电导仪器，且对蒸馏水的要求高。

(5) 燃烧-库仑法　该方法是用硫酸钠-过氧化氢溶液吸收生成的二氧化硫，吸收反应为：

$$Na_2SO_4 + H_2O_2 + SO_2 \longrightarrow Na_2SO_4 + H_2SO_4$$

硫酸的生成使溶液的 pH 发生变化，通过脉冲电解、计数电解脉冲、数字显示得到硫的含量。

库仑法有较高的灵敏度和良好的重现性，并有很高的精确度，适用于微量硫的标准分析和仲裁分析。

(6) 燃烧-红外吸收法　该方法是利用二氧化硫对红外光有很好的吸收作用，通过测定燃烧气体中二氧化硫的红外吸收光谱来进行测量的方法。目前已有碳硫红外测定仪，该类仪器自动化程度较高，分析速度也快，适合于炉前快速分析，具体内容可参考 GB/T 20123—2006《总碳硫含量的测定　高频感应炉燃烧后红外吸收法（常规方法）》。

2. 酸溶解法

该方法是将试样用酸溶解后，加入强氧化剂使硫完全氧化成硫酸根，根据后续测定方法的不同又分为以下几种方法。

(1) 硫化氢法　该方法是在生成的硫酸根溶液中加入还原剂，使硫酸根中的硫还原为硫化氢，然后用蒸馏的方法将硫化氢导出，再用亚甲基蓝分光光度法测定。该方法对硫的回收率可达 98% 以上，缺点是操作比较麻烦、分离时间长。

(2) 氧化铝色谱分离-硫酸钡重量法　该方法用王水溶解试样，并加溴水使硫转变成可溶性的硫酸盐，然后加入高氯酸加热冒烟，使硅酸、钨酸、铌酸等脱水，过滤除去。将滤液通过氧化铝色谱柱，硫酸根被吸附在色谱柱上而与绝大多数金属离子分离。色谱柱上的硫酸根用氨水洗脱，洗脱液调节酸度后加氯化钡沉淀，通过测定硫酸钡沉淀的质量从而测定硫的含量。本法适用于硫含量在 0.02% 以上的硫的测定。

二、燃烧-碘酸钾滴定法测定钢铁中硫含量

燃烧-碘酸钾滴定法测定钢铁中硫是一种经典的分析方法，GB/T 223.68—1997《钢铁

及合金化学分析方法 管式炉内燃烧后碘酸钾滴定法 测定硫含量》中用该方法测定铁、钢、高温合金和精密合金中 0.0030%～0.20%范围的硫含量。

1. 方法概要

试样与助熔剂在高温（1250～1350℃）管式炉中通氧燃烧，硫被完全氧化成二氧化硫，用酸性淀粉溶液吸收并以碘酸钾溶液滴定。根据消耗的碘酸钾溶液的体积，计算硫含量。

2. 仪器设备

测定的仪器设备为燃烧-碘酸钾滴定法测硫装置，其大部分结构与燃烧-气体容量法测定钢铁中总碳装置相似，具体见图 6-2。

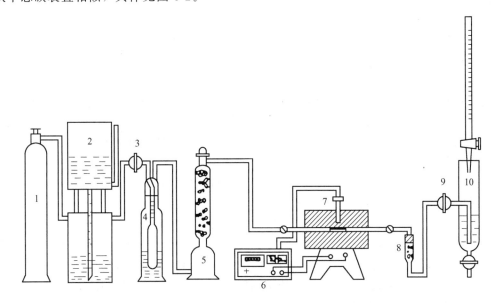

图 6-2 燃烧-碘酸钾滴定法测硫装置示意图
1—氧气瓶；2—贮气筒；3—第一道活塞；4—洗气瓶；5—干燥塔；
6—温控仪；7—卧式高温炉；8—除尘管；9—第二道活塞；10—吸收杯

该装置中的吸收杯是专用仪器，有低硫吸收杯和高硫吸收杯。硫含量低于 0.01% 时用低硫吸收杯，否则用高硫吸收杯，装置中的其他各部件的使用见燃烧-气体容量法测定钢铁中碳部分的介绍。

3. 结果计算

根据滴定过程中消耗的碘酸钾标准溶液的量，用式(6-5)可计算出钢铁中硫的含量。

$$\omega(S) = \frac{T(V-V_0)}{m} \times 100\% \tag{6-5}$$

式中 $\omega(S)$——钢铁中硫的含量；

T——每毫升标准溶液相当于硫的百分含量，由已知硫含量的标准钢样在同样条件下对标准溶液进行标定而得，g/mL；

V——试样消耗标准溶液的体积，mL；

V_0——空白试验消耗标准溶液的体积，mL；

m——试样质量，g。

操作 11　燃烧-碘酸钾滴定法测定钢铁中硫含量

一、目的要求
1. 进一步熟悉管式炉的使用方法。
2. 掌握燃烧-碘酸钾滴定法测定钢铁中硫含量的方法原理。
3. 掌握燃烧-碘酸钾滴定法测定钢铁中硫含量的实验操作。

二、方法原理
试样与助熔剂在高温（1250～1350℃）管式炉中通氧燃烧，硫被氧化成二氧化硫，用酸性淀粉溶液吸收并以碘酸钾溶液滴定。根据消耗的碘酸钾溶液的体积，计算硫含量。

三、仪器和试剂

1. 仪器
气体钢瓶及净化装置一套；管式燃烧炉；吸收杯；瓷管，长 600mm，内径 23mm；瓷舟，长 88mm 或 97mm，使用前在 1000℃高温炉中灼烧 1h 以上，冷却后贮于盛有碱石灰及氯化钙的未涂油脂的干燥器中保存；镍铬丝长钩，用于推拉瓷舟进出瓷管。

2. 试剂
（1）淀粉吸收液　称取 10g 可溶性淀粉，用少量水调成糊状，加入 500mL 沸水，搅拌，煮沸 1min 后取下，冷却后加 3g 碘化钾、500mL 水及 2 滴浓盐酸，搅拌均匀后静置澄清。使用时取 25mL 上层清液，加 15mL 浓盐酸，用水稀释至 1000mL，混匀。

（2）碘酸钾标准溶液　称取 0.3560g（准确至±0.1mg）基准碘酸钾试剂，用水溶解后，加 1mL 100g/L 的 KOH 溶液，准确稀释至 1L，摇匀，配制浓度为 0.01000mol/L 标准贮备液。当测定硫含量小于 0.010% 的钢铁时使用浓度为 0.00025mol/L 的滴定液，当测定硫含量大于 0.010% 的钢铁时使用浓度为 0.001mol/L 的滴定液。两种滴定液配制时分别取标准贮备液 25mL 或 100mL，加 1g KI 并用水稀释至 1L 即可。

配制的滴定液都要对浓度进行标定，方法是称取三份标准钢样，重复钢样的测定方法，测定标准钢样消耗的碘酸钾标准溶液的体积用量，计算滴定度。

（3）助熔剂　助熔剂可以用锡粒，也可以用 3∶4 的二氧化锡和还原铁粉的混合物，或者 3∶1 的五氧化二钒和还原铁粉的混合物。

四、测定步骤

1. 装置检查
按照要求安装好仪器设备，在吸收杯中加入适量吸收液（低硫吸收杯加 20mL 吸收液，高硫吸收杯加 60mL 吸收液），装上瓷管，接通电源，升温至 1250～1350℃。通入氧气，其流量调节为 1500～2000mL/min，用碘酸钾标准溶液滴定至淀粉吸收液显浅蓝色，此为终点色泽，关闭氧气。检查整个装置的管路及其活塞是否漏气，若不漏气则可进行实验。

2. 空白实验
在瓷舟中加入与试样测定时用量相同的助熔剂，通氧燃烧，测定碘酸钾的消耗量，直至空白试验数值稳定为止。

3. 样品测定
打开硅橡胶塞，将装好试样和助熔剂的瓷舟，放入瓷管中，用长钩推至瓷管高温处，立即塞紧塞子，预热 30s（铁、碳钢、低合金钢）或 1min（中高合金钢、高温合金、精密合金）后通氧燃烧。将燃烧后的气体导入吸收杯，待淀粉吸收液的蓝色开始褪色，立即用碘酸钾标准溶液滴定。滴定速度以使液面保持蓝色为佳，褪色速度变慢时滴定速度也应降低，直至吸收液色泽与起始色泽一致。当间歇通氧三次色泽仍不变即为滴定终点，读取碘酸钾的消耗体积。

关闭氧气，打开橡胶塞，取出瓷舟，检查试料是否燃烧完全。如熔渣不平，熔渣断面有气孔，表明燃烧不完全，应重新称取试料测定。

五、数据记录与处理

实验数据记录如下，数据处理按式（6-5）进行。

标准溶液滴定度 T：＿＿＿＿＿＿　　空白值 V_0：＿＿＿＿＿＿

试样消耗体积 V：＿＿＿＿＿＿　　试样质量 m：＿＿＿＿＿＿

钢铁中硫含量：＿＿＿＿＿＿

六、注意事项

1. 试样务必稀薄。试样过厚燃烧不完全，过于蓬松会使燃烧时热量不集中，都使测定结果偏低。
2. 试样不得有油污，测定前应用乙醚等溶剂清洗干燥后再测定。
3. 炉管与吸收杯之间的管路不宜过长，除尘管内的粉尘应经常清扫，以减少对样品的吸附损失。
4. 硫的燃烧反应一般很难进行完全，存在一定的系统误差，应选择和试样同类型的标准钢样标定标准溶液，消除方法的系统误差。
5. 滴定速度要控制适当，当发现吸收杯上方有较大的二氧化碳白烟时应准备滴定，防止二氧化硫逸出造成误差。

【任务评价】

出勤	预习情况	实验操作	实验结果	报告书写	文明操作	总评成绩

思考与交流

1. 燃烧法与酸溶解法测定钢铁中硫时有什么区别？
2. 燃烧-碘量法与燃烧-酸碱滴定法测定钢铁中的硫有什么异同点？
3. 什么是氧化铝色谱分离-硫酸钡重量法？

任务四　钢铁中磷的测定

 任务要求

1. 了解钢铁中磷的测定方法及原理。
2. 掌握氯化亚锡还原-磷钼蓝分光光度法测定磷的原理及操作。

磷通常由钢铁冶炼原料带入，通常是钢铁中的有害元素，会造成钢铁的"冷脆性"。但在某些情况下利用磷与硫、锰结合可改善钢材的切削性能，提高钢材的抗腐蚀性。利用磷的脆性可冶炼炮弹钢，提高爆炸威力，故有时会人为地往钢铁中加入磷。

一、钢铁中磷的测定方法介绍

钢铁中磷的测定方法很多，一般都是使磷转化为磷酸，然后采用重量法、酸碱滴定法或分光光度法测定。

1. 重量法

（1）磷钼酸铵法　在强酸性介质中，磷酸与过量的钼酸铵形成磷钼酸铵沉淀，于110℃干燥后，近似组成为$(NH_4)_3P(Mo_3O_{10})_4$，或者在400~500℃灼烧为$P_2O_5 \cdot 24MoO_3$，两者均可作为称量形式。由于沉淀的组成受沉淀条件影响较大，结果往往偏高。只适用于少量磷的测定。

（2）磷酸铵镁法　本法是利用在氨性溶液中，磷酸根与镁离子、铵离子反应生成六水合磷酸铵镁沉淀，于1000~1100℃灼烧得焦磷酸镁，反应如下：

$$PO_4^{3-} + Mg^{2+} + NH_4^+ + 6H_2O \longrightarrow MgNH_4PO_4 \cdot 6H_2O \downarrow$$

$$2(MgNH_4PO_4 \cdot 6H_2O) \xrightarrow{\triangle} Mg_2P_2O_7 + 2NH_3 \uparrow + 13H_2O$$

该法合适的酸度为pH=10.5，若pH过高则铵离子易成为氨分子，不利于磷酸铵镁沉淀的生成。若pH过低则磷酸根易转变成磷酸氢根，进而形成磷酸氢镁沉淀，该沉淀溶解度比磷酸铵镁大，使测定结果偏低。由于沉淀反应是在氨性溶液中进行，干扰元素较多。

（3）二安替比林甲烷-磷钼酸重量法　该方法是加酸使试样溶解后，在0.24~0.60mol/L盐酸溶液中加二安替比林甲烷-钼酸钠混合沉淀剂，形成二安替比林甲烷磷钼酸沉淀$(C_{23}H_{24}N_4O_2)_3 \cdot H_3PO_4 \cdot 12MoO_3 \cdot 2H_2O$。过滤洗涤后烘至恒重，用丙酮-氨水溶解沉淀，再烘至恒重，由失重量求得磷量。该方法沉淀分子量大、烘干温度低，选择性好，在GB 223.3—88《钢铁及合金化学分析方法　二安替比林甲烷磷钼酸重量法测定磷量》中被列为生铁、铁粉、碳钢、合金钢、高温合金中磷量的测定方法，测定范围为0.01%~0.80%。目前该法仍然是合金钢、生铁中磷含量测定的标准方法之一。

2. 酸碱滴定法

酸碱滴定法主要有磷钼酸铵酸碱滴定法、磷钼酸喹啉酸碱滴定法，这两种方法的原理与磷肥中磷的测定相似。与磷钼酸铵法相比，磷钼酸喹啉酸碱滴定法反应完全、干扰少，广泛用于常量磷的测定。两种方法的详细内容见项目四。

3. 分光光度法

绝大多数测定磷含量的光度法都是以杂多酸的形成为基础的。杂多酸是一类特殊的多酸型配合物，"多"是指这类配合物分子中含有两个或更多的酸酐，"杂"是指这些酸酐种类不同。分析上应用较多的是以H_3PO_4为中心体，接受若干个钼酸酐配体而形成的磷钼杂多酸，通式为$H_3[P(Mo_3O_{10})_4]$。其中酸度和钼酸根的浓度是形成杂多酸的两个重要因素，二者相互制约。

分光光度法是冶金分析中测定磷的主要方法，又包括直接分光光度法和萃取分光光度法。萃取分光光度法的灵敏度和选择性都比直接分光光度法高，但使用的有机溶剂会污染环境并损害人的健康，操作又比较烦琐、费时，目前只用于标准分析中。

(1) 铋磷钼蓝分光光度法　该方法是 GB/T 223.59—2008《钢铁及合金　磷含量的测定　铋磷钼蓝分光光度法和锑磷钼蓝分光光度法》中采用的测定生铁、铸铁、铁粉、碳素钢、低合金钢、合金钢中磷含量的方法，磷含量的测定范围为 $0.005\%\sim0.300\%$。

该方法的原理是试样经酸溶解后，加高氯酸并加热至出现高氯酸烟，使试样中的磷全部氧化为磷酸，然后在硫酸介质中，磷与铋、钼酸铵形成黄色配位化合物。用抗坏血酸将铋磷钼黄还原为铋磷钼蓝，在分光光度计上于 700nm 处测量吸光度，用工作曲线法测定磷的含量。显色液中存在 $150\mu g$ 钛、10mg 锰、2mg 钴、5mg 铜、0.5mg 钒和铬（Ⅲ）、10mg 镍等，对测定无影响。砷对测定有严重的干扰，可在处理试样时用氢溴酸除去。

(2) 锑磷钼蓝分光光度法　该方法也是 GB/T 223.59—2008 中采用的测定生铁、铸铁、铁粉、碳素钢、低合金钢、合金钢中磷含量的方法，磷含量的测定范围为 $0.01\%\sim0.06\%$。此方法的原理是磷在硫酸介质中与锑酸铵、钼酸铵生成黄色配位化合物，用抗坏血酸将锑磷钼黄还原为锑磷钼蓝，在分光光度计上于 700nm 处测量吸光度，计算磷的含量。

在显色液中存在 $50\mu g$ 铈，$200\mu g$ 锆和硅，$600\mu g$ 铜、钛和钒，10mg 锰，20mg 镍和铁，都不干扰测定。砷用氢溴酸、盐酸除去。钨、铌对测定有干扰。

(3) 磷钼蓝分光光度法　该方法是在适当的酸度和钼酸铵浓度下，磷酸转变成磷钼杂多酸，然后用还原剂如氟化钠-氯化亚锡、抗坏血酸、硫酸肼等将其还原成磷钼蓝，该还原产物对 735nm 的光有较强吸收，摩尔吸光系数为 $1.8\times10^5 L/(mol\cdot cm)$。该方法简单、快速，是目前日常分析中的主要方法。

近年来，磷钼杂多酸碱性染料分光光度法发展迅速，表面活性剂的引入对提高方法的稳定性和扩大应用范围起到了较大作用。这些方法有罗丹明 B-磷钼杂多酸-聚乙烯醇体系、结晶紫-磷钼杂多酸-吐温 20 体系等，具体内容读者可查阅相关资料。

二、磷钼蓝分光光度法测定钢铁中磷含量

1. 方法概要

试样用硫酸-硝酸混合酸溶解，钢铁中的磷会分解成磷酸和亚磷酸，用过硫酸铵或高锰酸钾将亚磷酸处理成磷酸。在酸性溶液中，磷酸与钼酸生成黄色的磷钼杂多酸，然后用氯化亚锡或抗坏血酸、硫酸亚铁等将其还原成蓝色的磷钼蓝，反应方程式为：

码6-4　磷钼蓝分光光度法测定钢铁中磷含量

$$H_3PO_4 + 12H_2MoO_4 \longrightarrow H_7[P(Mo_2O_7)_6] + 10H_2O$$

$$H_7[P(Mo_2O_7)_6] \xrightarrow{还原} H_7\left[P\begin{matrix}(Mo_2O_5)\\(Mo_2O_7)\end{matrix}\right]$$

可以在 735nm 测定还原生成的磷钼蓝的吸光度，利用工作曲线法测定其中磷的含量。

2. 实验试剂

混合酸：每升含硫酸 50mL、硝酸 8mL 的水溶液。

过硫酸铵溶液：质量浓度为 30% 的水溶液。

硫酸溶液：1+1。

亚硫酸钠溶液：质量浓度为 10% 的水溶液。

氟化钠溶液：质量浓度 2.4% 的水溶液。

钼酸铵-酒石酸钾钠溶液：每升含钼酸铵、酒石酸钾钠各 90g 的水溶液。

氯化亚锡溶液：20%的甘油溶液（甘油溶液可用半年）。

氟化钠-氯化亚锡混合溶液：取氟化钠溶液100mL，加氯化亚锡溶液1mL，使用前配制。

3. 测定过程

称取0.5g钢样，加混合酸85mL、过硫酸铵4mL，通风橱中加热溶解，再加过硫酸铵4mL，煮沸2min（此时应有二氧化锰析出），加亚硫酸钠溶液2mL，煮沸还原二氧化锰并分解过量的过硫酸铵。冷却，定量转移入100mL容量瓶，用水稀释至刻度线，摇匀。

吸取试液10.00mL于100mL容量瓶中，加入（1+1）硫酸1.0mL、亚硫酸钠溶液1.0mL，煮沸，取下立即加钼酸铵-酒石酸钾钠溶液5.0mL、氟化钠-氯化亚锡溶液20.0mL，放置3～6min，然后于冷水浴中冷却至室温，用水稀释至刻度线，摇匀。用1cm比色皿以水为参比在735nm波长处测定其吸光度。

取不同浓度的磷标准溶液，重复上述操作测定其吸光度，绘制工作曲线。

码6-5 工作曲线法的原理

4. 结果计算

试样中的磷按式(6-6)计算。

$$\omega(P) = \frac{m_1 \times 10^{-6}}{m \times \frac{10.00}{100.00}} \times 100\% \tag{6-6}$$

式中 $\omega(P)$——钢铁中磷的含量；

m_1——由工作曲线上查出的磷量，μg；

m——试样质量，g。

5. 注意事项

① 溶解钢样时不能单独使用硫酸或盐酸，否则磷会生成气态磷化氢而挥发损失。加入硝酸的目的是抑制磷化氢的生成。加热温度不宜过高、时间不宜过长，以免溶液蒸发过多而影响酸度。

② 当硅含量较高时会生成少量的硅钼酸并被还原成硅钼蓝，干扰测定。加入酒石酸钾钠可以使其生成稳定的配合物而不生成硅钼杂多酸，从而消除干扰。

③ 铁对测定有干扰，加入氟化钠可使铁形成稳定的配合物，从而抑制铁与氯化亚锡的反应，氟离子又可以与反应生成的四价锡配合，从而增强氯化亚锡的还原能力。

④ 氯化亚锡的量要合适。如其浓度太低，钼黄还原不完全，导致生成的钼蓝不稳定。浓度太高显色后的吸光度值随时间增大而增大，达到最高值后又会逐渐降低。

⑤ 酸度控制非常重要，酸度影响磷钼配离子的形成。一般显色酸度控制在1.6～2.7mol/L，还原酸度控制在0.8～1.1mol/L。

思考与交流

1. 钢铁中磷的测定方法有哪些？
2. 什么是杂多酸？
3. 磷钼蓝分光光度法测定磷的原理是什么？实验中要注意哪些问题？

任务五 钢铁中锰的测定

任务要求

1. 了解锰对钢铁性能的影响。
2. 熟悉常用的测定钢铁中锰的方法及其原理。
3. 掌握高碘酸钾氧化分光光度法测定锰的原理及实验操作。

锰几乎存在于一切钢铁中,是钢铁五元素之一。它与氧、硫有较强的结合能力,是良好的脱氧剂和脱硫剂,能降低钢的热脆性,使钢铁的硬度和强度增加,提高钢铁的热加工能力。但锰含量过高时有使钢精粒粗化的倾向,并增加钢的回火脆敏感性,冶炼浇铸和锻轧后冷却不当时会产生白点。在铸铁过程中锰含量过高时缩孔倾向加大,在强度、硬度、耐磨性提高的同时,塑性、韧性有所降低。

一、钢铁中锰的测定方法介绍

锰有从+1价～+7价的7种价态,分析上利用的主要是它的+2价、+3价、+4价、+7价形态物质,少数情况下也使用到+6价形态。钢铁中锰的测定方法主要是滴定分析法和分光光度法。

1. 滴定分析法

滴定分析法是将试样溶于稀酸,锰转变成锰(Ⅱ),然后选择合适的氧化剂使之转变成锰(Ⅶ)、锰(Ⅳ)或锰(Ⅲ),然后选择合适的滴定分析法测定。

(1) 三价锰法——硝酸铵氧化滴定法 国标 GB/T 223.4—2008《钢铁及合金 锰含量的测定 电位滴定或可视滴定法》提出用硝酸铵氧化滴定法测定钢铁及合金中的锰含量,锰含量的测定范围为 2%～25%。

方法的原理是试样经酸溶解后,在磷酸微冒烟的状态下,用硝酸铵将锰(Ⅱ)定量氧化成锰(Ⅲ),生成稳定的 $[Mn(PO_4)_2]^{3-}$ 或 $[Mn(H_2P_2O_7)_3]^{3-}$ 配阴离子,以 N-苯代邻氨基苯甲酸为指示剂,或者用电位法指示终点,用硫酸亚铁铵标准溶液滴定至亮绿色为终点。实验中铈、钒对测定有干扰,如果铈含量大于 0.01% 或者钒含量大于 0.005% 须进行校正。

(2) 四价锰法 该方法是在硝酸溶液中,以氯酸钾、溴酸钾等将锰(Ⅱ)定量氧化成水合二氧化锰沉淀,将沉淀过滤洗涤后溶于已知过量的草酸、硫酸亚铁铵中,过量的草酸或硫酸亚铁铵用高锰酸钾标准溶液滴定,或者将二氧化锰沉淀溶于碘化钾溶液中,反应产生的碘用硫代硫酸钠标准溶液滴定。该方法由于涉及沉淀分离、洗涤等烦冗操作,很少被采用。

(3) 七价锰法 该方法是在酸性溶液中,采用强氧化剂如铋酸钠、高碘酸钾、过硫酸铵等将锰(Ⅱ)定量氧化成 MnO_4^-,再用还原剂滴定生成的 MnO_4^-,或加入过量的还原剂与生成的 MnO_4^- 反应后,剩余的还原剂用高锰酸钾标准溶液返滴定。此法很早即开始使用,如今仍是测定锰的主要方法。

以铋酸钠作氧化剂,反应可在室温下迅速完成,不必引入磷酸,适用于大量锰的氧化,但过量铋酸钠必须于滴定前过滤除去,手续烦琐。

以高碘酸钾作氧化剂，反应需在适量磷酸存在下加热进行，过量的高碘酸钾及其还原产物碘酸钾均干扰后续测定，需加入汞（Ⅱ）除去干扰，但效果不理想。

用过硫酸铵作氧化剂，反应须在适量的磷酸及催化剂如 Ag（Ⅰ）、Co（Ⅱ）、Cu（Ⅱ）等存在下加热进行。本法最显著的优点是过量的过硫酸铵可加热分解，因而避免了过滤、洗涤带来的误差。若选用合理的还原剂，即使过量的过硫酸铵没有除尽也不干扰测定，是目前测定中等量锰（10～15mg）最常用的氧化剂。

(4) 倍增氧化还原法　由于用高碘酸钾氧化锰（Ⅱ）至高锰酸，过量的高碘酸钾及其还原产物碘酸钾均干扰高锰酸的还原滴定，可以采用钼酸铵选择性地掩蔽高碘酸钾，而碘酸钾不被掩蔽，用碘化钾将高锰酸和碘酸钾同时还原，再用硫代硫酸钠滴定释放出的碘。反应中的方程式如下：

$$2Mn^{2+} + 5IO_6^{5-} + 14H^+ \longrightarrow 2MnO_4^- + 5IO_3^- + 7H_2O$$

$$IO_6^{5-} + 6MoO_4^{2-} + 12H^+ \longrightarrow [I(MoO_4)_6]^{5-} + 6H_2O$$

$$2MnO_4^- + 10I^- + 16H^+ \longrightarrow 5I_2 + 2Mn^{2+} + 8H_2O$$

$$5IO_3^- + 25I^- + 30H^+ \longrightarrow 15I_2 + 15H_2O$$

$$I_2 + 2S_2O_3^{2-} \longrightarrow 2I^- + S_4O_6^{2-}$$

通过反应方程式可知，生成 2mol 的高锰酸根会同时产生 5mol 的碘酸根，滴定时硫代硫酸钠的体积消耗增大，相当于起到放大效果，故称为倍增法。该方法既避免了用汞盐沉淀分离高碘酸钾和碘酸钾的烦琐操作，又消除了干扰。该方法可测定低至 5～100μg 的锰。

2. 分光光度法

分光光度法主要是利用氧化剂将锰（Ⅱ）定量氧化成 MnO_4^-，然后利用 MnO_4^- 对光的吸收来测定锰的含量，有时也可用原子吸收分光光度法直接测定锰的含量。

(1) 过硫酸铵氧化分光光度法　试样经过硝酸、磷酸混合酸溶解后，锰呈二价锰的状态，在氧化性酸溶液中，以硝酸银为催化剂，用过硫酸铵将锰（Ⅱ）氧化成 MnO_4^-，然后进行吸光度的测定。反应中涉及的化学反应如下：

$$3MnS + 14HNO_3 \longrightarrow 3Mn(NO_3)_2 + 3H_2SO_4 + 8NO\uparrow + 4H_2O$$

$$MnS + H_2SO_4 \longrightarrow MnSO_4 + H_2S\uparrow$$

$$3Mn_3C + 28HNO_3 \longrightarrow 9Mn(NO_3)_2 + 3CO_2\uparrow + 10NO\uparrow + 14H_2O$$

在催化剂 $AgNO_3$ 的作用下，过硫酸铵对 Mn^{2+} 的氧化反应为：

$$10Ag^+ + 5S_2O_8^{2-} + 10H_2O \longrightarrow 5Ag_2O_2 + 10H_2SO_4$$

$$5Ag_2O_2 + 2Mn^{2+} + 4H^+ \longrightarrow 10Ag^+ + 2MnO_4^- + 2H_2O$$

本方法适用于碳钢和低合金钢中锰含量的测定，锰的测定范围为 0.10%～1.00%。

(2) 高碘酸钾氧化分光光度法　在适当的酸性溶液中，用氧化剂将二价锰氧化成七价的高锰酸根，高锰酸根对 530nm 左右的光有比较强的吸收，从而可利用分光光度法测定锰的含量。该法虽然灵敏度不高（$\varepsilon = 2.3 \times 10^3$），但选择性甚佳，操作简便，一直是测定锰的主要分光光度法。

本法的干扰主要是大量的有色金属离子如铈（Ⅳ）、镍（Ⅱ）、钴（Ⅱ）、铜（Ⅱ）、铬（Ⅵ）、铀（Ⅵ）及还原性阴离子如氯离子等。有色离子的干扰，可在尿素存在下用亚硝酸钠将高锰酸钾还原后的溶液作参比溶液排除干扰。氯离子可于二价锰氧化之前以发烟硫酸除去。

(3) 火焰原子吸收分光光度法　国标 GB/T 223.64—2008《钢铁及合金　锰含量的测定　火焰原子吸收光谱法》也提出可用火焰原子吸收分光光度法测定钢铁及合金中锰的含

量，锰的测定范围为 0.002%～2.0%。该方法的原理是试样经盐酸和硝酸分解后，加高氯酸蒸发至出现白烟，将溶液喷入空气-乙炔火焰中，用锰空心阴极灯作光源，于原子吸收光谱仪波长为 279.5nm 处进行测定，用工作曲线法计算锰的含量。

为消除基体影响，绘制工作曲线时，标准溶液中应加入与试样溶液相近的铁量。

二、高碘酸钾氧化光度法测定钢铁中锰含量

1. 方法概要

国标 GB/T 8704.9—2009《钒铁 锰含量的测定 高碘酸钾光度法和火焰原子吸收光谱法》和 GB/T 20975.7—2020《铝及铝合金化学分析方法 第 7 部分：锰含量的测定》分别提出用高碘酸钾氧化分光光度法测定钒铁、铝及铝合金中锰的含量。方法的原理是试样经酸或碱溶解后，在硫酸、磷酸介质中，用高碘酸钾将锰（Ⅱ）定量氧化成 MnO_4^-，以高锰酸根特有的紫红色，在 530nm 处测定其吸光度，用工作曲线法计算出试样中锰的含量。

码6-6 高碘酸钾氧化光度法测定钢铁中锰

2. 试剂取用量

测定时的称样量、锰标准溶液加入量及选用的比色皿规格见表6-2，测量的允许差见表6-3。

表6-2 称样量、锰标准溶液加入量及选用的比色皿规格

锰含量范围/%	0.01～0.1	0.1～0.5	0.5～1.0	1.0～2.0
称样量/g	0.5000	0.2000	0.2000	0.1000
锰标准溶液浓度/(μg/mL)	100	100	500	500
锰标准溶液取用体积/mL	0.50	2.00	2.00	2.00
	2.00	4.00	2.50	2.50
	3.00	6.00	3.00	3.00
	4.00	8.00	3.50	3.50
	5.00	10.00	4.00	4.00
比色皿/cm	3	2	1	1

表6-3 测量的允许差

锰含量/%	允许差/%	锰含量/%	允许差/%
0.010～0.025	0.0025	0.201～0.500	0.020
0.026～0.050	0.025	0.501～1.000	0.025
0.051～0.100	0.010	1.01～2.00	0.030
0.101～0.200	0.015		

3. 结果计算

试样中锰的含量按式(6-7)计算。

$$\omega(Mn) = \frac{m_1 \times 10^{-6}}{m} \times 100\% \tag{6-7}$$

式中 $\omega(Mn)$——钢铁中锰的含量；

m_1——由工作曲线上查出的锰量，μg；

m——试样质量，g。

操作12　高碘酸钾氧化分光光度法测定钢铁中锰含量

一、目的要求
1. 进一步熟悉分光光度计的使用。
2. 掌握高碘酸钾氧化分光光度法测定钢铁中锰含量的原理。
3. 掌握样品处理及显色反应操作。
4. 进一步理解褪色参比的含义。

二、方法原理
首先试样用混酸溶解，锰的化合物转化为 Mn^{2+}：

$$MnS(Mn、MnC) \xrightarrow{H_2SO_4、H_3PO_4、HNO_3} Mn^{2+}$$

然后在硫酸、磷酸介质中，用高碘酸钾将锰氧化成高锰酸根：

$$2Mn^{2+} + 5IO_6^{5-} + 14H^+ \longrightarrow 2MnO_4^- + 5IO_3^- + 7H_2O$$

最后在波长530nm处测其吸光度，从工作曲线上查出相应的锰含量。

三、仪器和试剂
1. 仪器

分光光度计、石英或玻璃比色皿、电炉、100mL容量瓶以及其他常规分析用玻璃仪器。

2. 试剂

① 磷酸-高氯酸混合液：磷酸+高氯酸（3+1）。

② 高碘酸钾溶液：5g高碘酸钾，加60mL水、20mL硝酸，加热溶解，冷却，稀释至100mL。此浓度为5%。

③ 锰标准溶液：称取1.4383g基准高锰酸钾于烧杯中，加入30mL蒸馏水溶解，加10mL硫酸（1+1），滴加过氧化氢至红色恰好消失，加热煮沸5～10min，冷却，移入1000mL容量瓶，准确稀释至刻度线，摇匀，得到浓度为500μg/mL的锰标准溶液，使用前根据需要做适当稀释。

④ 不含还原物质的水：加热煮沸蒸馏水，每升水中加10mL（1+3）硫酸酸化，再加几粒高碘酸钾，加热煮沸几分钟，冷却后使用。

四、测定步骤
1. 试样溶液的制备

称取适量试样于150mL锥形瓶中，加15mL硝酸，低温加热溶解，加10mL磷酸-高氯酸混合酸，加热蒸发至出现高氯酸烟，稍冷，加10mL硫酸（1+1），用水稀释至约40mL，加10mL 5%的高碘酸钾溶液，加热至沸腾并保持2～3min，冷却至室温，移入100mL容量瓶中，用不含还原性物质的水稀释至刻度线，摇匀。

2. 标准溶液的配制

移取不同量的锰标准溶液5份，分别置于5个150mL的锥形瓶中，加10mL磷酸-高氯酸混合酸，重复前文锰标准溶液的配制操作，配制标准溶液。

3. 参比溶液的配制

取适量显色后的试样溶液，边摇边滴加1%亚硝酸钠溶液至紫红色刚好褪去。

4. 测定

将试样溶液或标准溶液转入比色皿中,以配制的褪色后的试样溶液为参比,在波长530nm处测定吸光度。

五、数据记录与处理

1. 根据标准溶液浓度及测定的吸光度绘制工作曲线。
2. 根据试样吸光度从工作曲线上查出锰的含量,并换算出钢铁试样中锰的含量。

具体的实验数据记入表中。

试样量/g			标准溶液浓度/(μg/mL)			
标准溶液测定次数	1	2	3	4	5	
标准溶液取用量/mL						
标准溶液含锰量/μg						
吸光度						
试样溶液平行测定次数	1		2		3	
试样溶液吸光度						
试样溶液中含锰量/μg						
锰的含量/%						
锰含量的平均值/%						
相对平均偏差/%						

操作人:_____ 审核人:_____ 日期:_____

六、注意事项

1. 高硅试样处理应滴加 3~4 滴氢氟酸。高钨(5%以上)或难溶试样,可加 15mL 磷酸-高氯酸混合酸,低温加热溶解,并加热至冒高氯酸烟。生铁试样用(1+4)硝酸溶解,同时滴加 3~4 滴氢氟酸。试样溶解后,取下冷却,用快速滤纸过滤于另一锥形瓶中,用热硝酸(2+98)洗涤原锥形瓶和滤纸 4 次,再向滤液中加 10mL 磷酸-高氯酸后按步骤进行测定。

2. 含钴试样用亚硝酸钠溶液褪色时,若钴的微红色不褪,可按下述方法处理:不断摇动容量瓶,慢慢滴加亚硝酸钠溶液,若试样微红色无变化,将试液置于比色皿中测定吸光度。然后再往剩余的溶液中添加 1 滴亚硝酸钠溶液,再次测定吸光度,直至两次吸光度无变化,以此溶液作为参比溶液。

3. 硝酸溶样时要不断摇动以去除生成的氮氧化物,否则高锰酸有被破坏的可能,结果不稳定。溶样有盐酸参与时,一定要除尽氯离子,否则显色慢且不完全。

【任务评价】

出勤	预习情况	实验操作	实验结果	报告书写	文明操作	总评成绩

思考与交流

1. 滴定法是如何测定钢铁中锰含量的?
2. 分光光度法测定锰的原理是什么?具体有哪些方法?
3. 高碘酸钾氧化分光光度法测定锰的实验操作有哪些?操作注意事项是什么?

任务六　钢铁中硅的测定

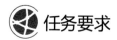任务要求

1. 了解高氯酸脱水重量法测定钢铁中硅的原理。
2. 了解氟硅酸钾滴定法测定钢铁中硅的原理。
3. 掌握硅钼蓝分光光度法测定钢铁中硅的原理及操作。

硅是钢铁五元素之一，与氧的亲和力仅次于铝和钛，是炼钢中常用的脱氧剂。硅能提高钢的强度和硬度，这种作用仅次于磷。在铸铁中硅是重要的石墨化元素，承担着维持相应碳含量的重要任务，并能减少缩孔及白口倾向、增加铁素体数量、细化石墨，提高球状石墨的圆整性。硅也是铸造铝合金和锻铝合金的重要元素。但硅含量过高，将使钢的塑性、韧性降低，并影响焊接性能。

一、钢铁中硅的测定方法介绍

钢铁中硅的测定方法一般有高氯酸脱水重量法、氟硅酸钾滴定法和硅钼蓝分光光度法。

1. 高氯酸脱水重量法

GB/T 223.60—1997 中提出用高氯酸脱水重量法测定铁、钢、高温合金、精密合金中硅的含量，硅含量的测定范围为 $0.10\% \sim 6.00\%$。行业标准 YB/T 5312—2016《硅钙合金　硅含量的测定　高氯酸脱水重量法》中也提出用该方法测定硅钙合金中的硅，测定范围是硅含量 $\geqslant 50\%$。

高氯酸脱水重量法的原理是用酸分解试样或用碱熔融后酸化试样，在高氯酸介质中蒸发至冒烟使硅酸脱水，经过滤洗涤后，将沉淀灼烧成二氧化硅，然后在硫酸存在下加氢氟酸使硅转变成四氟化硅挥发除去，由氢氟酸处理前后的质量差计算硅的含量。反应中涉及的化学反应如下：

$$3FeSi + 16HNO_3 \longrightarrow 3H_4SiO_4 + 3Fe(NO_3)_3 + 2H_2O + 7NO\uparrow$$
$$FeSi + 2HCl + 4H_2O \longrightarrow H_4SiO_4 + FeCl_2 + 3H_2$$
$$H_4SiO_4 \xrightarrow{HClO_4} H_2SiO_3 \downarrow + H_2O$$
$$H_2SiO_3 \xrightarrow{1000 \sim 1050℃} SiO_2 + H_2O$$
$$SiO_2 + 4HF \longrightarrow SiF_4\uparrow + 2H_2O$$

在氢氟酸处理前加硫酸的目的是防止四氟化硅水解而形成不挥发的化合物，造成测定结果偏低。硫酸的加入也可防止钛、铁、铝等形成挥发性的氟化物的损失，造成测定结果偏高。

2. 氟硅酸钾滴定法

氟硅酸钾滴定法是将试样用硝酸和氢氟酸（或盐酸、过氧化氢）分解后，使硅转变为氟

硅酸，加入硝酸钾或氯化钾使之转变成氟硅酸钾沉淀，沉淀经过滤、洗涤游离酸后用沸水水解，使其水解释放出氢氟酸，然后用氢氧化钠标准溶液滴定生成的氢氟酸，根据氢氧化钠标准溶液消耗量计算硅的含量。测定中涉及的化学反应有：

$$SiO_3^{2-} + 6H^+ + 6F^- \longrightarrow SiF_6^{2-} + 3H_2O$$

$$SiF_6^{2-} + 2K^+ \longrightarrow K_2SiF_6 \downarrow$$

$$K_2SiF_6 + 3H_2O \longrightarrow H_2SiO_3 + 2KF + 4HF$$

$$NaOH + HF \longrightarrow NaF + H_2O$$

测定中当铝含量超过 5%、钛含量超过 0.3% 时，对测定结果有干扰，要注意控制实验条件如严格控制氟化钾的加入量、控制氟硅酸钾沉淀的硝酸酸度为 (6~6.5)mol/L 等以便消除干扰。具体内容见项目七中的二氧化硅测定部分。

3. 硅钼蓝分光光度法

硅钼蓝分光光度法是将溶样后生成的硅酸与钼酸盐在酸性条件下生成硅钼杂多酸，然后用还原剂还原为硅钼蓝，再用分光光度法测定。该方法为 GB/T 223.5—2008 中收载的方法，可用来测定钢铁及合金中酸溶性硅及全硅的含量，测定范围为 0.01%~1.00%。

此外还有利用生成三元离子缔合物的硅钼蓝分光光度法。此类方法的原理是利用硅钼酸阴离子能与某些碱性染料阳离子形成缔合物，从而使灵敏度大大提高。如硅钼酸-丁基罗丹明 B 光度法就是用抗坏血酸在硫酸介质中还原生成的硅钼杂多酸，在约 1.9mol/L 的硫酸介质中，生成的三元离子缔合物的组成为硅∶钼∶丁基罗丹明 B=1∶12∶5，每 100mL 显色液中含硅 0~8μg 时体系服从郎伯-比尔定律，颜色可稳定 1h。此法与普通硅钼蓝法相比，选择性相似，但测定灵敏度提高了近 5 倍，是测定微量、痕量硅简便、快速而又较准确的方法之一。

二、硅钼蓝分光光度法测定钢铁中硅含量

1. 方法原理

钢铁试样用稀硫酸溶解后，硅转化为可溶性硅酸。加高锰酸钾溶液氧化碳化物，并用亚硝酸钠还原过量的高锰酸钾。在微酸性溶液中，硅酸与钼酸铵生成氧化型的硅钼杂多酸（黄色），在草酸存在下，用硫酸亚铁铵将其还原成硅钼蓝，于波长约 810nm 处测定吸光度，用工作曲线法计算试样中硅的含量。

2. 试剂

(1) 纯铁　硅的含量小于 0.002%（质量分数）。

(2) 硫酸溶液　1+17。

(3) 钼酸铵溶液　50g/L，配制后贮于聚丙烯瓶中。

(4) 乙二酸溶液　50g/L。配制时取 5g 二水合乙二酸，用少量水溶解后稀释至 100mL。

(5) 硫酸亚铁铵溶液　60g/L。取 6g 六水合硫酸亚铁铵，先用 1mL 硫酸（1+1）润湿，然后加约 60mL 的水溶解，最后稀释至 100mL，摇匀。

(6) 高锰酸钾溶液　40g/L。

(7) 亚硝酸钠溶液　100g/L。

(8) 硅标准溶液　200.0μg/mL。配制方法一：称取 0.4279g（准确至 0.1mg）SiO_2（质量分数大于 99.9%，使用前在 1000℃下灼烧 1h，冷却后贮于干燥器中备用）于铂坩埚中，坩埚中事先加有 3g 无水碳酸钠，试样上面再覆盖 2g 左右的无水碳酸钠。先将坩埚置于

低温处加热，再置于950℃高温处加热熔融至熔液透明，继续加热熔融3min，取出，冷却后将坩埚置于盛有冷水的聚丙烯或聚四氟乙烯烧杯中至熔块完全熔解。取出坩埚，仔细洗净，将溶液冷却至室温后转入1000mL的容量瓶中，用水稀释至刻度线，混匀，置于聚丙烯或聚四氟乙烯瓶中保存。配制方法二：准确称取0.1000g经磨细的单晶硅或多晶硅，置于聚丙烯或聚四氟乙烯烧杯中，加10g氢氧化钠、50mL水，轻轻摇动，放入沸水中加热至透明全溶，将溶液冷却至室温后转入500mL的容量瓶中，用水稀释至刻度线，混匀，置于聚丙烯或聚四氟乙烯瓶中保存。

3. 测定步骤

（1）样品溶液的制备　称取0.1~0.4g试样（控制硅的量为100~1000μg）于150mL锥形瓶中，加30mL硫酸，缓慢加热至样品完全溶解，不要煮沸并补充蒸发失去的水分，以免溶液体积显著减少。待样品溶解后将溶液煮沸，滴加高锰酸钾溶液至析出二氧化锰沉淀，再煮沸约1min，然后滴加亚硝酸钠至试液清亮后继续煮沸1~2min（如有沉淀或不溶残渣，趁热用中速滤纸过滤，用热水洗涤）。冷却至室温，试液移入100mL容量瓶中，用水稀释至刻度线，摇匀。

（2）显色　取2个50mL容量瓶，分别准确加入10.00mL处理后的试样溶液。在一个容量瓶中加入5.0mL钼酸铵溶液，混匀后放置15min再加入10mL乙二酸溶液，混匀，待沉淀溶解后30s内滴加完5.0mL硫酸亚铁铵溶液，用水稀释至刻度线，摇匀，即为试样溶液。在另一个容量瓶中直接加10mL乙二酸溶液、5.0mL钼酸铵溶液、5.0mL硫酸亚铁铵溶液，用水稀释至刻度线，摇匀，作为参比溶液。

（3）标准溶液配制　称取数份与试样质量相同且硅含量相近的纯铁，置于数个锥形瓶中，分别加入0.50mL、1.00mL、2.00mL、3.00mL、4.00mL、5.00mL的硅标准溶液，重复样品溶液制备的操作后显色。

（4）吸光度的测定　取合适规格的比色皿，以参比溶液作参比在810nm处测定试样溶液或标准溶液的吸光度。

4. 数据记录与处理

以硅标准溶液中硅量和纯铁中硅量之和为横坐标、测得的吸光度为纵坐标绘制工作曲线，根据试样测定的吸光度从工作曲线上查出所测试样溶液中的含硅量，用下面公式计算原始试样中硅的含量：

$$\omega(Si) = \frac{m_1 V_0}{m_0 V_1} \times 100\% \tag{6-8}$$

式中　$\omega(Si)$——钢铁中的硅含量；
m_1——由工作曲线上查出的硅量，g；
m_0——试样质量，g；
V_1——分取试液的体积，mL；
V_0——试液的总体积，mL。

5. 注意事项

① 溶样时不能长时间煮沸，并需适当加入水，以防止温度过高、酸度过大而使部分硅酸聚合。

② 乙二酸除迅速破坏磷（砷）钼酸外，亦能逐渐分解硅钼酸，故加入乙二酸后应1min内加硫酸亚铁铵，否则测定结果偏低。快速分析时也可将乙二酸、硫酸亚铁铵在临用前等体积混合，然后一次性加入。

思考与交流

1. 高氯酸脱水重量法测定硅的原理是什么？
2. 氟硅酸钾滴定法测定硅的原理是什么？
3. 硅钼蓝分光光度法与硅钼蓝-丁基罗丹明 B 光度法测定硅的区别是什么？

知识拓展

目前对钢铁中元素的分析还提出了多元素分析仪。如碳、硫红外分析仪可以快速进行碳和硫的联合测定。该类仪器是将试样经过高频炉加热，通氧燃烧，碳和硫分别转化为 CO_2 和 SO_2，并随氧气流经红外吸收池，根据它们各自对特定波长红外线的吸收与其浓度的关系，经计算机处理后显示试样中碳和硫的含量。该仪器装有机械手和电子天平，具有试样分解完全、转化率高、自动化程度高及速度快等优点。

硅、锰、磷自动光度分析仪是将试样在过硫酸铵的帮助下用稀的硫酸-硝酸混合液分解，然后机械分取试样进入仪器，分别以硅钼蓝分光光度法、过硫酸铵氧化光度法、磷钼蓝分光光度法同时测定硅、锰、磷的含量，并经计算机处理后自动打印出实验结果。

GB/T 223.79—2007 规定用 X 射线荧光光谱仪同时测定硅、锰、磷、硫、铜、铝、镍、铬、钼、钒、钛、钨和铌十三种元素的含量。该方法的原理是 X 射线管产生的初级 X 射线照射到平整、光洁的样品表面上时，产生的特征 X 射线经晶体分光后，探测器在选择的特征波长相对应的 2θ 角处测量 X 射线荧光强度。根据校正曲线和测量的 X 射线荧光强度，计算出样品中这十三种元素的含量。

素质拓展阅读

不折不挠，坚持钻研的检测人员——鞠新华

鞠新华的专业是冶金与材料专业 2007 毕业进入中国首钢集团有限公司，从事钢铁的检测技术。工作与所学专业反差较大，加上当时检测中心最好的微观分析设备是一台已使用了十几年的钨灯丝扫描电镜、两台光学显微镜，设备和技术都比较落后，给她的工作带来一定困难。面对困难，鞠新华不曾退缩，她潜心对基本方法标准进行研究，代表中国首次在 ISO 金相领域修订了国际标准 ISO 4969《Steel-Macroscopic examination by etching》（钢的低倍酸蚀检验法）、制定了 ISO 16574《Determination of percentage of resolvable pearlite in high carbon steel wire rod》（高碳钢盘条中索氏体含量的测定），突破了 ISO 金相分析标准无中国制、修订的历史。

鞠新华认真钻研、坚持不懈、敢想敢做，她指出设备操作人员要有清晰的思路和创新的思维，她及首钢集团检测团队开发出许多服务科研、产品开发和工艺改进的检测新方法，为首钢的生产提供了强有力的支撑，随之制定的一项项新标准填补了国内外许多检测方法领域的空白。2022 年鞠新华被授予首批"首钢二级科学家"称号

我们也应像鞠新华一样，面对挑战不折不挠、坚持钻研，让"爱岗敬业，精益求精"的工匠精神在一次次探索中不断升华。

项目小结

钢和铁的主要成分都是铁元素,其区别在于碳含量不同。碳含量在1.7%以上称为生铁,碳含量在0.05%~1.7%称为钢。在冶炼钢铁时为了使钢铁具有特定的性能而加入一些特殊的元素,从而产生了铁合金或合金钢。

钢铁中的碳、硫、磷、锰、硅对钢铁性能有较大影响,被称为钢铁五元素。

钢铁是熔炼产品,组成并不均匀,采样时要注意代表性。可以使用特制工具从铁水或钢水中采样,也可以从铁锭、钢材上采样。

制备钢铁试样时主要采用酸溶解法,常用的有盐酸、硫酸、硝酸,有时也使用高氯酸、磷酸、氢氟酸和双氧水。部分钢铁样品制备时也会采用碱熔融法。

钢铁中碳的测定方法有气体容量法、吸收滴定法、吸收重量法、非水滴定法、电量法、电导法等,这些方法通常都是将试样置于高温氧气流中燃烧,使之转化为二氧化碳再测定。

钢铁中硫的测定方法,按照试样分解法可分为燃烧法和酸溶解法。燃烧法是目前应用比较广泛的方法,它的基本原理是基于试样在高温下通氧燃烧,使硫转化为二氧化硫,然后加以测定,具体又包括碘量法、酸碱滴定法、分光光度法、电导法、库仑法、红外吸收法。酸溶解法是将试样用酸溶解后,加入强氧化剂使硫完全氧化成硫酸根后测定,具体又包括硫化氢法和氧化铝色谱分离-硫酸钡重量法等。钢铁中磷的测定方法很多,一般都是使磷转化为磷酸,然后采用重量法、酸碱滴定法或分光光度法测定。具体涉及的方法有磷钼酸铵重量法、磷酸铵镁重量法、二安替比林甲烷-磷钼酸重量法、磷钼酸铵酸碱滴定法、磷钼酸喹啉酸碱滴定法、钒磷钼蓝分光光度法、锑磷钼蓝分光光度法、磷钼蓝分光光度法等。

钢铁中锰的测定方法主要是将溶解试样后产生的锰(Ⅱ)转变成其他价态,然后采用合适的方法测定,其中滴定分析法有三价锰法、四价锰法、七价锰法、倍增氧化还原法,分光光度法有过硫酸铵氧化分光光度法、高碘酸钾氧化分光光度法、火焰原子吸收分光光度法。

钢铁中硅的测定方法一般有高氯酸脱水重量法、氟硅酸钾滴定法和硅钼蓝分光光度法。

练一练测一测

1. 单选题

(1) 钢和铁最大的区别是(　　)的含量不同。
A. 铁　　　　　　B. 锰　　　　　　C. 碳　　　　　　D. 硫

(2) 当用钻头采取钢样样屑时,小断面钢材分析,钻头直径不应小于(　　)mm。
A. 3　　　　　　B. 4　　　　　　C. 5　　　　　　D. 6

(3) 不属于钢铁五元素的是(　　)。
A. 硫　　　　　　B. 铁　　　　　　C. 锰　　　　　　D. 磷

(4) 溶解钢铁样品一般采用(　　)方法。
A. 酸溶法　　　　B. 熔融法　　　　C. 烧结法　　　　D. 碱溶法

(5) 钢铁中总碳的测定是测定(　　)。
A. 化合碳　　　　B. 游离碳　　　　C. 化合碳+游离碳　　D. 焦炭

(6) 燃烧-气体容量法测定钢铁中碳时加入锡粉的目的是（　　）。
A. 助熔剂　　　　B. 合金　　　　C. 除干扰　　　　D. 提高燃烧温度
(7) 气体容量法测定钢铁中碳含量时瓷舟上接触了少量的润肤霜，测定结果（　　）。
A. 偏高　　　　B. 偏低　　　　C. 不变　　　　D. 无法判断
(8) 钢铁中硫化物在空气中燃烧时主要生成（　　）。
A. S　　　　B. SO_2　　　　C. SO_3　　　　D. H_2S
(9) 燃烧-碘量法测定钢铁中硫时用的指示剂是（　　）。
A. 淀粉　　　　B. 酚酞　　　　C. 甲基橙　　　　D. 碘化钾
(10) 磷钼蓝分光光度法测定钢铁中磷时加入二氯化锡的作用是作（　　）。
A. 催化剂　　　　B. 稳定剂　　　　C. 氧化剂　　　　D. 还原剂
(11) 磷一般是钢铁中的有害元素，使钢铁产生（　　）。
A. 热脆性　　　　B. 冷脆性　　　　C. 酸脆性　　　　D. 碱脆性
(12) 高碘酸钾氧化光度法测定钢铁中锰含量时，如果试样中硅含量较高，处理样品时应该加少量（　　）。
A. 盐酸　　　　B. 硝酸　　　　C. 氢氟酸　　　　D. 硫酸
(13) 高碘酸钾氧化分光光度法测定钢铁中锰时采用的参比是（　　）。
A. 溶剂参比　　　　B. 试剂参比　　　　C. 试液参比　　　　D. 褪色参比
(14) 用氢氟酸分解钢铁试样时其中的硅转变成了（　　）。
A. SiO_2　　　　B. H_2SiO_3　　　　C. SiF_4　　　　D. SiF_6
(15) 硅钼蓝法测定钢铁中硅，入射光的波长是（　　）nm。
A. 230　　　　B. 560　　　　C. 760　　　　D. 820

2. 判断题
(1) 钢铁是熔炼产品，组成比较均匀。（　　）
(2) 稀硫酸无氧化性，热浓硫酸具有氧化性。（　　）
(3) 高氯酸可以与浓硫酸混合使用溶解钢铁样品。（　　）
(4) 气体容量法测定钢铁中碳含量时瓷管和瓷舟都要预处理后使用。（　　）
(5) 钢铁中的游离碳可以与酸作用。（　　）
(6) 燃烧法测定钢铁中硫时缺点是硫的回收率小于90%。（　　）
(7) 燃烧碘量法测定钢铁中硫时要根据含硫量的高低选择合适的吸收杯。（　　）
(8) 燃烧酸碱法测定钢铁中硫是用过氧化氢水溶液吸收生成的二氧化硫，使之转变成三氧化硫，进而生成硫酸。（　　）
(9) 绝大多数测定钢铁中磷的光度法都是以杂多酸的形成为基础的。（　　）
(10) 钢铁中的锰可提高钢的热脆性。（　　）
(11) 倍增氧化还原法测定钢铁中锰时是综合使用了氧化还原法和碘量法的原理。（　　）
(12) 重铬酸钾可以将二价锰氧化成七价锰。（　　）
(13) 硅能提高钢的抗氧性和耐腐蚀性。（　　）

3. 填空题
(1) 断口呈白色的生铁称为_____。
(2) 当用钻头采取钢样样屑时，大断面钢材分析，钻头直径不应小于_____mm。

(3) 钢铁中碳与氧作用，完全氧化时生成_____，不完全氧化时生成_____。

(4) 硫对钢铁性能的影响是使钢铁产生_____性。

(5) 硅钼蓝分光光度法测定钢铁中硅含量时，因为加入的草酸能逐渐分解_____，所以加入草酸后 1min 内要加入硫酸亚铁铵。

4. 计算题

(1) 称取钢样 0.7500g，在 17℃、99.99kPa 时，量气管读数为 2.14%，则试样中碳的质量分数为多少？

(2) 用气体容量法测定钢铁试样中的碳含量，称取钢样 1.000g，在 20℃、101.3kPa 时，测得二氧化碳体积为 5.20mL，则试样中碳的质量分数为多少？

(3) 用碘量法测定钢铁中的硫含量。若称取含硫 0.051% 的标准钢样和钢试样各 0.5000g，滴定标准钢样中的硫消耗碘标准溶液 11.60mL，测定被测试样中的硫消耗碘标准溶液 6.00mL，试用滴定度表示碘标准溶液的浓度，并计算被测钢样中硫的含量。

项目七
硅酸盐分析

项目引导

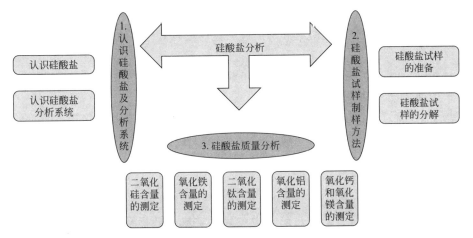

硅酸盐是组成地壳的主要成分,按质量计,硅酸盐质量占整个地壳质量的85%以上。对硅酸盐岩石和矿物,硅酸盐生产过程中的原料、成品、半成品等主要成分进行系统、全面的分析,对地质研究和勘探、指导和监控生产工艺过程具有重要意义。硅酸盐分析一般采用系统分析法,即称取一份试样经合适的样品制备过程后,连贯地进行二氧化硅、氧化铁、氧化铝、二氧化钛等物质含量的测定。

任务一 认识硅酸盐及分析系统

任务要求

1. 了解硅酸盐的组成及表示方法。
2. 熟悉硅酸盐常见的分析项目。
3. 理解系统分析和分析系统的含义。
4. 熟悉常见的硅酸盐分析系统。

硅酸是 SiO_2 的水合物，有多种组成，如偏硅酸（H_2SiO_3）、正硅酸（H_4SiO_4）、焦硅酸（$H_6Si_2O_7$）等，习惯上常用简单的偏硅酸代表硅酸。硅酸盐是硅酸中的氢被 Al、Fe、Ca、Mg、K、Na 等金属离子取代而形成的盐，或者说它是由二氧化硅和金属氧化物形成的盐类。

一、认识硅酸盐

1. 硅酸盐的组成

硅酸盐可分为天然硅酸盐和人造硅酸盐。天然硅酸盐包括硅酸盐岩石和硅酸盐矿物等，在自然界分布较广，在工业上常见的有长石、黏土、滑石、云母、石棉和石英等。人造硅酸盐是以天然硅酸盐为原料，经加工而制得的工业产品，如水泥、玻璃、陶瓷、水玻璃、耐火材料等。

硅酸盐种类繁多，化学成分各不相同，总体上说，周期表中的大部分天然元素几乎都有可能存在于硅酸盐岩石中。在硅酸盐中，SiO_2 是其主要组成成分，也称为硅酸酐。因为硅酸盐的组成复杂，因此通常用硅酸酐和构成硅酸盐的金属氧化物的分子式分开写，以表示硅酸盐的组成，例如：

正长石：$K(AlSi_3O_8)$ 或 $K_2O \cdot Al_2O_3 \cdot 6SiO_2$

高岭土：$H_4Al_2Si_2O_9$ 或 $Al_2O_3 \cdot 2SiO_2 \cdot 2H_2O$

如硅酸盐水泥熟料中的 CaO、SiO_2、Al_2O_3 和 Fe_2O_3 四种主要氧化物占总量的 95% 以上，另外还有其他少量氧化物，如 MgO、SO_3、TiO_2、P_2O_5、Na_2O、K_2O 等。四种主要氧化物的含量一般为：CaO 为 62%～67%，SiO_2 为 20%～24%，Al_2O_3 为 4%～7%，Fe_2O_3 为 2.5%～6%。

2. 硅酸盐的分析项目

工业分析工作者对岩石、矿物、矿石中主要化学成分进行系统的全面测定，称为全分析。根据硅酸盐的组成，其全分析的测定项目及总量计算方法为：

$$总量 = \omega(SiO_2) + \omega(Al_2O_3) + \omega(Fe_2O_3) + \omega(TiO_2) + \omega(FeO) + \omega(MnO) + \\ \omega(CaO) + \omega(MgO) + \omega(Na_2O) + \omega(K_2O) + \omega(P_2O_5) + 烧失量 \quad (7\text{-}1)$$

式中，烧失量是试样在 1000℃ 灼烧后所失去的质量，主要包括化合水、二氧化碳和少量的硫、氯、氟、有机质等，一般主要指化合水和二氧化碳。如果硅酸盐质量分析需要测定 H_2O、CO_2、有机碳，则不测烧失量，而将此三种组分的含量计入总量。要求总量的数值应该在 (100±0.5)%，一般不应超过 (100±1)%。如果偏离较多，则表明某种主要成分未被测定或存在较大偏差因素，应从主要成分的含量测定查找原因。也可能是在加和总结果时将某些成分的结果重复相加。

二、认识硅酸盐分析系统

在一份称样中测定两个项目以下称为单项分析。而系统分析则是在一份试样分解后，通过分离或掩蔽的方法消除干扰离子对测定的影响，再系统、连贯地进行数个项目的一次测定。

分析系统是在系统分析中从试样分解、组分分离到依次测定的程序安排。在一个样品需要测定其中多个组分时，建立一个科学的分析系统，进行多项目的系统分析，则可以减少试样用量，避免重复工作，加快分析速度，降低成本，提高效率。

在建立或评价一个全分析系统时，既要从系统的基本性质和基本观点出发，考虑系统的整体性、相关性、结构性、层次性、动态性、目的性和环境适应性，还要考虑事物的可能性空间和控制能力，使全分析系统具有科学性、先进性和适用性。硅酸盐试样的分析系统，一般可分为经典分析系统和快速分析系统两大类。

1. 经典分析系统

硅酸盐经典分析系统基本上是建立在沉淀分离和重量法的基础上的，是定性分析化学中元素分组法的定量发展，是有关岩石全分析中出现最早、在一般情况下可获得准确分析结果的多元素分析流程。其分析流程如图7-1所示。

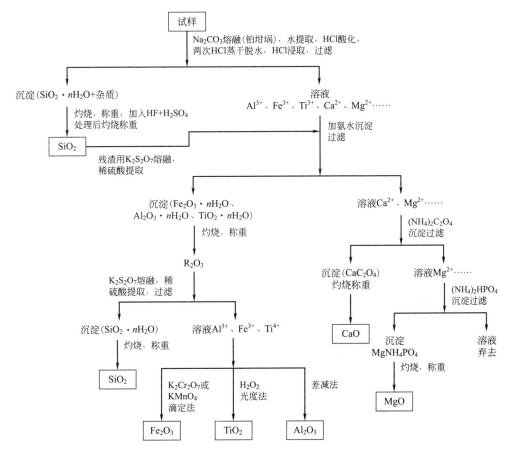

图 7-1 硅酸盐全分析的经典分析系统

在经典分析系统中一份硅酸盐岩石试样只能测定 SiO_2、Fe_2O_3、Al_2O_3、TiO_2、CaO、MgO 六种成分的含量，而 K_2O 等需另取样分析，故不是一个完善的分析系统。但因为经典分析系统分析结果比较准确，适用范围较广，目前在标准试样的研制、外检试样分析及仲裁分析中仍有应用。硅酸盐经典分析系统的主要特点是具有显著的连续性，但是由于在测定过程中涉及多次沉淀、过滤洗涤、灼烧等重量分析操作，过程烦琐耗时，难以满足现代快速分析的要求。随着科学技术的发展，仪器分析的普及，在采用经典系统分析时，除 SiO_2 的分析过程不变外，其他项目常用配位滴定法、分光光度法和原子吸收法进行测定。在目前常规分析中，经典分析系统几乎完全被一些快速分析系统所代替。

2. 快速分析系统

（1）碱熔快速分析系统　碱熔快速分析系统的特征是：以 Na_2CO_3、Na_2O_2 或 NaOH（KOH）等碱性熔剂与试样混合，在高温下熔融分解，熔融物以热水提取后用盐酸（或硝酸）酸化，不必经过复杂的分离过程，即可直接分液分别进行硅、铝、锰、铁、钙、镁、磷的测定。钾和钠需另外取样测定。如 20 世纪 80 年代后常用酸碱滴定法或硅钼蓝分光光度法测定硅，原子吸收光谱法测定铁、钙、镁、锰，用分光光度法测定铝、钛、磷。钾和钠可以用火焰光度法或原子吸收光度法测定。

（2）酸溶快速分析系统　酸溶快速分析系统的特点是：试样在铂坩埚或聚四氟乙烯烧杯中用 HF 或 $HF-HClO_4$、$HF-H_2SO_4$ 分解，去除 HF，制成盐酸、硝酸或盐酸-硼酸溶液。溶液整分后，分别测定铁、铝、钙、磷、镁、钛、钾、钠的含量。硅可用无火焰原子吸收光度法、硅钼蓝分光光度法、氟硅酸钾滴定法测定；铝可用 EDTA 滴定法、无火焰原子吸收光度法、分光光度法测定；铁、钙、镁常用 EDTA 滴定法、原子吸收光度法测定；锰多用分光光度法、原子吸收光度法测定；钛和磷多用分光光度法测定；钾和钠多用火焰光度法、原子吸收光度法测定。

码7-1　石墨坩埚的制备

（3）锂盐熔融分解快速分析系统　锂盐熔融分解快速分析系统的特点是：在热解石墨坩埚或用石墨粉作内衬的瓷坩埚中用偏硼酸锂、碳酸锂-硼酸酐或四硼酸锂于 850～900℃熔融分解试样，熔块经盐酸提取后以 CTMAB 凝聚重量法测定硅。整分滤液，以 EDTA 滴定法测定铝，二安替比林甲烷光度法和磷钼蓝分光光度法分别测定钛和磷，原子吸收光度法测定钛、锰、钙、镁、钾、钠的含量。

 思考与交流

1. 硅酸盐的主要成分是什么？一般如何表示硅酸盐样品的组成？
2. 硅酸盐经典分析系统的特点是什么？
3. 常用的硅酸盐快速分析系统有哪些？各有什么特点？
4. 硅酸盐全分析通常测定哪些项目？

任务二　硅酸盐试样制样方法

任务要求

1. 了解硅酸盐试样制样前的预处理方法。
2. 掌握酸分解法、熔融分解法、烧结法的区别。
3. 熟悉常用的熔融分解试剂。

硅酸盐试样中除少数简单的碱金属硅酸盐较易溶解于水或酸外，其他基本都是难溶的，因此与图 7-1 中所显示的一样，除酸溶解法外一般都是采用熔融分解法。在样品分解前有时还要对样品进行磨碎、烘干等预处理。

一、硅酸盐试样的准备

1. 磨碎

试样在制备准备分析时,应研细至全部通过0.08mm的分样筛,并混合均匀。如试样颗粒太粗,可取一定量的试样用四分法或缩分器将试样缩分至25g,然后用玛瑙研钵研细至全部通过0.08mm的分样筛,装入小试样瓶,放入干燥器中保存供分析用。其余试样作为原样保存备查。

2. 烘干

硅酸盐中吸附的水分并非硅酸盐的固定组成,这部分水分不参与总量的计算,分析前应除去。除去吸附水分的方法是烘箱干燥法,如黏土、生料、石英砂、矿渣等原材料,可在105~110℃下干燥2h。黏土试样烘干后吸水性很强,冷却后要尽快称量。

水泥试样、熟料试样不需烘干处理。

二、硅酸盐试样的分解

1. 酸溶解法

硅酸盐能否被酸分解,主要取决于其中二氧化硅含量和碱性氧化物含量之比,碱性氧化物含量越高则越易被酸溶解。因为酸溶解法操作简单、快速,应优先采用。硅酸盐试样分解中常用的酸及其作用简述如下。

(1) 盐酸　在硅酸盐系统分析中,利用盐酸的强酸性和氯离子的配位性,可以分解正硅酸盐矿物、品质较好的水泥和水泥熟料试样。分解试样时宜用玻璃、塑料、陶瓷、石英等器皿,不宜使用铂、金、银等器皿。

(2) 磷酸　磷酸在200~300℃会变成焦磷酸,具有很强的配位能力,能溶解不被盐酸、硫酸分解的硅酸盐、铝硅酸盐、铁矿石等矿物试样。

由于磷酸对许多硅酸盐矿物的作用甚微,因此常加入其他酸或辅助试剂,如与HF联用可以彻底分解硅酸盐矿物。但因为磷酸与许多金属离子会形成难溶性化合物,会干扰后续测定,故一般用于某些元素的单项测定而不用于系统分析。用磷酸分解试样时温度不宜太高、时间不宜太长,否则会析出难溶性的焦磷酸盐或多磷酸盐,同时对玻璃器皿的腐蚀比较严重。

(3) 氢氟酸　氢氟酸中的氟离子可以与硅酸盐的主要成分硅、铝、铁等形成稳定的易挥发或易溶于水的物质,因此它是分解硅酸盐试样最有效的溶剂之一。当用氢氟酸处理试样时,不能用玻璃器皿,也不宜用银、镍器皿,只能用铂、金或塑料器皿。目前广泛应用的是聚四氟乙烯器皿。

(4) 硝酸　硝酸是具有强氧化性的强酸,作为溶剂同时具有酸的作用和氧化作用,溶解能力强、溶解速度快。但硝酸在加热蒸发过程中易形成难溶性碱式沉淀,因而很少用于系统分析,一般用于溶解单项测定中的试样。

(5) 硫酸　浓硫酸具有强氧化性和脱水作用,可用来分解萤石(CaF_2)和破坏试样中的有机物。硫酸的沸点比较高,溶样时加热蒸发至冒SO_3白烟,可除去试样溶液中的HCl、HNO_3、HF和水,此性质在硅酸盐分析中应用较多。

(6) 高氯酸　高氯酸是非金属含氧酸中最强的酸,用它蒸发赶走低沸点酸后,剩余残渣加水很容易溶解,而用硫酸蒸发后的残渣常常不易溶解,因此高氯酸可以用于除去溶样后剩余的酸。但热的浓高氯酸具有强氧化性和脱水性，遇有机物或某些无机还原剂（如次亚磷酸、三价锑等）会剧烈反应，发生爆炸。高氯酸蒸气与易燃气体也可混合形成猛烈爆炸的混合物，在操作时要特别小心。高氯酸价格也比较贵，一般在必须使用时才使用。

2. 熔融分解法

熔融分解法是将硅酸盐试样与熔剂在高温下反应，使样品由难溶晶体（原子晶体）转变成易溶晶体（离子晶体）。根据所用熔剂性质不同，又分为碱熔融法和酸熔融法，目前在硅酸盐分析中常用的碱性熔剂有碳酸钠、氢氧化钠或氢氧化钾、硼砂，酸性熔剂有焦硫酸钾。

（1）碳酸钠熔融分解法　碳酸钠是大多数硅酸盐及其他矿物分解最常用的熔剂之一，常用来熔融分解酸性矿物。无水碳酸钠的熔点为852℃，作熔剂用的碳酸钠一般是分析纯或优级纯。当硅酸盐试样与碳酸钠在高温下熔融，会发生复分解反应，难溶于水和酸的石英及硅酸盐试样转变为易溶的碱金属硅酸盐混合物。其熔融物用盐酸处理后，得到金属氯化物。

用碳酸钠作熔剂时，通常是在铂坩埚中于950～1000℃进行熔融，熔剂用量一般为试样量的4～6倍，熔融30～40min即可。较难熔的试样可加至6～10倍的熔剂，熔融时间也可适当延长。试样中如含有某些能被还原的物质，还原后会损坏铂坩埚，故应在充分的氧气气氛中进行。

碳酸钠和其他试剂一起作为熔剂，对许多特殊样品的分解具有突出的优点。如碳酸钠与碳酸钾按1∶1左右的比例混合，其熔点较低（约为700℃），可在较低温度下熔融，可用于测定硅酸盐中氟和氯时试样的分解。缺点是碳酸钾易吸湿，使用前要脱水处理。同时钾盐被沉淀吸附的倾向比钠盐大，从沉淀中洗出比较困难，一般在重量法的系统分析中很少用。

（2）苛性碱熔融分解法　苛性碱氢氧化钠、氢氧化钾都是分解硅酸盐岩石矿物的有效熔剂，两者可单独使用也可混合使用，硅酸盐试样被熔融分解后即可转变成可溶性的碱金属硅酸盐。NaOH和KOH的熔点均较低，可将熔剂和试样混合后并覆盖一层熔剂，然后置于350～400℃高温炉中保温10min，然后升温至600～650℃，保温5～8min即可。

苛性碱会严重侵蚀铂坩埚，一般在铁、镍、银、金坩埚中进行熔融。但铁、镍、银如长时间熔融，坩埚材料也会被腐蚀。

（3）硼酸盐熔融分解法　硼砂（$Na_2B_4O_7$）主要用于难分解的试样如铬铁矿、高铝样品、锆石、炉渣等样品的分解。单独使用时由于熔剂的黏度太大，不易使试样在熔剂中均匀地分散；另外熔融后的熔块用酸分解也非常缓慢，故通常将硼砂与碳酸钠或碳酸钾混合使用。硼砂熔样的溶液不能用于钾和钠的测定。熔融时一般在铂坩埚中进行，通常在酒精喷灯上熔融20～40min即可将试样分解完全。

偏硼酸锂（$LiBO_2$）也是一种碱性较强的熔剂，可用于分解多种矿物（包括很多难熔矿物），由于熔样速度快，大多数试样仅需几分钟即可熔融分解完全，所制得的试样溶液可进行包括钾、钠在内的各项元素分析。其缺点在于熔融物冷却后呈球形，较难脱埚和被酸浸取，试剂也比较贵，因此限制了它在实际中的应用。偏硼酸锂熔融时一般在铂坩埚中进行，熔剂的用量不宜过多，以免引起铂坩埚的损坏，也可节省昂贵的试剂。

（4）焦硫酸钾熔融分解法　焦硫酸钾是一种酸性熔剂，适于熔融金属氧化物，熔融后转变成金属的硫酸盐。这种熔剂对酸性矿物的作用很小，主要用于对碱性氧化物含量较多的试样如红宝石等的处理。在硅酸盐分析中，焦硫酸钾主要用来分解在分析过程中所得到的已氧化过的物质或已灼烧过的混合氧化物。

用焦硫酸钾作熔剂，一般用铂坩埚或瓷坩埚，熔融温度约为 450℃。

3. 烧结法

烧结法也称为半熔法，是在半熔状态下分解试样的方法，主要是以碳酸钙和氯化铵混合物作为熔剂，多用于测定硅酸盐中钾、钠的含量。

烧结法的优点：熔剂用量少，带入的干扰离子少；熔样时间短，操作速度快，烧结快易脱埚便于提取，同时对铂坩埚的侵蚀作用也有所降低。此法多用于易熔样品如水泥、石灰石、水泥生料、水泥熟料等试样的处理。

 思考与交流

1. 硅酸盐试样在分解前应做哪些准备？
2. 烧结法与熔融分解法有何区别？其优点是什么？
3. 常用的熔融试剂有哪些？应分别使用什么材质的器皿？

任务三　硅酸盐质量分析

任务要求

1. 熟悉二氧化硅、氧化铁、氧化铝、二氧化钛、氧化钙、氧化镁常见测定方法及原理。
2. 掌握氟硅酸钾酸碱滴定法测定二氧化硅的实验操作及注意事项。
3. 掌握 EDTA 配位滴定法测定水泥中三氧化二铁含量的方法原理及实验操作。
4. 掌握二安替比林甲烷光度法测定水泥中二氧化钛含量的方法原理及实验操作。
5. 熟悉原子吸收分光光度计的使用。
6. 掌握原子吸收分光光度法测定水泥中钙和镁的方法原理及实验操作。

硅酸盐分析是分析化学在硅酸盐生产中的应用，主要分析硅酸盐生产中的原料、材料、成品、半成品中的二氧化硅和金属氧化物的含量。

一、二氧化硅含量的测定

二氧化硅是硅酸盐的主要成分，国家标准出台了多种方法测定不同硅酸盐物质中二氧化硅的含量，但归结起来可以分为重量法、滴定法和分光光度法。

1. 重量法

硅酸盐试样与苛性钠、碳酸钠共熔时，试样中的硅酸盐全部转变为偏硅酸钠，当用水提取熔融物并用酸酸化时，偏硅酸钠转变为难离解的偏硅酸，金属离子均成为氯化物。

酸性提取液中的偏硅酸存在三种状态：一部分以白色片状的水凝聚胶析出；一部分呈水溶胶，以胶体状态留在溶液中；还有一部分以单分子溶解状态存在，能逐渐聚合变成溶胶状态。硅酸溶胶胶粒均带有负电荷，由于同性相斥降低了胶粒相互碰撞而结合成较大颗粒的可能性。同时，硅酸溶胶是亲水性胶体，在胶体微粒周围形成紧密的水化外壳，也阻碍着微粒互相结合成较大颗粒，因而硅酸胶体可以稳定存在。若要使硅酸胶体聚沉，必须破坏其水化外壳和加入强电解质或带有相反电荷的胶体，以减少或消除微粒的电荷，使硅酸胶体微粒凝聚为较大的颗粒而聚沉。这就是目前各种标准中采用重量法分析二氧化硅的原理。

(1) 高氯酸脱水重量法　GB/T 3286.2—2012 中提出用高氯酸脱水重量法测定石灰石及白云石中二氧化硅的含量，测定范围为 SiO_2 含量大于 2.0%。

该方法是将试料经高温灼烧，然后用盐酸分解提取熔融物，在熔融物的溶液中加入高氯酸后加热，直至蒸发冒烟使硅酸脱水，然后过滤，灼烧称量。灼烧物中不纯的二氧化硅加氢氟酸和硫酸处理，使硅以四氟化硅的形式挥发除去，再次灼烧称重，两次质量之差即为试样中二氧化硅含量。

(2) 氯化铵重量法　氯化铵重量法是 GB/T 176—2017 中规定测定水泥中二氧化硅的基准方法。该方法将试样用无水碳酸钠烧结、盐酸溶解后，加入固体氯化铵于蒸汽浴上加热蒸发，使硅酸凝聚。滤出的沉淀灼烧后，得到含有铁、铝等杂质的不纯二氧化硅。然后用氢氟酸处理不纯的二氧化硅，失去的质量即为胶凝性二氧化硅的质量，加上从滤液中比色回收的可溶性二氧化硅的含量即为总二氧化硅的含量。

使用氯化铵脱水的原因有：

① 在酸性溶液中硅酸质点是亲水性很强的带负电荷的胶体，而氯化铵电离出的 NH_4^+ 可将硅酸胶粒所带的负电荷中和，从而可加快硅酸胶体的凝聚。

② 氯化铵在溶液中发生水解，受热时氨水挥发，也夺取了硅酸胶体质点水分，加速了脱水过程。

③ 大量 NH_4^+ 的存在，减少了硅酸胶体对其他阳离子的吸附，而被吸附的 NH_4^+ 在加热时可除去，从而获得比较纯净的硅酸沉淀。

(3) 硅酸凝聚重量法　在酸性介质中，由于硅酸胶粒表面带负电荷，如果加入带正电荷的物质中和硅酸胶粒表面电荷，会促使硅酸胶体凝聚，常用的凝聚剂有动物胶、聚环氧乙烷、十六烷基三甲基溴化铵（CTMAB）等。GB/T 14506.3—2010 提出了用动物胶凝聚重量法和聚环氧乙烷重量法测定硅酸盐岩石中二氧化硅含量。

动物胶是一种富含氨基酸的蛋白质，在水中形成亲水性胶体。氨基酸是一种两性基团，在 pH=4.7 时氨基酸中氨基和羧基接受质子和给出质子的能力相等，动物胶粒的总电荷为零。当 pH<4.7 时，动物胶中氨基酸上的氨基会与溶液中的 H^+ 结合而使动物胶的胶粒带正电荷，从而可与表面带负电荷的硅酸胶粒发生相互吸引，中和硅酸表面电荷而使硅酸胶粒凝聚。同时动物胶是亲水性很强的胶体，它能从硅酸质点上夺取水分，以破坏其水化外壳，也会使硅酸胶粒凝聚。

用动物胶凝聚的重量法，只要正确掌握蒸干、凝聚条件（盐酸浓度 8mol/L 以上，温度 60~70℃）、凝聚后的体积以及沉淀过滤时的洗涤方法，滤液中残留的二氧化硅和二氧化硅沉淀中存留的杂质均可低于 2mg，在一般的例行分析中对沉淀和滤液中的二氧化硅不再进行校正。但是在精密分析中需要校正。

聚环氧乙烷在酸性条件下与溶液中的 H^+ 结合形成带正电荷的阳离子，与动物胶一样可以使硅酸胶体凝聚，且凝聚效果比动物胶好。

两种方法的测定过程为：试样用碳酸钠熔融，盐酸浸取，蒸发至湿盐状后加盐酸，用动物胶凝聚硅酸（如用聚环氧乙烷凝胶，则盐酸浸取后蒸发至小体积加聚环氧乙烷，不要蒸发至湿盐状），过滤，灼烧，称重。加氢氟酸、硫酸处理，使硅以四氟化硅形式除去，再灼烧称重。处理前后质量之差即为沉淀中的二氧化硅含量。残渣用焦硫酸钾熔融，水提取并入二氧化硅滤液中，用钼蓝分光光度法测定滤液中的二氧化硅含量，两者之和即为试样中二氧化硅含量。

重量法中二氧化硅的含量可以用式（7-2）计算。

$$\omega(SiO_2)_{总} = \omega(SiO_2)_{沉淀} + \omega(SiO_2)_{可溶} \tag{7-2}$$

$$\omega(SiO_2)_{沉淀} = (m_1 - m_2)/m \times 100\%$$

$$\omega(SiO_2)_{可溶} = m_3/m \times 100\%$$

式中　$\omega(SiO_2)_{总}$——试样中二氧化硅总的含量；

$\omega(SiO_2)_{沉淀}$——沉淀中二氧化硅的含量；

$\omega(SiO_2)_{可溶}$——滤液及残渣中二氧化硅的含量；

m_1——灼烧后未经氢氟酸处理的沉淀质量，g；

m_2——灼烧后经氢氟酸处理的沉淀质量，g；

m_3——比色分析中测定的滤液及残渣中二氧化硅的质量，g；

m——试样质量，g。

码7-2　硅酸凝聚重量法原理

2. 氟硅酸钾滴定法

二氧化硅滴定分析方法都是间接测定方法，氟硅酸钾滴定法是应用最广泛的一种，确切地说应该是氟硅酸钾沉淀分离-酸碱滴定法，在国标 GB/T 176—2017《水泥化学分析方法》中是水泥中二氧化硅含量测定的代用法。

（1）方法原理　含硅的样品，与苛性碱、碳酸钠等共熔时生成可溶性硅酸盐，可溶性硅酸盐在大量氯化钾及 F^- 存在下定量生成氟硅酸钾（K_2SiF_6）沉淀。氟硅酸钾在沸水中分解析出氢氟酸（HF），以氢氧化钠标准溶液滴定，由氢氧化钠消耗的体积间接计算出二氧化硅的含量。

测定中涉及的化学反应如下：

$$SiO_2 + 2NaOH \longrightarrow Na_2SiO_3 + H_2O$$

$$Na_2SiO_3 + 2HCl \longrightarrow H_2SiO_3 + 2NaCl$$

$$H_2SiO_3 + 6HF \longrightarrow H_2SiF_6 + 3H_2O$$

$$H_2SiF_6 + 2KCl \longrightarrow K_2SiF_6 \downarrow + 2HCl$$

$$K_2SiF_6 + 3H_2O \longrightarrow 4HF + H_2SiO_3 + 2KF$$

$$HF + NaOH \longrightarrow NaF + H_2O$$

虽然这个过程看似为样品溶解—生成 K_2SiF_6 沉淀—水解 K_2SiF_6 放出 HF—标准氢氧化钠溶液滴定—计算硅含量，过程并不复杂，但实际应用时必须注意以下关键的环节，才能得到准确的测定结果。

（2）试样的制备　试样用碱熔融，使硅完全转化为硅酸钠或硅酸钾。一般使用氢氧化钠熔融，使用氢氧化钠熔融具有温度低、速度较快的优点，使含氟较高的试样中的硅不致生成 SiF_4 挥发损失。含铝、钛高的样品，应用氢氧化钾熔融。

熔融的容器多用银、镍、铁等坩埚，其中使用镍坩埚的比较多，因为镍坩埚耐用，制备的溶液清澈，混入的杂质较少。使用镍坩埚时，新的镍坩埚应先用无水乙醇擦去油污，放入 650℃ 的马弗炉灼烧 30min，取出于空气中冷却，形成更加耐腐蚀的一层很薄的氧化膜，延长使用寿命。

码7-3　镍坩埚碱熔法处理水泥样品

（3）生成氟硅酸钾沉淀的最佳条件

① 沉淀的介质和酸度。介质可以是盐酸、硝酸或盐酸和硝酸的混合酸。在盐酸介质中沉淀时，铝、钛允许量较小，沉淀速度较慢，但可允许大量铁、钙、镁离子共存。在硝酸介质中，铝、钛生成的氟铝酸钾和氟钛酸钾的溶解度比在盐酸中大，因此可

减少铝、钛离子的干扰，但如果同时有大量钙离子存在不宜用硝酸沉淀。所以样品中钙、钛、铝含量均高时采用盐酸硝酸混合酸较好。一般酸度在 3~4mol/L 介质中进行（这里的酸度是指硝酸，如果是盐酸则酸度更高）。酸度太低，容易生成其他氟化物；酸度太高，会增加氟硅酸钾的溶解度和分解作用，使沉淀不完全。

② 氟离子和钾离子的浓度。氟离子和钾离子适当过量可抑制氟硅酸钾沉淀的解离，有助于降低氟硅酸钾沉淀的溶解度。一般体系中 K^+ 浓度>0.5mol/L、F^- 浓度>0.2mol/L 可使氟硅酸钾沉淀完全。为了保证已生成的 K_2SiF_6 沉淀不复溶，沉淀反应最好在饱和氯化钾或饱和硝酸钾溶液中进行（有研究提出在氯化钾的最小浓度 25℃ 时为 100g/L、35℃ 时为 120g/L 的条件下氟硅酸钾沉淀完全）。

③ 温度和体积。在饱和氯化钾或饱和硝酸钾溶液中，只有在室温<35℃ 的条件下氟硅酸钾才能沉淀完全，温度高于 35℃ 氟硅酸钾沉淀不完全或复溶。沉淀时的体积一般控制在 50mL 左右，体积过大也会增大氟硅酸钾沉淀的溶解度，体积太小会生成其他氟化物沉淀而干扰测定。

还有一个问题要注意，氟硅酸钾沉淀一经生成放置 10min 就可过滤。沉淀放置的时间不超过 1~2h，放置时间过长沉淀会吸附杂质和共沉淀，给测定结果带来误差。

(4) 氟硅酸钾沉淀的过滤和洗涤　氟硅酸钾沉淀属于中等细度晶体，可以用一层中速滤纸过滤。因为氟硅酸钾沉淀的水溶性较大（$K_{sp}=8.6\times 10^{-7}$），在 17.5℃ 时 100mL 水可溶解 0.12g K_2SiF_6，洗涤时为防止氟硅酸钾沉淀的溶解，可用氯化钾饱和的乙醇水溶液（1+1）或 5% 氯化钾的 40% 乙醇溶液洗涤 3~5 次，以除去大部分游离酸。洗涤时的温度不能超过 30℃。

(5) 沉淀中残余酸的中和　氟硅酸钾沉淀中会残留硝酸，洗涤沉淀时不能充分洗涤去除硝酸，否则由于洗涤次数太多会引起氟硅酸钾沉淀的水解而造成损失，残余的酸必须用氢氧化钠溶液中和消除。

中和残余酸的操作十分关键，动作要快而准确，以防氟硅酸钾沉淀提前水解。中和时要将滤纸展开、捣烂，用塑料棒反复挤压滤纸，使其吸附的酸能进入溶液被碱中和，最后还要用滤纸擦洗烧杯内壁，中和至溶液呈红色。中和放置后如有褪色，则不能作为残余酸继续中和。

(6) 沉淀的水解和滴定　氟硅酸钾沉淀的水解是吸热反应，水解必须在热水中进行，通常用沸水进行水解。此水解反应速率较慢，一般是边滴定边水解，故滴定速度不能过快，而且应保持终点时溶液温度不低于 70℃。如果滴定时温度低于 50℃，反应速率慢且终点不稳定。滴定速度也不能太慢，否则硅酸水解而使终点不敏锐。

(7) 结果计算　硅酸盐试样中二氧化硅含量用式(7-3) 计算。

$$\omega(SiO_2)=\frac{c\times(V-V_0)\times 10^{-3}\times 15.02}{m}\times 100\% \tag{7-3}$$

式中　$\omega(SiO_2)$——试样中二氧化硅的含量；

　　　　c——NaOH 标准溶液的物质的量浓度，mol/L；

　　　　V——试样消耗 NaOH 标准溶液的体积，mL；

　　　　V_0——空白试验消耗 NaOH 标准溶液的体积，mL；

　　　　15.02——$\frac{1}{4}$ SiO_2 的摩尔质量，g/mol；

　　　　m——试样质量，g。

任务实施

操作 13　氟硅酸钾滴定法测定水泥中二氧化硅含量

一、目的要求

1. 掌握水泥样品的制备方法。
2. 熟悉酒精喷灯的使用方法。
3. 掌握氟硅酸钾滴定法测定水泥中二氧化硅含量的原理及操作要点。

二、方法原理

当单独测定二氧化硅含量时，可采用 KOH 作熔剂，在镍坩埚中熔融样品。熔融后制备的样品溶液在有过量氟离子、钾离子存在的强酸性溶液中，形成氟硅酸钾沉淀。经过滤、洗涤及中和残余酸后，加入沸水使氟硅酸钾沉淀水解成氢氟酸，然后以酚酞为指示剂，用氢氧化钠标准溶液进行滴定。

三、仪器和试剂

1. 仪器

镍坩埚、酒精喷灯、常规分析用玻璃仪器。

2. 试剂

① KOH 固体（分析纯）。

② 150g/L 氟化钾溶液：称取 150g 氟化钾（$KF·2H_2O$）于塑料烧杯中，加水溶解后，稀释至 1L，贮于塑料瓶中保存。

③ 50g/L 氯化钾溶液：称取 50g 氯化钾（KCl）于烧杯中，加水溶解后，用水稀释至 1L。

④ 50g/L 氯化钾-乙醇溶液：称取 5g 氯化钾（KCl）于烧杯中，加 50mL 水溶解后，加入 50mL 95％乙醇，混匀。

⑤ 10g/L 酚酞指示剂（配制方法见附录一）。

⑥ 0.1mol/L 氢氧化钠标准溶液（配制方法见附录二）。

四、测定步骤

1. 取 0.4～0.5g 水泥试样于镍坩埚中，加入 6g 氢氧化钾固体，在酒精喷灯上熔样至样品全熔。

2. 熔融物冷却后，量取（1+1）硝酸 25mL 分多次溶解坩埚中的熔融物，并转移到 300mL 的烧杯中，再用少量的蒸馏水润洗坩埚 5 次（总体积不得超过 200mL），向烧杯中加入 1mL 的浓硝酸，将溶液移至 250mL 的容量瓶中，稀至刻度线，摇匀备用。

3. 准确移取 50.00mL 溶液于 300mL 的塑料烧杯中，加入 10mL 浓硝酸，搅拌，冷却至 30℃以下，加入 3g 氯化钾固体，仔细搅拌至有少量氯化钾固体析出，再加 2g 氯化钾及 10mL 氟化钾溶液，放置 20min 后用中速滤纸过滤，塑料烧杯及沉淀用氯化钾溶液洗涤，洗液总量不超过 25mL。将滤纸及沉淀取下置于原塑料杯中，沿塑料杯壁加入 10mL 氯化钾-乙醇溶液及 1mL 酚酞指示剂，用 0.5mol/L 的氢氧化钠溶液中和至显稳定的红色（不计氢氧化钠的体积），然后加入 200mL 的沸水，用 0.1mol/L 的氢氧化钠标准溶液滴定至浅粉红色半分钟不褪为终点。

五、数据记录与处理

室温/℃		溶液温度/℃	
测定次数		1	2
水泥试样质量/g			
滴定管初读数/mL			
滴定管末读数/mL			
滴定管消耗数/mL			
滴定管体积校正值/mL			
温度补正系数			
温度校正值/mL			
实际消耗NaOH体积/mL			
NaOH标液浓度/(mol/L)			
$\omega(SiO_2)$/%			
$\omega(SiO_2)$平均值/%			
相对平均偏差/%			
备注		重复性限为0.20%	

操作人：_____　审核人：_____　日期：_____

六、注意事项

1. 试样沉淀时用塑料烧杯，过滤时用塑料漏斗，是为了防止氢氟酸腐蚀玻璃器皿而影响测定结果。

2. 使用酚酞时应注意酚酞指示剂的用量应该多一些，一般用5～10滴左右，酚酞刚变红即是终点。

【任务评价】

出勤	预习情况	实验操作	实验结果	报告书写	文明操作	总评成绩

3. 分光光度法

测定硅的分光光度法中，以硅钼杂多酸分光光度法应用最广，不仅可以用于重量法测定二氧化硅沉淀后滤液中硅的含量（见重量法部分），而且可以分取少量试液直接测定硅酸盐样品中高含量的二氧化硅。国标GB/T 3286.2—2012《石灰石及白云石化学分析方法　第2部分：二氧化硅含量的测定　硅钼蓝分光光度法和高氯酸脱水重量法》中就用该方法测定了石灰石及白云石中二氧化硅含量，测定范围为0.05%～4.0%。

硅钼杂多酸分光光度法的原理是在酸性介质中，硅酸与钼酸铵生成黄色硅钼杂多酸（硅钼黄），在硫酸亚铁、氯化亚锡、抗坏血酸等还原剂作用下，硅钼黄被还原成硅钼蓝，在660nm或810nm处测定生成物的吸光度，从而求出二氧化硅的含量。

硅酸在酸性溶液中能逐渐聚合，形成多种聚合状态。其中仅单分子正硅酸能与钼酸铵生成黄色硅钼杂多酸，正硅酸的获得是分光光度法测定二氧化硅的关键。硅酸的浓度越高，酸度越大，加热和放置的时间越长，硅酸的聚合程度越严重。实验中控制二氧化硅的浓度在0.7mg/mL以下、溶液酸度在0.7mol/L以下，则放置8d也无聚合现象。

正硅酸与钼酸铵生成黄色的硅钼杂多酸有两种形态，即 α-硅钼酸和 β-硅钼酸。α-硅钼酸的还原产物不稳定，很少使用。β-硅钼酸还原后产物呈深蓝色，颜色可稳定 8h 以上，分析上广泛应用。酸度对两种形态有很大影响，若用硅钼蓝分光光度法测定二氧化硅含量，则生成硅钼黄的 pH 在 1.3～1.5 为佳，还原为硅钼蓝的酸度控制在 0.8～1.35mol/L。

二、氧化铁含量的测定

硅酸盐中铁可能以二价或三价形式存在，两者可直接或间接用重铬酸钾氧化还原滴定法、EDTA 配位滴定法、磺基水杨酸分光光度法、邻菲咯啉分光光度法或原子吸收分光光度法分别测定，也可测定铁的总量。

1. 重铬酸钾氧化还原滴定法

在国标 GB/T 14506.5—2010《硅酸盐岩石化学分析法 第 5 部分：总铁量测定》就提出用重铬酸钾氧化还原滴定法和磺基水杨酸分光光度法测定总铁量，该方法也可用于土壤和水系沉积物中总铁量的测定。重铬酸钾氧化还原滴定法的测定范围是总铁的含量大于 5%，磺基水杨酸分光光度法的测定范围是总铁的含量为 0.05%～15%。

重铬酸钾氧化还原滴定法是测定铁的经典方法，具有简单、快速、准确和稳定的优点。使用该方法测定全铁、高价铁时首先将高价铁还原为低价铁，然后用重铬酸钾标准溶液滴定，常用的还原剂有氯化亚锡、三氯化钛等。

(1) 氯化亚锡还原-重铬酸钾滴定法 该方法的原理是在热盐酸介质中，用 $SnCl_2$ 还原试液中的 Fe^{3+} 为 Fe^{2+}，过量的 $SnCl_2$ 用 $HgCl_2$ 除去，然后在硫-磷混酸介质中，以二苯胺磺酸钠为指示剂，用重铬酸钾标准溶液滴定至溶液呈稳定的紫色为终点，根据标准溶液消耗量计算总铁量。

测定中涉及的化学反应有：
$$2Fe^{3+} + Sn^{2+} + 6Cl^- \longrightarrow 2Fe^{2+} + SnCl_6^{2-}$$
$$2HgCl_2 + Sn^{2+} + 4Cl^- \longrightarrow Hg_2Cl_2 \downarrow + SnCl_6^{2-}$$
$$6Fe^{2+} + Cr_2O_7^{2-} + 14H^+ \longrightarrow 6Fe^{3+} + 2Cr^{3+} + 7H_2O$$

在实际工作中为了使 Fe^{3+} 能较为迅速地被还原，常将溶液加热到小体积，趁热滴加 $SnCl_2$ 还原至溶液的黄色褪去。然后将溶液冷却后滴加 $HgCl_2$ 还原过量的 $SnCl_2$，还原后放置 3～5min 再滴定。

(2) 无汞盐-重铬酸钾滴定法 由于汞盐含剧毒，使用它将污染环境，给人类健康带来危害，人们提出了用三氯化钛作还原剂的改进方法。该方法的原理是在盐酸介质中，用 $SnCl_2$ 将大部分的 Fe^{3+} 还原为 Fe^{2+}，然后以钨酸钠为指示剂，用 $TiCl_3$ 还原剩余的 Fe^{3+}。当 Fe^{3+} 全部被还原为 Fe^{2+} 后，过量一滴 $TiCl_3$ 溶液使钨酸钠还原为五价钨的化合物而使溶液变成蓝色。然后滴入 $K_2Cr_2O_7$ 溶液使钨蓝恰好消失。最后以二苯胺磺酸钠为指示剂，用重铬酸钾标准溶液滴定还原后的 Fe^{2+}。

2. EDTA 配位滴定法

在国标 GB/T 176—2017《水泥化学分析方法》中提出了用 EDTA（H_2Y^{2-}）直接滴定法测定 Fe_2O_3 的含量，该方法为代用法。方法的原理是 Fe^{3+} 与 EDTA 在酸性介质中能生成稳定的黄色配合物，测定时控制溶液的 pH 为 1.8～2.5，以磺基水杨酸（Sal^{2-}）为指示剂，用 EDTA 直接滴定溶液中的 Fe^{3+}。在该酸度下 Fe^{2+} 不能与 EDTA 生成稳定的配合物而不被滴定。如果要测定总铁，应先将 Fe^{2+} 氧化成 Fe^{3+} 再测定。

测定中涉及的化学反应有：

$$Fe^{3+} + Sal^{2-} \longrightarrow [Fe(Sal)]^+ (紫红色)$$
$$Fe^{3+} + H_2Y^{2-} \longrightarrow FeY^- (黄色) + 2H^+$$
$$[Fe(Sal)]^+ + H_2Y^{2-} \longrightarrow FeY^- (黄色) + Sal^{2-} (无色) + 2H^+$$

实验中酸度的控制很关键。酸度太高，EDTA 及磺基水杨酸与 Fe^{3+} 生成配合物的能力降低，EDTA 与 Fe^{3+} 反应不完全，磺基水杨酸也不能作为合适的指示剂。酸度太低，铁、铝等易水解，磺基水杨酸可以与 Fe^{3+} 生成稳定的配离子 $[Fe(Sal)_2]^-$ 而影响终点时的置换反应。而且 pH 过大，对铁的滴定有干扰的元素也将增多。

由于磺基水杨酸铁与 EDTA 的置换反应速率较慢，所以滴定时温度宜控制在 60～70℃。温度过低容易滴过终点，温度过高铝将会与 EDTA 生成配合物而导致结果偏高。

任务实施

操作 14　EDTA 配位滴定法测定水泥中三氧化二铁含量

一、目的要求

1. 掌握石墨坩埚及水泥样品的制备方法。
2. 掌握 EDTA 配位滴定法测定水泥中三氧化二铁含量的原理。
3. 掌握 EDTA 配位滴定法测定水泥中三氧化二铁含量的操作要点。

二、方法原理

在 pH 为 1.8～2 及 60～70℃ 的溶液中以磺基水杨酸钠为指示剂，用 EDTA 滴定，根据 EDTA 的消耗量计算水泥中三氧化二铁的含量。

三、仪器和试剂

1. 仪器

瓷坩埚、马弗炉、常规分析用玻璃仪器等。

2. 试剂

① 石墨粉。
② 氨水（1+1）：取 1 份氨水，加 1 份蒸馏水稀释。
③ 盐酸（1+1）：取 1 份盐酸，加 1 份蒸馏水稀释。
④ 磺基水杨酸钠（10%）：将 10g 磺基水杨酸钠用水溶解并稀释至 100mL。
⑤ 0.015mol/L 的 EDTA（配制方法见附录二）。
⑥ 浓硝酸。

四、测定步骤

1. 石墨坩埚的制备。

取一瓷坩埚，加入适量石墨粉，用试管掏一个大小合适的洞，要求洞的底部及四周与坩埚壁间都有适量厚度的石墨。

2. 水泥样品的制备。

准确称取 0.2～0.3g 的普通硅酸盐水泥试样于石墨坩埚中，加 5g NaOH 固体于水泥粉末上，将坩埚置于 650～700℃ 的高温炉中加热 20min，取出冷却，将熔块取出放于 250mL 烧杯中，加入 100mL 蒸馏水、25mL（1+1）盐酸、1mL 浓硝酸，盖上表面皿在电炉上加热，待熔块完全熔解后，过滤于 250mL 容量瓶中，用少量的蒸馏水洗涤烧杯后

（洗涤液也要过滤于容量瓶中）用蒸馏水定容至刻度线，摇匀备用。

3. Fe_2O_3 的测定

从容量瓶中准确移取 50.00mL 的溶液于 250mL 烧杯中，加水稀释到 100mL，用氨水（1+1）和盐酸（1+1）调至 pH 为 1.8~2.0（用精密 pH 试纸检验）。将溶液加热至 70℃，加 10 滴磺基水杨酸钠指示剂，以 0.015mol/L 的 EDTA 标准溶液滴定溶液由紫红色变至亮黄色（终点时溶液温度应在 60℃ 左右）。终点时的溶液可以保留作为测定铝的试液。

五、数据记录与处理

室温/℃		溶液温度/℃	
测定次数	1	2	备用
试样质量/g			
滴定管初读数/mL			
滴定管末读数/mL			
滴定管消耗数/mL			
滴定管体积校正值/mL			
温度校正值/mL			
实际消耗 EDTA 体积/mL			
EDTA 标准溶液浓度/(mol/L)			
$\omega(Fe_2O_3)/\%$			
$\omega(Fe_2O_3)$ 平均值/%			
相对平均偏差/%			
计算公式	$\omega(Fe_2O_3)=\dfrac{c(EDTA)V(EDTA)\times\frac{250}{50}\times M\left(\frac{1}{2}Fe_2O_3\right)}{m\times1000}\times100\%$		

备注：重复性限为 0.15%。

操作人：_____   审核人：_____   日期：_____

六、注意事项

1. pH 的调节也可如下操作：从容量瓶中准确移取 50.00mL 的溶液于 250mL 烧杯中，加水至 100mL，加入 10 滴磺基水杨酸钠，用氨水（1+1）调至橘红色，然后再滴加 HCl（1+1）至红紫色出现后，过量 8~9 滴。注意在调节时氨水加入量不能过多，否则铁、铝会水解。

2. 在滴定过程中如溶液的温度低于 60℃，可暂停滴定，将溶液加热后继续滴定。

3. 试验溶液体积一般为 80~100mL。体积过大终点变化不敏锐，体积过小溶液中 Al^{3+} 浓度相对较高会干扰测定。

4. 溶样中加入浓硝酸是为了将 Fe^{2+} 氧化成 Fe^{3+}。

5. 临近终点时一定要加强搅拌，缓慢滴定。最后要半滴半滴地加 EDTA 溶液，每加半滴要强烈搅拌数十秒，直至无残余红色为止。

【任务评价】

出勤	预习情况	实验操作	实验结果	报告书写	文明操作	总评成绩

3. 磺基水杨酸分光光度法

在不同的pH条件下，Fe^{3+}可以与磺基水杨酸形成不同组成和颜色的配合物。在pH为1.8~2.5的溶液中主要形成红紫色的$[Fe(Sal)]^+$，在pH为4~8时主要形成褐色的$[Fe(Sal)_2]^-$，在pH为8~11.5的氨性溶液中主要生成黄色的$[Fe(Sal)_3]^{3-}$。光度法测定铁时主要是采用pH为8~11.5的介质体系，生成的黄色配合物最大吸收波长为420nm。在该波长处测定，配合物的线性关系良好。

4. 邻菲啰啉分光光度法

Fe^{2+}与邻菲啰啉在pH为2~8的介质中可以形成1:3的螯合物，该螯合物呈红色，在约510nm处有一个吸收峰，其摩尔吸光系数为9.6×10^3 L/(mol·cm)。该方法操作简便快速，条件易于控制。红色配合物室温条件下30min内就可稳定生成，并至少在16h内稳定不变。

因为邻菲啰啉只与Fe^{2+}反应，如要测定Fe^{3+}，可在显色体系中加入还原剂如盐酸羟胺、抗坏血酸，将Fe^{3+}还原为Fe^{2+}再测定。该方法可以连续测定试液中的亚铁和高价铁或者它们的总量。

5. 原子吸收分光光度法

在国标GB/T 176—2017《水泥化学分析方法》中原子吸收分光光度法也是测定Fe_2O_3的代用法。该方法是试样经氢氟酸和高氯酸分解后，分取一定量的溶液，以锶盐消除硅、铝、钛等对铁的干扰，在空气-乙炔火焰中，于波长248.3nm处测定吸光度，然后用工作曲线法计算试样中铁的含量。

三、二氧化钛含量的测定

钛的测定方法很多，但因为硅酸盐试样中钛的含量一般较低，所以常用光度法测定。常用的光度法是过氧化氢光度法和二安替比林甲烷光度法（GB/T 14506.8—2010《硅酸盐岩石化学分析方法　第8部分：二氧化钛量测定》）。

1. 过氧化氢光度法

在酸性条件下，TiO^{2+}与H_2O_2反应生成黄色的配离子$[TiO(H_2O_2)]^{2+}$，该配离子在405nm有较大吸收峰，其摩尔吸光系数为740L/(mol·cm)。该方法简便快速，但灵敏度和选择性较差。

显色反应可以在硫酸、硝酸、盐酸或过氯酸介质中进行，一般在5%的硫酸溶液中显色。如酸度过低TiO^{2+}会水解，酸度过高H_2O_2会分解。显色反应的速率和配离子的稳定性受温度的影响，通常在20~25℃显色，3min可显色完全，稳定时间在1d以上。

溶液中如有Fe^{3+}（黄色）存在会产生干扰，常加入磷酸与Fe^{3+}生成配合物而消除Fe^{3+}的干扰，但因为PO_4^{3-}与钛（Ⅳ）能生成配离子而干扰$[TiO(H_2O_2)]^{2+}$配离子的生成，因此磷酸的量不能加入过多，常控制在2%左右。

2. 二安替比林甲烷光度法

在酸性介质中，二安替比林甲烷（DAM）与 TiO^{2+} 生成极为稳定的组成为 1∶3 的黄色配合物，反应为

$$TiO^{2+} + 3DAM + 2H^+ \longrightarrow [Ti(DAM)_3]^{4+} + H_2O$$

该配合物的最大吸收波长在 380～420nm 处，摩尔吸光系数约为 $1.47 \times 10^4 L/(mol \cdot cm)$。

二安替比林甲烷光度法灵敏度较高，而且易于掌握，重现性和稳定性较好。显色反应的速率随酸度的提高和显色剂浓度的降低而减慢。因硫酸溶液会降低配合物的吸光度，反应介质选用盐酸。比色溶液最适宜的盐酸酸度范围为 0.5～1mol/L。如果溶液的酸度太低，一方面很容易引起 TiO^{2+} 的水解；另一方面，当以抗坏血酸还原 Fe^{3+} 时，由于 TiO^{2+} 与抗坏血酸形成不易破坏的微黄色配合物，导致测定结果偏低。如果溶液酸度达 1mol/L 以上，有色溶液的吸光度将明显下降。当显色剂的浓度为 0.03mol/L 时，1h 可显色完全，并稳定 24h 以上。

任务实施

操作 15　二安替比林甲烷光度法测定水泥中二氧化钛含量

一、目的要求

1. 掌握二安替比林甲烷光度法测定水泥中二氧化钛含量的原理及方法。
2. 进一步熟悉工作曲线法的含义及应用。

二、方法原理

在酸性溶液中 TiO^{2+} 与二安替比林甲烷生成黄色配合物，于波长 420nm 处测定其吸光度，用抗坏血酸消除 Fe^{3+} 的干扰。

三、仪器和试剂

1. 仪器

分光光度计、比色皿、常规分析用玻璃仪器等。

2. 试剂

① 盐酸溶液（1+2 或 1+10）：取 1 份盐酸，分别用 2 份水或 10 份水稀释。

② 抗坏血酸（5g/L）：取 0.5g 抗坏血酸，用 100mL 蒸馏水溶解，过滤后使用。用时现场配制。

③ 二安替比林甲烷溶液（30g/L）：取 3g 二安替比林甲烷，用 100mL 盐酸（1+10）溶解，必要时过滤后使用。

④ 0.02mg/mL TiO_2 的标准溶液：称取 0.1000g（精确至 0.0001g）经（950±25）℃灼烧 60min 后的二氧化钛于铂坩埚中，加入 2g 焦硫酸钾，于 500～600℃下熔融至透明。熔块取出后用硫酸（1+9）浸出，加热至 50～60℃使熔块完全溶解，冷却后移入 1000mL 容量瓶中，用硫酸（1+9）稀释至刻度线。此溶液浓度为 0.1mg/mL，使用前取适量溶液用硫酸（1+9）稀释至 0.02mg/mL。

⑤ 95%乙醇。

四、测定步骤

1. 工作曲线的绘制

分别吸取 0.02mg/mL TiO_2 的标准溶液 0.00mL、2.00mL、4.00mL、6.00mL、8.00mL、

10.00mL、12.00mL、15.00mL 于 100mL 容量瓶中，依次加入 10.0mL 盐酸（1+2）、10.0mL 抗坏血酸、5.0mL 95％乙醇、20.0mL 二安替比林甲烷溶液，用水稀释至刻度线，摇匀。放置 40min 后，以水作参比于 420nm 处测定溶液的吸光度。找出测得的吸光度与相对应的 TiO_2 含量之间的函数关系，绘制工作曲线。

2. 样品测定

取 EDTA 配位滴定法测定水泥中三氧化二铁含量的试液 25.00mL 于 100mL 容量瓶中，同工作曲线的测定步骤，加入显色剂显色后测定，在工作曲线上查找出 TiO_2 的含量。平行测定 2 份。

五、数据记录与处理

TiO_2 标准溶液体积/mL	0.00	2.00	4.00	6.00	8.00	10.00	12.00	15.00
TiO_2 的量/mg								
吸光度 A								
试样质量/g								
试样溶液平行测定		1				2		
试样溶液的吸光度 A								
工作曲线查出试样中的 TiO_2 的量/mg								
TiO_2 质量分数/％								
TiO_2 质量分数平均值/％								
相对平均偏差/％								
注：重复性限为 0.05％。								

操作人：_____　审核人：_____　日期：_____

六、注意事项

1. 比色用的试样溶液可以是氯化铵重量法测定硅后的溶液，也可以用氢氧化钠熔融后的盐酸溶液，但加入显色剂前，需加入 5mL 乙醇，防止溶液浑浊而影响测定。

2. 抗坏血酸及二安替比林甲烷溶液不易久放，应现用现配。

【任务评价】

出勤	预习情况	实验操作	实验结果	报告书写	文明操作	总评成绩

四、氧化铝含量的测定

在硅酸盐中铝含量一般较高，常用滴定分析法测定，如果试样中铝含量很低，可以采用铬天青 S 光度法测定。

1. EDTA 直接滴定法

铝离子与 EDTA 可以形成比较稳定的配位化合物，稳定常数 K 较大（$\lg K = 16.13$），可以用 EDTA 与铝离子的反应测定铝的含量。直接滴定时是在 pH=3.0 的制备溶液中，以 Cu-PAN 为指示剂，在加热的条件下用 EDTA 标准溶液直接滴定 Al^{3+}。加热是为了加快

Al^{3+} 与 EDTA 的反应。

用 EDTA 直接滴定法测定水泥中 Al_2O_3 含量时,是将测定完 Fe^{3+} 后的溶液用酸调节 pH 至 3.0 后,将溶液煮沸,然后加入指示剂,用 EDTA 滴定至溶液红色消失并呈稳定的亮黄色为终点。但第一次滴定到溶液呈稳定的黄色时,只有约 90% 的 Al^{3+} 被滴定。为继续滴定剩余的 Al^{3+},需将溶液再次煮沸,于是溶液又由黄色变红色。当第二次用 EDTA 滴定至溶液呈稳定的黄色时,被滴定的 Al^{3+} 可达 99% 左右。继续煮沸,滴定,直至溶液经煮沸后红色不再出现,呈稳定的亮黄色为止。

该方法由于需要将溶液反复煮沸,操作比较烦琐。

2. 铜盐返滴定法

在滴定铁后的溶液中,加入对铝、钛过量的 EDTA 标准溶液,于 pH 为 3.8~4.0 溶液中以 PAN(吡啶偶氮萘酚)为指示剂,用硫酸铜标准溶液滴定过量的 EDTA,扣除钛的含量后即为氧化铝的含量,该方法只适用于 MnO 的含量在 0.5% 以下的试样测定。

测定时首先溶液中的 Al^{3+} 与 TiO^{2+} 与 EDTA 在 pH 为 2~3 时反应:

$$Al^{3+} + H_2Y^{2-} \longrightarrow AlY + 2H^+$$
$$TiO^{2+} + H_2Y^{2-} \longrightarrow TiOY^{2-} + 2H^+$$

然后将溶液的 pH 调至 4.3 左右,用 $CuSO_4$ 滴定剩余的 EDTA,终点颜色为亮紫色:

$$Cu^{2+} + H_2Y^{2-}(剩余) \longrightarrow CuY^{2-}(蓝色) + 2H^+$$
$$Cu^{2+} + PAN(黄色) \longrightarrow Cu^{2+}\text{-}PAN(红色)$$

铜盐返滴定法的选择性差,主要是有铁、钛的干扰,故不适用于复杂的硅酸盐分析。溶液中的 TiO^{2+} 可完全与 EDTA 配位,所测定的结果为铝和钛的总含量,Al_2O_3 的含量应扣除测定结果中 TiO_2 的含量。

3. 氟化物置换滴定法

氟化物置换滴定法是在滴定完铁后的溶液中加入苦杏仁酸掩蔽 TiO^{2+},然后加入过量的 EDTA 标准溶液,调节溶液的 pH 为 6.0,将溶液加热煮沸数分钟使铝及其他金属离子与 EDTA 反应完全,然后以半二甲酚橙为指示剂,用乙酸铅回滴过量的 EDTA。再加入氟化钾,利用 Al^{3+} 与 F^- 可以生成更稳定的配合物 AlF_6^{3-},煮沸置换出 Al-EDTA 配合物中的 EDTA,然后再用乙酸铅滴定置换出的 EDTA,此时置换出的 EDTA 量就相当于铝的含量。

氟化物置换滴定法测定的是纯氧化铝的含量,不受测定铁、钛误差的影响,结果稳定,而且选择性较高,目前应用较普遍。

4. 铬天青 S 光度法

铝与三苯甲烷类显色剂能够生成各种有色配合物,而且大多在 pH 为 3.5~6.0 酸度下显色。常用的显色剂有铝试剂、铬天青 S。在硅酸盐分析中,铬天青 S 光度法因其测定的灵敏度高、干扰少而得到较多的应用。

铬天青 S 光度法是在 pH 为 4.5~5.4 的酸度条件下,铝离子与铬天青 S 生成 1:2 的有色配合物,该有色物质对 545nm 的光有较强吸收,摩尔吸收系数为 $4×10^4 L/(mol·cm)$。如果在测定体系中引入表面活性剂生成三元配合物,其灵敏度和稳定性都会显著提高。

五、氧化钙和氧化镁含量的测定

在硅酸盐中钙和镁通常共存,需同时测定。在快速分析系统中,是在一份溶液中控制不同的条件分别测定钙和镁的含量,常用的方法是配位滴定法和原子吸收分光光度法。

1. EDTA 配位滴定法

用 EDTA 配位滴定法测定钙、镁含量时既可以采用分别滴定法也可以采用连续滴定法。分别滴定法是取一份试样溶液，以氨-氯化铵缓冲溶液控制溶液的 pH 为 10，用 EDTA 标准溶液滴定钙和镁的总量。然后另取一份试样溶液，用强碱调节溶液的 pH 为 12.5～13，这时镁以氢氧化镁的形式沉淀，用 EDTA 标准溶液滴定钙离子含量，用差减法计算镁的含量。连续滴定法是在一份试样溶液中，先调节溶液 pH 至 12.5～13，用 EDTA 标准滴定溶液测定钙，然后将溶液 pH 调至 10，继续用 EDTA 标准溶液测定镁。

2. 原子吸收分光光度法

用原子吸收分光光度法测定钙和镁时，是将试样用氢氟酸-高氯酸分解或用硼酸锂熔融，用盐酸溶解试样制成溶液。然后分取一定量试液，加入氯化锶消除硅、铝、钛等离子的干扰，用空气-乙炔火焰，使用原子吸收分光光度计分别于 422.4nm 和 285.2nm 处测定钙和镁的吸光度。该方法最大的特点是操作简便、选择性好、灵敏度高，是一种较为理想的测定钙、镁的分析方法。

本方法在有氯化锶存在下，大量的钠、钾、铁、铝、硅、磷、钛等均不影响测定，钙、镁之间即使含量相差悬殊也不互相影响，因此也可以直接分取重量法中测定二氧化硅的滤液测定钙、镁含量。

 任务实施

操作 16　原子吸收分光光度法测定水泥中钙和镁的含量

一、目的要求

1. 熟悉原子吸收分光光度计的使用。
2. 了解原子吸收分析中消除干扰的方法。
3. 掌握原子吸收分光光度法测定钙和镁的原理及方法。

二、方法原理

在盐酸介质中，以氯化锶为释放剂消除干扰离子，用空气-乙炔火焰于原子吸收分光光度计上，分别用钙空心阴极灯和镁空心阴极灯测定溶液中 Ca^{2+} 和 Mg^{2+} 的吸光度，以工作曲线法计算试液中 Ca^{2+} 和 Mg^{2+} 的含量。

码7-4　空气压缩机的使用

三、仪器和试剂

1. 仪器

原子吸收分光光度计，钙、镁空心阴极灯，其他常规分析用玻璃仪器等。

2. 试剂

① 盐酸 (1+1)：取 1 份盐酸加 1 份水溶解。

② 20% 氯化锶溶液：取适量氯化锶，用蒸馏水溶解，必要时需过滤。

③ 1mg/mL CaO 标准溶液：准确称取在 105～110℃ 干燥至恒重的碳酸钙 1.7864g，置于 250mL 烧杯中，加水 20mL，滴加盐酸 (1+1) 至完全溶解，再多加盐酸 10mL，加热煮沸赶除二氧化碳，冷却后移入 1000mL 容量瓶中，用水稀释至刻度线，摇匀。

码7-5　乙炔钢瓶的使用

④ 1mg/mL MgO 标准溶液：称取 1.0000g 已于 800℃ 灼烧至恒重的氧化镁，置于 250mL 烧杯中，加水 50mL，再缓缓加入 20mL 盐酸 (1+1)，低温加热至全部溶解，冷却

后移入1000mL容量瓶中,用水稀释至刻度线,摇匀。

⑤ 钙、镁混合标准溶液:吸取上述钙标准溶液和镁标准溶液各25.00mL于250mL容量瓶中,用水稀释至刻度线,摇匀。此溶液中氧化钙和氧化镁的浓度均为0.1mg/mL。

四、测定步骤

1. 标准曲线的绘制

分别吸取钙、镁混合标准溶液0.00mL、1.00mL、2.00mL、4.00mL、6.00mL、8.00mL、10.00mL于100mL容量瓶中,各加入1.0mL氯化锶溶液、5.0mL 0.02mol/L EDTA溶液,用1%盐酸溶液稀释至刻度线,摇匀。以1%盐酸溶液调节原子吸收分光光度计的零点,分别测定溶液中钙、镁的吸光度。以吸光度为纵坐标,溶液中钙、镁含量为横坐标绘制工作曲线。

2. 试样测定

吸取分离二氧化硅后的试液10.00mL于100mL容量瓶中,同工作曲线法操作相同,测定其吸光度,根据测定的吸光度从工作曲线中查找氧化钙和氧化镁的量,根据分取试样量计算原始试样中钙和镁的含量。平行测定2次。

五、数据记录及处理

钙镁混合标准溶液体积/mL	0.00	1.00	2.00	4.00	6.00	8.00	10.00
$m(CaO)$/mg							
$m(MgO)$/mg							
$A(CaO)$							
$A(MgO)$							

试样质量/g		
平行测定次数	1	2
$A(CaO)_{试样}$		
$A(MgO)_{试样}$		
查出试液中的CaO的质量/mg		
查出试液中的MgO的质量/mg		
CaO质量分数/%		
MgO质量分数/%		
CaO质量分数平均值/%		
MgO质量分数平均值/%		
相对平均偏差/%		
注:重复性限为0.15%。		

操作人:_____ 审核人:_____ 日期:_____

六、注意事项

钙、镁的测定宜在盐酸或过氯酸介质中进行,不宜在硝酸、硫酸、磷酸介质中进行,因为它们将与钙、镁生成难溶盐而影响钙、镁的原子化。

【任务评价】

出勤	预习情况	实验操作	实验结果	报告书写	文明操作	总评成绩

思考与交流

1. 硅酸盐中二氧化硅的测定方法有哪些？其测定原理是什么？
2. 用氟硅酸钾滴定法测定二氧化硅含量时，应如何控制沉淀条件和水解滴定的条件？
3. 硅酸盐中铁的测定方法有哪些？
4. 在钛的测定中，过氧化氢光度法和二安替比林甲烷光度法的显色介质是什么？两种方法各有何特点？
5. EDTA 滴定法测定铝的滴定方式有哪些？分别如何测定？
6. 简述氟化物置换滴定法测定铝的方法原理。
7. 简述铬天青 S 光度法测定铝的原理。
8. 在钙、镁离子共存时，用 EDTA 配位滴定法测定其含量，如何克服相互之间的干扰？

素质拓展阅读

硅酸盐水泥质量管理及检验

对于工程建设来说，水泥质量关系到施工安全和产品安全。

硅酸盐水泥熟料是以石灰石和黏土为主要原料，经破碎、配料、磨细制成生料，然后在水泥窑中煅烧而成的。矿渣硅酸盐水泥简称矿渣水泥，它由硅酸盐水泥熟料、20%~70%的粒化高炉矿渣及适量石膏组成。火山灰质硅酸盐水泥简称火山灰水泥，它由硅酸盐水泥熟料、20%~50%的火山灰质混合材料及适量石膏组成。粉煤灰硅酸盐水泥简称粉煤灰水泥，它由硅酸盐水泥熟料、20%~40%的粉煤灰及适量石膏组成。而普通水泥是在硅酸盐水泥的基础上，还加入了其他的材料，所以硅酸盐水泥的强度等级能达到 62.5 而普通水泥的强度等级只能达到 52.5，硅酸盐水泥比普通水泥的价格要高很多。

在中华人民共和国工业和信息化部发布的《水泥行业规范条件（2015 年本）》中明确规定，对于水泥的质量管理和产品质量：

1. 建立水泥产品质量保证制度和企业质量管理体系；
2. 按《水泥企业质量管理规程》（工原〔2010〕第 129 号公告）设立专门质量保障机构和合格的化验室，建立水泥产品质量对比验证和内部抽查制度；
3. 开展产品质量检验、化学分析对比验证检验和抽查对比活动，确保质量保证制度和质量管理体系运转有效；
4. 水泥粉磨生产中添加助磨剂的，水泥产品出厂检验报告单上要注明助磨剂的主要化学成分和添加量；
5. 水泥质量符合《通用硅酸盐水泥》（GB 175）。

作为分析检测工作人员，对工业产品质量起着"把关"作用，我们一定要苦练本领，在平时的实践中夯实操作技能，坚持"爱岗敬业，精益求精"的工匠精神，真正成为工业生产的"眼睛"。

项目小结

硅酸盐是硅酸中的氢被 Al、Fe、Ca、Mg、K、Na 等金属离子取代而形成的盐,分为天然硅酸盐和人造硅酸盐。因为硅酸盐的组成复杂,因此,通常用硅酸酐和构成硅酸盐的所有金属氧化物的分子式分开写的形式表示硅酸盐的组成。因为硅酸盐成分复杂,分析项目较多,常采用系统分析法分析各组分含量。设计一个好的分析系统在硅酸盐分析中特别重要。

硅酸盐在制样时,可以采用酸溶解法也可以用熔融分解法,一般用熔融分解法较多,熔融试剂常见的是碳酸钠、氢氧化钠、氢氧化钾。熔融分解试样时要根据熔剂的性质选择合适材质的器皿。

硅酸盐试样分析时主要的分析项目有二氧化硅、氧化铁、二氧化钛、氧化铝、氧化钙、氧化镁等,每个项目都有多种测定方法。

二氧化硅的测定方法有高氯酸脱水重量法、氯化铵重量法、硅酸凝聚重量法、氟硅酸钾滴定法、硅钼蓝分光光度法等。

氧化铁的测定方法有重铬酸钾氧化还原滴定法、EDTA 配位滴定法、磺基水杨酸分光光度法、邻菲咯啉分光光度法、原子吸收分光光度法等。

二氧化钛的测定方法有过氧化氢光度法、二安替比林甲烷光度法等。

氧化铝的测定方法有 EDTA 直接滴定法、铜盐返滴定法、氟化物置换滴定法、铬天青 S 光度法等。

氧化钙、氧化镁的测定方法有 EDTA 配位滴定法、原子吸收分光光度法等。

练一练测一测

1. 单选题

(1) 硅酸盐的全分析结果,要求各项的质量分数总和在( )范围内。
A. 100%±0.5%　　　B. 100%±1.5%　　　C. 100%±2.5%　　　D. 100%±5%

(2) 硅酸盐中,存在于矿物晶格中的水,就像 $Na_2CO_3 \cdot 10H_2O$ 中的水分,属于( )。
A. 吸附水　　　B. 结晶水　　　C. 结构水　　　D. 游离水

(3) 硅酸盐烧失量一般主要指( )。
A. 化合水和二氧化碳　　　B. 吸附水和二氧化碳
C. 水分　　　D. 二氧化碳

(4) 硅酸盐水泥基准法分析系统以重量法和( )为主。
A. 分光光度法　　　B. 滴定分析法　　　C. 原子吸收法　　　D. 色谱法

(5) 用氢氟酸分解试样时应用( )。
A. 玻璃器皿　　　B. 陶瓷器皿　　　C. 镍器皿　　　D. 聚四氟乙烯器皿

(6) 碱熔融法不能用的熔剂有( )。
A. 碳酸钠　　　B. 碳酸钾　　　C. 氢氧化钠　　　D. 氯化钠

(7) 碱熔融法主要用于( )物质含量较高的样品的分解。
A. 氧化性　　　B. 还原性　　　C. 酸性　　　D. 碱性

(8) 在水泥的硅酸盐分析中,用盐酸溶解样品时,不能使用( )。
A. 瓷坩埚　　　B. 铂坩埚　　　C. 玻璃坩埚　　　D. 塑料坩埚

(9) 不能用于分析硅酸盐的酸是（　　）。
A. 盐酸　　　　　　B. 硫酸　　　　　　C. 硝酸　　　　　　D. 碳酸

(10) 氟硅酸钾容量法测定硅酸盐中 SiO_2 含量时，滴定终点时溶液温度不宜低于（　　）。
A. 30℃　　　　　　B. 50℃　　　　　　C. 70℃　　　　　　D. 90℃

(11) 在氟硅酸钾容量法测定硅酸盐中二氧化硅含量时，为了使氟硅酸钾沉淀完全，常加入过量的（　　）。
A. NaCl　　　　　　B. KCl　　　　　　C. NaOH　　　　　　D. KOH

(12) 在氟硅酸钾容量法测定硅酸盐中二氧化硅含量时，氟化钾不能加入过多，否则会增大（　　）干扰。
A. 钙　　　　　　　B. 镁　　　　　　　C. 铝　　　　　　　D. 铁

(13) 氯化铵重量法测定硅酸盐中二氧化硅含量时加入氯化铵的作用是使硅酸（　　）。
A. 沉淀完全　　　　　　　　　　　B. 加快脱水
C. 减少滤液中的残留　　　　　　　D. 保护 SiO_2

(14) 重铬酸钾滴定法测定硅酸盐中氧化铁含量时直接滴定的是（　　）。
A. Fe^{2+}　　　　　B. Fe^{3+}　　　　　C. Fe　　　　　D. FeO

(15) 二安替比林甲烷光度法测定硅酸盐中二氧化钛含量时，生成的产物颜色为（　　）。
A. 红色　　　　　　B. 绿色　　　　　　C. 蓝色　　　　　　D. 黄色

(16) 直接配位滴定法测定硅酸盐中氧化铝含量时，溶液 pH 一般控制在（　　）。
A. 1　　　　　　　B. 2　　　　　　　C. 3　　　　　　　D. 5

(17) 磺基水杨酸与铁形成黄色配位化合物时溶液的 pH 为（　　）。
A. 强酸性　　　　　B. 强碱性　　　　　C. 弱酸性　　　　　D. 弱碱性

(18) 用原子吸收分光光度法测定硅酸盐中氧化钙的含量时，常用（　　）控制酸度。
A. 盐酸　　　　　　B. 硫酸　　　　　　C. 硝酸　　　　　　D. 磷酸

2. 判断题

(1) 因为硅酸盐比较复杂，所以常用硅酸酐和金属氧化物的分子式分开写以表示硅酸盐的分子式。　　　　　　　　　　　　　　　　　　　　　　　　　　　　　（　　）

(2) 硅酸盐的吸附水不参与总量的计算。　　　　　　　　　　　　　　　（　　）

(3) 严格地说，硅酸盐烧失量是试样中各组分在灼烧时的各种化学反应所引起的质量增加和减少的代数和，样品比较复杂时，测定烧失量是没有意义的。　　　　　　（　　）

(4) 快速分析系统与经典分析系统相比，其优点是试样分解后可直接分液分别测定，而不需经过复杂的分离手续。　　　　　　　　　　　　　　　　　　　　　　（　　）

(5) 硅酸盐水泥在分析前要烘干处理吸附水。　　　　　　　　　　　　　（　　）

(6) 硅酸盐试样在制备时要求研细至 0.2mm 以下。　　　　　　　　　　（　　）

(7) 硅酸溶胶胶粒表面常带正电荷。　　　　　　　　　　　　　　　　　（　　）

(8) 用重量法分析硅酸盐中二氧化硅含量时必须考虑滤液中的残留二氧化硅。（　　）

(9) 在洗涤氟硅酸钾沉淀时，为了保证沉淀中夹杂的硝酸洗涤完全，要充分洗涤沉淀。
　　　　　　　　　　　　　　　　　　　　　　　　　　　　　　　　（　　）

(10) 磺基水杨酸与 Fe^{3+} 形成的配合物的颜色与溶液的 pH 无关。　　（　　）

(11) 用置换滴定法测定硅酸盐中氧化铝的含量，是采用氟化铵置换出 Al-EDTA 中的 EDTA。　　　　　　　　　　　　　　　　　　　　　　　　　　　　　　　（　　）

(12) 硅酸盐中二氧化钛的含量一般很低,故常用滴定分析法测定。　　　　（　）
(13) 用重铬酸钾法测定硅酸盐中氧化铁含量时需先将铁氧化成三价铁。　（　）
(14) 硅酸盐中氧化钙的测定一般采用配位滴定法或原子吸收分光光度法。（　）
(15) 测定硅酸盐中镁离子含量时通常是先用配位滴定法测定钙离子含量,然后测定钙、镁离子总量,通过差减法计算出镁的含量。　　　　　　　　　　　　（　）

3. 填空题

(1) 硅酸盐的种类有_____和_____。
(2) 硅酸常用简单的_____代表。
(3) 按照所用熔剂的不同熔融法分为_____和_____。
(4) 用重铬酸钾法测定硅酸盐中氧化铁含量时需加入_____混酸。
(5) 半熔法的优点是_____。

4. 计算题

(1) 测定硅酸盐中 SiO_2 的含量,称取试样 5.000g 处理后采用氟硅酸钾滴定法测定,用 4.0726mol/L 的 NaOH 标准溶液滴定,到终点时消耗 NaOH 溶液 28.42mL,则该硅酸盐中 SiO_2 的质量分数为多少? 已知 $M(SiO_2)=60.08$g/mol。

(2) 称取水泥试样 0.5000g,碱熔后分离除去二氧化硅,收集滤液并定容于 250mL 的容量瓶中。移取 10.00mL 溶液,掩蔽铁、铝、钛离子,然后用 KOH 调节 pH>13,加入 CMP 指示剂,用 0.01250mol/L 的 EDTA 标准溶液滴定,消耗 22.94mL,求试样中氧化钙的含量。已知 $M(CaO)=56.08$g/mol。

项目八
常规物理常数与性能分析

项目引导

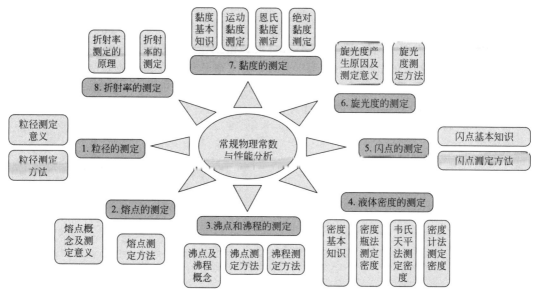

物理常数与物理性能是物质的重要物理特性,与物质的结构、性质及纯度有着密切的关系。在工业生产中,常以物质的物理性能参数作为质量检验的重要控制指标来检验原料、中间体及成品的质量。常用的物理性能参数有粒径、熔点、沸点、密度、闪点、旋光度、黏度、折射率等。

任务一 粒径的测定

任务要求

1. 了解粒径测定的意义。
2. 了解粒径与粒度的区别。
3. 熟悉筛分法和微粒度仪法测定粒径及粒度分布的原理。

物质粒径的大小有时直接影响物质的性能及用途，许多固体粉末或颗粒状材料常需测定粒径及其分布。

一、粒径测定的意义

粒径是指固体物质颗粒的大小，不同的产品有不同的粒径要求。如医药上的混悬型软膏剂，因主药在制剂中以固体微粒形式存在，分散粒径的大小对于药物疗效的正常发挥有着重要的影响，通常药物粒径越小，则药物更容易渗入皮肤发挥药效。而化肥等产品为了提高其肥料的长久性和缓释性，常要求有稍大一些的粒径。现代高科技生产技术——纳米材料的研制是材料科学中的一次飞跃，纳米级原材料生产的产品，将极大地提高和改善产品的性能。

二、粒径测定方法

粒径的测定方法有多种，根据测定要求的不同，可选择不同的方法，一般有筛分法、微粒度仪测定法（离心沉降法）、光散射法、电子显微镜法等，这里介绍筛分法和微粒度仪法。

1. 筛分法

筛分法主要用于测定固体颗粒（一般测定较大颗粒）的大小及分布。

（1）测定原理　此法是利用一系列筛孔尺寸不同的筛网来测定颗粒粒度的分布。测定时将筛网按孔径大小依次叠好，把被测试样从顶上倒入，盖好筛盖，置于振筛器上振荡（或人工振筛），使试样通过一系列的筛网，然后在各层筛网上收集试样，通过称量各筛网中留存的试样的质量，以粒度来表示一定的粒径范围的颗粒质量占总试样质量的百分数。

图 8-1　分样筛

一套分样筛（图 8-1）一般含有筛网孔径为 1.0mm、2.0mm、2.8mm、4.0mm 等的分样筛，并附有筛盖和底盘。测定时是取合适孔径的分样筛，按照小孔分样筛在下、大孔分样筛在上的原则叠放分样筛，最下部放上底盘，最上部安放筛盖。测定时准确称取一定量样品置于最上层筛网上，然后筛分。试样的粒度以某段粒径范围的颗粒质量占试样的总质量分数表示，计算公式如式(8-1) 所示：

$$D = \frac{m_1}{m} \times 100\% \tag{8-1}$$

式中　D——试样的粒度；

m——总试样的质量，g；

m_1——位于某段粒径范围的试样质量，g。

（2）注意事项

① 夹在筛孔中的颗粒应视为没通过该筛网的部分。

② 筛网法实际测定的是不同颗粒粒度的质量分布，而非真正意义上的粒径。

2. 微粒度仪法

微粒度测定仪是测定粒径的专用仪器，可测定固体粉末和乳液颗粒的大小及分布，如染料、磁性材料、药物、化妆品、食品、高分子聚合乳液和金属粉末等，具有快速、精密度高的特点，可测定 0.01~30μm 的颗粒直径。

（1）测定原理　微粒度仪主要利用离心沉降的原理来测定固体粉末和乳液颗粒的粒径分布和平均粒径。

因为固体质点在液体介质中的沉降速度随质点直径大小不同而不同，通过离心力的作用,可加速固体质点的沉降速度从而将不同粒径大小的颗粒分离、测定。

测定时首先将沉降液注入旋转的圆盘中,接着注入缓冲液,并通过使离心机转速突变的方法使之形成具有一定密度梯度的薄层,然后注入含有被测试样的悬浮液并在缓冲层上形成一层很薄的试样层,这种技术称为离心铺层法。待测试样中各种粒径的颗粒在圆盘沉降液中受离心力场作用,沿圆盘离心径向运动。粒径相同的颗粒具有相同的运动速度,形成圆环状态逐渐分层向外扩散,其速度按照颗粒粒径大小分级,粒径最大的颗粒首先到达光束位置,粒径最小的颗粒最后到达光束位置。使在指定检测位置的光电二极管接受的光通量发生变化,光电二极管输出的电信号的强弱受颗粒浓度影响,检测器检测到各种粒径的颗粒所引起的光密度变化,可以计算出平均粒径和粒径分布。

(2) 试样的分散　被测的试样中应含有分散液,使固体颗粒在分散液中充分分散,成为不含微粒的聚集体。被测的试样中应加入分散剂,使固体颗粒在分散剂中充分分散(分散剂一般为乳化剂,如十二醇硫酸钠、非离子型乳化剂、阳离子型乳化剂及焦磷酸钠等),逐渐用水稀释至含量为1%,静止后取悬浮液1mm深处的乳浊液,置于超声波振荡器中处理10～15min,以抽取高分散乳浊液。

(3) 沉降液的选择　根据被测固体颗粒的性质,选用适当的液体作为沉降液。沉降液的密度应低于固体的密度,并应不使固体颗粒产生溶胀作用。此外,沉降液还应具备以下条件:

① 对于有机玻璃圆盘无任何物理或化学作用。
② 对于所测试的微粒没有物理或化学作用。
③ 其密度和黏度为已知值。
④ 沉降液的密度和黏度数值应适当,以免测试过程中产生射流现象或测试时间过长。

常用的沉降液有蒸馏水、甘油水溶液及蔗糖水溶液等。

(4) 缓冲溶液的选择　测试时加入缓冲溶液的目的是使沉降产生适当的密度梯度,因此缓冲液必须具备以下条件:

① 可以与沉降液混溶。
② 其密度低于沉降液。

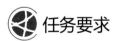 思考与交流

1. 粒径测定有什么意义?
2. 粒径和粒度分布有何区别?
3. 简述筛分法测定粒径的方法。

任务二　熔点的测定

任务要求

1. 了解熔点的概念及测定意义。
2. 熟悉熔点与物质本质的关系。
3. 掌握熔点的测定方法。

一、熔点概念及测定意义

1. 熔点概念

熔点是物质由固态转变（熔化）为液态的温度，常记为 T_{mp}。进行相反动作（即由液态转为固态）的温度，称为凝固点。

大多数有机化合物都有一定的熔点，其熔点高低与有机化合物的结构和本质有关。熔点与分子结构的关系可以归纳为如下规律：

① 同系物中熔点随分子量的增大而增高。

② 分子中引入能形成氢键的官能团后，熔点也会升高，形成氢键的机会越多，熔点越高。所以羧酸、醇和胺等总是比其母体烃的熔点高。

③ 分子结构越对称，越有利于排成规则的晶格，有更大的晶格力，所以熔点越高。

2. 测定意义

物质的熔点并不是固定不变的，对物质熔点会产生影响的因素有以下几点。

（1）压强　平时所说的物质的熔点，通常是指一个大气压时的情况。如果压强变化，熔点也要发生变化。熔点随压强的变化有两种不同的情况：对于大多数物质，熔化过程是体积变大的过程，当压强增大时，这些物质的熔点要升高；对于水这样的物质，与大多数物质不同，冰融化成水的过程体积要缩小（金属铋、锑等也是如此），当压强增大时冰的熔点要降低。不过压强对物质熔点的影响不是太大。

（2）物质的纯度　我们平时所说的物质的熔点，通常是指纯净的物质。对于纯净的物质，一般都有固定熔点。即在一定压力下，固-液两相之间的变化是非常敏锐的，初熔至全熔的温度不超过 0.5～1℃（熔点范围或称熔距、熔程）。但如混有杂质则其熔点下降，且熔距也较长。例如水中溶有盐，熔点就会明显下降。海水溶有盐，所以海水冬天结冰的温度比河水低。饱和食盐水的熔点可下降到约 −22℃，北方的城市在冬天下大雪时，常常往公路的积雪上撒盐，这时只要温度高于 −22℃，盐可以使冰雪融化，这也是熔点在日常生活中的一个应用。

因此熔点（严格说应该是熔点范围）测定是辨认物质本性的基本手段，也是纯度测定的重要方法之一。但是，根据熔点判断物质的纯度时有两点值得注意：

① 对于同晶型的化合物，即使它们的化学性质彼此不同，但相互混合时，混合物的熔点并不下降。

② 有些化合物，即使它们的纯度很高，但也有较大的熔点范围。

二、熔点测定方法

测定熔点常用的方法有毛细管法和显微熔点法。毛细管法具有操作方便、装置简单的特点，是测定熔点最常用的基本方法，也是国标 GB/T 617—2006《化学试剂熔点范围测定通用方法》中规定的化学试剂熔点范围测定通用方法。

1. 毛细管法

（1）测定原理　将制备后符合要求的试样装入一端封口的毛细管，置于热浴上逐级加热，当试样出现明显的局部液化现象时的温度为初熔点，试样全部熔化时的温度称为终熔点，两个温度的范围即为熔距。

码8-1　测定熔点时样品的变化过程

（2）测定仪器　测定熔点时的加热装置通常有提勒管式热浴（图 8-2）和双浴式热浴（图 8-3）两种。

① 熔点管：用中性硬质玻璃制成的毛细管，一端熔封，内径0.9～1.1mm，壁厚0.10～0.15mm，长度以安装后上端高于传热液体液面为准。测定时附着在主温度计上，并要求毛细管内装填的样品位于温度计水银球的中部。

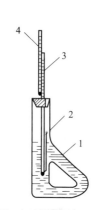

图 8-2 提勒管式热浴
1—提勒管（b形管）；2—熔点管；
3—主温度计；4—辅助温度计

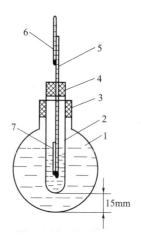

图 8-3 双浴式热浴
1—圆底烧瓶；2—试管；3,4—胶塞；5—主温度计；
6—辅助温度计；7—熔点管

② 主温度计：测量温度计（用于测定熔点范围），为单球内标式，分度值为0.1℃，并具有适当的量程。

③ 辅助温度计：用于校正，分度值为1℃，并具有适当的量程，附于主温度计上，其水银柱位于主温度计水银柱外露段的中部。

④ 胶塞：侧面要开孔，便于加热时气体进出。

⑤ 提勒管式热浴：将载热体装入提勒管中，在提勒管的支管部分加热形成对流循环，使整个管内的载热体能保持一定均匀的温度分布。载热体加入量为刚超过上侧管1cm为宜，主温度计水银球位于提勒管上下两岔口之间。

⑥ 双浴式热浴：烧瓶和试管内都装有载热体，烧瓶内载热体加入量为整个体积的2/3，试管距烧瓶底部15mm左右，试管内液面与烧瓶内液面持平。该装置具有加热均匀、容易控制加热速度的优点，是目前一般实验室测定熔点常用的装置。GB/T 617—2006中提到的毛细管法就是双浴式热浴法。

（3）载热体　载热体应选用沸点高于被测物全熔温度，而且性能稳定、清澈透明、黏度小的液体。常用的载热体如表8-1所示。

表 8-1　常用的载热体

载热体	使用温度范围/℃	载热体	使用温度范围/℃
浓硫酸	<220	液体石蜡	<230
磷酸	<300	固体石蜡	270～280
7份浓硫酸和3份硫酸钾混合	220～320	聚有机硅油	<350
6份浓硫酸和4份硫酸钾混合	<365	熔融氯化锌	360～600
甘油	<230		

(4) 温度校正　熔点测定值是通过温度计直接读取的，温度读数的正确与否直接影响测定结果的准确度。在测定熔点时必须对测定值进行校正。

① 温度计示值校正（ΔT_1）。长期使用的温度计，玻璃可能发生变形而使刻度不准。校正温度计时，可选一标准温度计与之比较。校正时将测定温度计和标准温度计的水银球对齐，并列放入同一加热浴中，缓慢升温，每隔一定读数同时记录两支温度计的数值。然后以测定温度计的读数为横坐标，以两个温度计的读数差值（标准温度计读数减去测定温度计读数）为纵坐标绘制升温校正曲线。然后缓慢降温，按同样方法制得降温校正曲线。若两条曲线重合，说明校正过程正确，此曲线即为温度计校正曲线。

② 温度计水银柱外露段的校正（ΔT_2）。温度计刻度划分有全浸式和半浸式两种。全浸式温度计的刻度是在温度计的汞线全部均匀受热的情况下刻出来的，在测定熔点时仅有部分汞线受热，因而露出来的汞线当然较全部受热者为低，应对所测得的熔点范围值进行校正，校正值按式(8-2)计算。

$$\Delta T_2 = 0.00016(T_1 - T_2)h \tag{8-2}$$

式中　ΔT_2——温度计水银柱外露段的校正值，℃；
　　　h——温度计露出液面或胶塞部分的水银柱高度，℃；
　　　T_1——主温度计读数，℃；
　　　T_2——主温度计水银柱外露段的平均温度，℃（该温度由辅助温度计测得）。

(5) 结果计算　根据式(8-3)计算待测样品的熔点。

$$T = T_1 + \Delta T_1 + \Delta T_2 \tag{8-3}$$

式中　T——试样的准确熔点，℃；
　　　T_1——熔点的测定值，℃；
　　　ΔT_1——内标式温度计示值校正值，℃；
　　　ΔT_2——内标式温度计水银柱外露段的校正值，℃。

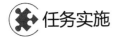任务实施

操作 17　提勒管式热浴法测定苯甲酸熔点

一、目的要求
1. 熟悉提勒管式热浴法测定苯甲酸熔点的原理。
2. 掌握提勒管式热浴法测定苯甲酸熔点实验装置的搭建方法。
3. 掌握初熔点和终熔点的判断方法。

二、方法原理
以加热的方式使熔点管中的样品从低于其初熔时的温度逐渐升至高于其终熔时的温度，通过目视观察初熔及终熔的温度，以确定样品的熔点范围。

三、仪器和试剂
1. 仪器
提勒管、酒精灯、毛细管、刻度为 0.1℃ 和 1.0℃ 的温度计、铁架台等。
2. 试剂
苯甲酸、甘油。

四、测定步骤

1. 熔点管的制备

取一支长约 75mm、内径约 1mm 的毛细管,将一端熔封即可。

码8-2 毛细管的熔封

2. 样品的装入

取少许待测熔点的干燥样品于干燥洁净的研钵中研磨后,将一端封口的毛细管开口向下插入样品粉末中,毛细管中将进入一些样品,然后将毛细管开口向上放入垂直于桌面的长约 80cm 的玻璃管中垂直落下,使样品落于熔点管的底部。为了使管内装入约 2~3mm 紧密结实的样品,一般需要如此重复多次。

3. 安装测定装置

按图 8-2 所示安装测定装置,并固定于铁架台上。

4. 粗熔点的测定

将装好样品的毛细管(熔点管)用少许甘油附着(或用橡胶圈套住)在主温度计上,样品部位在温度计水银球的中部。小心地将温度计放入已装好甘油的提勒管中,水银球在提勒管上下两岔口中部。用酒精灯加热侧管,整个提勒管中溶液对流循环,使得温度均匀。

控制升温速度为 5℃/min,观察毛细管中试样的熔化情况,当试样全部熔化时记录读数,作为粗熔点。

5. 样品熔点的测定

另取一支毛细管,同法操作装入样品,当载热体温度降至粗熔点下 30℃ 时,将样品放入测定装置中,开始升温。当温度升至接近熔点时(距粗测熔点约 10℃),缓慢加热,控制升温速度不得超过 1~2℃/min。当熔点管中样品开始萎缩塌陷、湿润出现液珠时,立即观察温度计,并记录此温度,即为初熔点。继续加热至最后微量固体全部融化消失时记下温度,即为终熔点或全熔点。用初熔到全熔的温度范围来表示该物质的熔点,例如 123~125℃,绝不能仅记录一个数据或这两个温度的平均值,例如 125℃ 或 124℃。

平行测定两次。

五、数据记录与处理

粗熔点			
第一次测定初熔点/℃		第二次测定初熔点/℃	
第一次测定终熔点/℃		第二次测定终熔点/℃	
温度计示值校正值/℃		温度计示值校正值/℃	
温度计水银柱外露段校正值/℃		温度计水银柱外露段校正值/℃	
熔点范围		熔点范围	

操作人:_____ 审核人:_____ 日期:_____

六、注意事项

1. 一个未知样品一般先进行一次粗测,即检查一下熔点的大概范围,然后再进行细测,每个样品至少要有两次重复的数据。每次测定必须更换新毛细管,进行第二次测定时载热体温度应比熔点温度低 30℃ 以下。实验完毕,应让温度计自然冷却至接近室温时才能用水冲洗。否则,容易发生水银球破裂。

2. 熔点管必须洁净。否则会使熔点偏低,并使熔点范围变宽。

3. 熔点管底未封好会产生漏管或载热体进入熔点管中。底部熔结也不能太厚。

4.样品粉碎要细,填装要实,否则产生空隙,不易传热,造成熔程变大。装入的试样量也不能过多,否则熔距变大或结果偏高。样品不干燥或含有杂质,会使熔点偏低,熔程变大。

【任务评价】

出勤	预习情况	实验操作	实验结果	报告书写	文明操作	总评成绩

2.显微熔点测定法

显微熔点测定法是加热毛细管中的样品,然后通过显微镜观察待测试样的相变过程或相变时透光率的变化以确定熔点。

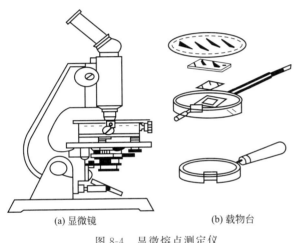

(a) 显微镜　　　　　(b) 载物台

图 8-4　显微熔点测定仪

该类仪器型号较多,图 8-4 为显微熔点测定仪示意图,核心部件都包括:放大 50～100 倍的放大镜;载物台,有电加热装置。这类仪器的共同特点是操作简便、快速;样品用量少(2～3 颗小结晶);可观察晶体在加热过程中的变化情况,能测量室温到 300℃样品的熔点。

显微熔点法测定熔点的步骤如下所示:

① 将电源线及传感器按要求连接好。

② 取两片载玻片,洗净晾干后,取几粒待测样品放在一载玻片上,并用另一载玻片盖上,轻轻压实,然后将其置于加热台中心,盖上隔热玻璃。

③ 调节显微镜,使其焦点对准样品。

④ 打开电源开关,测定待测样品熔点,让升温由快→渐慢→平缓。

⑤ 观察被测样品的熔化过程。当结晶棱角开始变圆并有液体产生时为初熔,晶体完全液化为全熔。

⑥ 如需重复测试,需使温度降至熔点值以下 40℃。

素质拓展阅读

不论职业,专心工作,便是匠心精神

17 世纪 70 年代,荷兰德尔夫市有位看门人叫列文虎克。他年轻时曾在眼镜店学习过磨制眼镜片的手艺。到了晚年,他还常常用磨制镜片来打发时间。一天,他透过两块镜片,偶然发现镜片后面的小铁钉一下子变大了好多倍。这个发现引起他莫大的兴趣,于是他取了一点牙垢放到镜片下,结果竟发现了许多奇形怪状的小东西在蠕动着。列文虎克又动手做了一个金属支架和一个小圆筒,把两块镜片分别装在圆筒两头,还安上旋钮,来调节两块镜片间的距离。这样,世界上第一台显微镜就诞生了。由此可见,生活处处有学问,只要善于观察,勇于创新,勤于实践,就会有意外收获。

思考与交流

1. 测定熔点时,若遇到下列情况,将产生什么结果?
   (1) 熔点管壁太厚;
   (2) 熔点管底部未完全封闭,尚有一针孔;
   (3) 熔点管不洁净;
   (4) 样品未完全干燥或含有杂质;
   (5) 样品研得不细或装得不紧密;
   (6) 加热太快。
2. 熔点与物质的本质有何关系?
3. 测定熔点时对温度计要进行哪些方面的校正?如何校正?
4. 测定熔点时对载热体的选择有何要求?
5. 熔点的测定方法有哪些?其测定原理是什么?

任务三 沸点和沸程的测定

任务要求

1. 了解沸点和沸程的含义及测定意义。
2. 掌握毛细管法测定沸点的原理及方法。
3. 掌握标准方法测定沸点的原理及方法。
4. 掌握沸程测定原理及方法。

沸点是液态物质的一项重要物理常数,在物质的分离、提纯和使用中具有重要意义。在工业生产中,对于有机试剂、化工和石油产品,沸程是其质量控制的主要指标之一。

一、沸点及沸程概念

液态物质的分子由于热运动有从液体表面逸出的倾向,逸出的气态分子对液面产生一定压力,即蒸气压。当液体受热后温度升高,它的蒸气压也随之上升,当液体的蒸气压与大气压力相等时,液体沸腾。

液体的沸点是指在标准状态下,即大气压力为 101.325kPa 时液体沸腾时的温度,用符号 T_{bp} 表示。纯物质在一定压力下有恒定的沸点,但应注意,有时几种化合物混合后也有恒定的沸点,俗称恒沸物,但这不是纯物质。例如,95.6%乙醇和4.4%水混合,形成沸点为78.2℃的恒沸物。

液体的沸程是指挥发性有机液体样品,在标准规定的条件下(101.325kPa)蒸馏,第一滴馏出物从冷凝管末端落下的瞬间温度(初馏点)至蒸馏瓶底最后一滴液体蒸发时的瞬间温度(终馏点或干点)之间的温度间隔。对于纯液体物质,其沸程一般不超过1~2℃。若含有杂质则沸程会增大,但形成共沸物时沸程变小。

沸点的高低在一定程度上反映了有机化合物在液态时分子间作用力的大小。分子间作用力与化合物的偶极矩、极化度、氢键等有关。这些因素的影响，可以归纳为以下的经验规律。

① 在脂肪族化合物的异构体中，直链异构体的沸点比有侧链的异构体高，侧链越多，沸点越低。

② 在醇、卤代物、硝基化合物的异构体中，伯异构体沸点最高，仲异构体次之，叔异构体最低。

③ 在顺反异构体中，顺式异构体有较大的偶极矩，其沸点比反式高。

④ 在多双键的化合物中，有共轭双键的化合物的沸点较高。

⑤ 卤代烃、醇、醛、酮、酸的沸点比相应的烃高。

⑥ 在同系列中，分子量增大，沸点增高，但递增值逐渐减小。

二、沸点测定方法

码8-3 标准方法测定沸点

沸点是指在标准状态下（101.325kPa）液体沸腾时的温度，实际测定时，不一定能在标准状态下进行，所以要对所测数据进行大气压力的校正。国标 GB/T 616—2006 规定了用标准方法测定沸点，除此之外还有毛细管法。

1. 标准方法

标准方法测定沸点实验装置如图 8-5 所示。三口圆底烧瓶容积一般为 500mL；试管长为 190～200mm，距试管口约 15mm 处有一直径为 2mm 的侧孔。其他与熔点测定要求相似。测定时烧瓶中加入约为其体积 1/2 的恒温浴液。试管中注入待测液体，其液面略低于烧瓶中载热体的液面。主温度计下端水银球泡应距试管内样品液面 20mm。

缓慢加热，当温度上升到某一定数值并在相当时间内保持不变时，记录此时的温度计读数，此温度即为测定出的试样沸点。同时记录辅助温度计读数、室温和大气压，以便对测定结果进行校正。

码8-4 毛细管法测定沸点时现象的判断

2. 毛细管法

当样品量很少或样品很珍贵时，可以采用毛细管法测定沸点，实验中需要使用到毛细管和沸点管，实验装置如图 8-6 所示。沸点管直径约 3～4mm，长 70～80mm。毛细管内径 0.9～1mm，长 80～90mm，一端熔封。

测定时沸点管中加入 3～4 滴试样（高度约 7mm），将一端熔封的毛细管倒置其内，其开口端朝下，把沸点管附于温度计上再置于热浴中。同熔点测定一样，热浴可以是提勒管式热浴也可以是双浴式热浴，如果是双浴式热浴温度计水样球泡距管底约 5mm。缓慢加热，当一连串小气泡快速从毛细管内逸出，停止加热，气泡逸出速度因冷却而逐渐减慢。当气泡停止逸出而液体刚要进入毛细管时，表明毛细管内蒸气压等于外界大气压，此时的温度即为测定出的试样沸点。同时记录室温和大气压，以便对测定结果进行校正。

3. 测定结果的校正

沸点测定结果用式(8-4)校正：

$$T = T_1 + \Delta T_1 + \Delta T_2 + \Delta T_p \tag{8-4}$$

式中　T——试样的准确沸点，℃；

T_1——沸点的测定值，℃；

ΔT_1——内标式温度计示值校正值，℃；

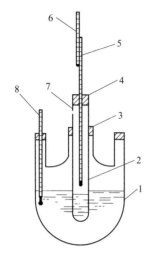
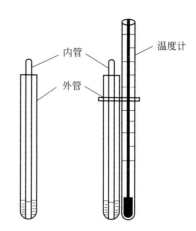

图 8-5　标准方法测定沸点装置　　　　图 8-6　毛细管法测定沸点装置
1—三口圆底烧瓶；2—试管；3,4—胶塞；5—主温度计；　　　（内管为毛细管；外管为沸点管）
6—辅助温度计；7—微孔；8—温度计

ΔT_2——内标式温度计水银柱外露段的校正值，℃；

ΔT_p——沸点随气压的变化值，℃。

ΔT_1 和 ΔT_2 校正方法同熔点测定。因为沸点随外界大气压力的变化会发生很大的变化。不同的测定环境，大气压力的差异较大，如果不是在标准大气压力下测定的沸点（或沸程），必须将所得的测定结果加以校正。沸点随气压的变化值 ΔT_p 用式(8-5)计算。

$$\Delta T_p = C_v(1013.25 - p) \tag{8-5}$$

式中　ΔT_p——沸点随气压的变化值，℃；

C_v——沸点温度随气压的校正值（由表 8-2 查得），℃/hPa；

p——经校正的气压值 [用式(8-6)计算]，hPa。

$$p = p_t - \Delta p_1 + \Delta p_2 \tag{8-6}$$

式中　p——经校正的气压值，hPa；

p_t——室温时测定出的大气压力（经气压计校正后的测定值），hPa；

Δp_1——气压计读数校正值（由表 8-3 查得），hPa；

Δp_2——纬度校正值（由表 8-4 查得），hPa。

表 8-2　沸点（或沸程）温度随气压变化的校正值

标准中沸程温度/℃	气压相差 1hPa 的校正值	标准中沸程温度/℃	气压相差 1hPa 的校正值
10～30	0.026	210～230	0.044
30～50	0.029	230～250	0.047
50～70	0.030	250～270	0.048
70～90	0.032	270～290	0.050
90～110	0.034	290～310	0.052
110～130	0.035	310～330	0.053
130～150	0.038	330～350	0.055
150～170	0.039	350～370	0.057
170～190	0.041	370～390	0.059
190～210	0.043	390～410	0.061

表 8-3 气压计读数校正值

室温/℃	气压计读数（×10²Pa）							
	925	950	975	1000	1025	1050	1075	1100
10	1.51	1.55	1.59	1.63	1.67	1.71	1.75	1.79
11	1.66	1.70	1.75	1.79	1.84	1.88	1.93	1.97
12	1.81	1.86	1.90	1.95	2.00	2.05	2.10	2.15
13	1.96	2.01	2.06	2.12	2.17	2.22	2.28	2.33
14	2.11	2.16	2.22	2.28	2.34	2.39	2.45	2.51
15	2.26	2.32	2.38	2.44	2.50	2.56	2.63	2.69
16	2.41	2.47	2.54	2.60	2.67	2.73	2.80	2.87
17	2.56	2.63	2.70	2.77	2.83	2.90	2.97	3.04
18	2.71	2.78	2.85	2.93	3.00	3.07	3.15	3.22
19	2.86	2.93	3.01	3.09	3.17	3.25	3.32	3.40
20	3.01	3.09	3.17	3.25	3.33	3.42	3.50	3.58
21	3.16	3.24	3.33	3.41	3.50	3.59	3.67	3.76
22	3.31	3.40	3.49	3.58	3.67	3.76	3.85	3.94
23	3.46	3.55	3.65	3.74	3.83	3.93	4.02	4.12
24	3.61	3.71	3.81	3.90	4.00	4.10	4.20	4.29
25	3.76	3.86	3.96	4.06	4.17	4.27	4.37	4.47
26	3.91	4.01	4.12	4.23	4.33	4.44	4.55	4.66
27	4.06	4.17	4.28	4.39	4.50	4.61	4.72	4.83
28	4.21	4.32	4.44	4.55	4.66	4.78	4.89	5.01
29	4.36	4.47	4.59	4.71	4.83	4.95	5.02	5.19
30	4.51	4.63	4.75	4.87	5.00	5.12	5.24	5.37
31	4.66	4.79	4.91	5.04	5.16	5.29	5.41	5.54
32	4.81	4.94	5.07	5.20	5.33	5.46	5.59	5
33	4.96	5.09	5.23	5.36	5.49	5.63	5.76	5.90
34	5.11	5.25	5.38	5.52	5.66	5.80	5.94	6.07
35	5.26	5.40	5.54	5.68	5.82	5.97	6.11	6.25

表 8-4 纬度校正值

纬度	气压计读数（×10²Pa）							
	925	950	975	1000	1025	1050	1075	1100
0	−2.48	−2.55	−2.62	−2.69	−2.76	−2.83	−2.90	−2.97
5	−2.44	−2.51	−2.57	−2.64	−2.71	−2.77	−2.84	−2.91
10	−2.35	−2.41	−2.47	−2.53	−2.59	−2.65	−2.71	−2.77
15	−2.16	−2.22	−2.28	−2.34	−2.39	−2.45	−2.51	−2.57
20	−1.92	−1.97	−2.02	−2.07	−2.12	−2.17	−2.23	−2.28
25	−1.61	−1.66	−1.70	−1.75	−1.79	−1.84	−1.89	−1.44
30	−1.27	−1.30	−1.33	−1.37	−1.40	−1.44	−1.48	−1.52
35	−0.89	−0.91	−0.93	−0.95	−0.97	−0.99	−1.02	−1.05

续表

纬度	气压计读数（×10² Pa）							
	925	950	975	1000	1025	1050	1075	1100
40	−0.48	−0.49	−0.50	−0.51	−0.52	−0.53	−0.54	−0.55
45	−0.05	−0.05	−0.05	−0.05	−0.05	−0.05	−0.05	−0.05
50	+0.37	+0.39	+0.40	+0.41	+0.43	0.43	+0.44	+0.45
55	+0.79	+0.81	+0.83	+0.86	0.88	+0.91	+0.93	+0.95
60	+1.17	+1.20	+1.24	+1.27	+1.30	1.30	+1.33	+1.36
65	+1.52	+1.56	+1.60	+1.65	+1.69	+1.73	+1.77	+1.81
70	+1.83	+1.87	+1.92	+1.97	+2.02	+2.07	+2.12	+2.17

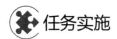

任务实施

操作18　标准方法测定乙醇沸点

一、目的要求

1. 熟悉标准方法测定乙醇沸点的原理。
2. 掌握沸点测定装置的搭建方法。
3. 掌握气压对沸点的校正方法。

二、方法原理

当液体温度升高时，其蒸气压随之增加，当液体的蒸气压与大气压力相等时，液体开始沸腾，温度不再上升，此时的温度即为沸点。

三、仪器和试剂

1. 仪器

三口圆底烧瓶、试管、酒精灯、刻度为0.1℃和1.0℃的温度计、铁架台。

2. 试剂

乙醇、甘油。

四、测定步骤

1. 按图8-5所示搭建沸点测定装置。
2. 量取适量的试样，注入试管中，其液面略低于烧瓶中载热体的液面。缓慢加热，当温度上升到某一定数值并在相当时间内保持不变时，记录此时的温度计读数，同时记录辅助温度计读数。
3. 记录室温及大气压。

五、数据记录与处理

室温/℃		大气压/Pa	
主温度计读数/℃		辅助温度计读数/℃	
ΔT_1/℃		ΔT_2/℃	
ΔT_p/℃		乙醇沸点 T/℃	

操作人：_____　　审核人：_____　　日期：_____

六、注意事项

1. 测定时胶塞不能密封，必须保证烧瓶内气体与外界大气相通。
2. 可在三口烧瓶的侧口放入温度计测量浴液的温度。

【任务评价】

出勤	预习情况	实验操作	实验结果	报告书写	文明操作	总评成绩

三、沸程测定方法

沸程也称馏程，是在规定条件下，对 100mL 试样进行蒸馏，观察初馏温度和终馏温度。也可规定一定的馏出体积，测定对应的温度范围或在规定的温度范围内测定馏出的体积。测定时涉及的术语较多。

1. 基本术语

（1）馏程　在规定的条件下蒸馏，从初馏点到终馏点的温度范围。

（2）馏分　在某一温度范围蒸出的馏出物。温度范围窄的称为窄馏分，温度范围宽的称为宽馏分。

（3）初馏点　在规定的条件下进行蒸馏，当冷凝管中流出第一滴冷凝液时的气相温度，以℃表示。

（4）终馏点　在规定的条件下进行蒸馏，蒸馏过程中的最高气相温度，以℃表示。

（5）干点　蒸馏烧瓶底部最后一滴液体汽化的瞬间所测得的气相温度，以℃表示。

（6）馏出温度　在规定的条件下进行蒸馏，量筒内回收的冷凝液达到某一规定体积（mL）时所同时观察的温度，以℃表示。

（7）50%馏出温度　在规定的条件下进行蒸馏，当馏出物体积为装入试样的 50% 时，蒸馏瓶内的气相温度，以℃表示。

（8）回收百分数　在规定的条件下进行蒸馏，观察到的最大回收体积所占加入试样体积的百分数。

（9）残留物百分数　在规定的条件下进行蒸馏，残留物体积（mL）所占加入试样体积的百分数。

（10）总回收百分数　在规定的条件下进行蒸馏，所得烧瓶里残留物百分数和回收百分数之和。

（11）损失百分数　在规定的条件下进行蒸馏，用 100% 减总回收百分数之差。

2. 沸程（馏程）测定装置

沸程（馏程）测定装置示意图如图 8-7 所示。支管蒸馏烧瓶由硅硼酸盐玻璃制成，有效容积为 100mL。接收器容积为 100mL，两端分度值为 0.5mL（也可用量筒代替）。温度计要求与熔点测定一样。冷凝管为直型冷凝管，置于冷凝器中使用。蒸馏沸点较低的样品如汽油时，冷凝器中装冰水，温度保持在 0~5℃。蒸馏沸点较高的样品如溶剂油、喷气燃料、煤油及其石油产品时，冷凝器中接入循环冷却水，水的温度要调节到不高于 30℃。在蒸馏含蜡液体燃料（凝点高于 -5℃）的过程中，控制冷凝器中水温在 50~70℃。

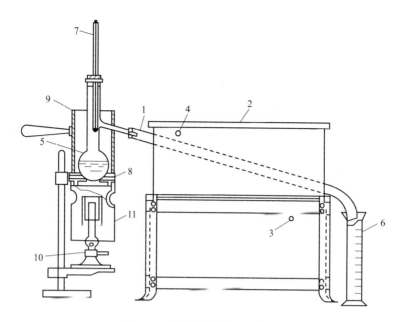

图 8-7 馏程测定装置示意图

1—冷凝管；2—冷凝器；3—进水口；4—排水口；5—蒸馏烧瓶；6—量筒（接收器）；7—温度计；
8—石棉垫；9—上罩；10—电炉（加热装置）；11—下罩

3. 测定过程

用清洁、干燥的 100mL 量筒，量取试样 100mL 注入蒸馏烧瓶中，不要使液体流入蒸馏烧瓶的支管内。量筒中的试样体积是按凹液面的下边缘计算，观察时眼睛要保持与液面在同一水平面上。

用插好温度计的软木塞，紧密地塞在盛有试样的蒸馏烧瓶口内，使温度计和蒸馏瓶的轴心线互相重合，并且使水银球的上边与支管焊接处的下边缘在同一平面上。

蒸馏烧瓶的支管要用紧密的软木塞与冷凝管的上端连接。支管插入冷凝管内的长度要达到 25~40mm，但不能与冷凝管内壁接触。在软木塞的连接处均涂上火棉胶后，将上罩放在石棉垫上，把蒸馏烧瓶罩住。

量取过试样的量筒不需经过干燥即可放在冷凝管下面，并使冷凝管下端插入量筒中不得少于 25mm，也不得低于 100mL 的标线。量筒的口部要用棉花塞好后才进行蒸馏。蒸馏汽油时，量筒要浸在装着水的高型烧杯中。烧杯中的液面要高出量筒的 100mL 标线。量筒的底部要压有金属重物，使量筒不能浮起。在蒸馏过程中，高型烧杯中的水温应保持在 (20±3)℃。

向冷凝器中稳定地提供冷却水，打开电炉开关，调节蒸馏速度。对于沸程温度低于 100℃ 的试样，应使加热至第一滴冷凝液滴入接收器的时间为 5~10min；对于沸程高于 100℃ 的试样，上述时间应控制在 10~15min；然后将蒸馏速率控制在 3~4mL/min。

记录规定馏出物体积对应的温度或规定温度范围内馏出物的体积。同时记录室温及大气压。

4. 结果计算

计算方法与沸点测定相同。

注意：蒸馏应在通风良好的通风橱中进行。如果样品的沸程温度范围下限低于 80℃，则应在 5~10℃ 量取样品及测量馏出液体积（将接收器距顶端 25mm 处以下浸入 5~10℃ 的水浴中）；若样品的沸程温度范围下限高于80℃，则在常温下量取样品及测量馏出液体积；若样品的沸程温度范围下限高于150℃，则应采用空气冷凝，在常温下量取样品及测量馏出液体积。

思考与交流

1. 沸点（或沸程）测定受哪些因素的影响？怎样进行校正？
2. 蒸馏测定汽油沸程时，为什么量筒的口部要用棉花塞住？

任务四　液体密度的测定

任务要求

1. 了解密度的概念。
2. 熟悉密度与物质结构的关系。
3. 掌握液体密度的测定方法及原理。

密度是物质的一个重要物理常数，不同种类的物质有不同的密度，每一种物质都有其确定的密度值。因此，通过测定化合物的密度，可以初步判断物质的纯度。

一、密度基本知识

密度是指在规定的温度下，单位体积物质的质量，用符号 ρ_T 表示，单位为 g/cm³（g/mL）。

由于物质的热胀冷缩，其体积随温度的变化而变化，所以物质的密度也随之改变。因此密度的表示必须注明温度。在一般情况下，常以20℃为准。如在其他温度测定时，必须在密度的右下角注明温度。在一般的分析工作中通常测量液体试样的密度而很少测量固体的密度。

密度是液体有机化合物的重要物理常数之一。液体的密度与它分子间的作用力有关。同一温度下，分子作用力不变，密度也不会改变。所以液态有机化合物都有一定的密度。根据密度的测定可以鉴定有机化合物，特别是对不能形成良好衍生物的化合物的鉴定更有用处。例如液态脂肪烃类的鉴定，往往是借助测量它们的沸点、密度、折射率来进行的。通过密度的测定，也能大致估计试样分子结构的复杂性。凡相对密度小于1.0的化合物通常不会含有两个及两个以上的官能团，而含有多元官能团的化合物的相对密度总是大于1.0的。如果物质中含有杂质，则改变了分子间的作用力，密度也随之改变，根据密度的测定可以确定有机化合物的纯度。所以，密度是液体有机产品质量控制的指标之一。

密度与分子结构的关系很大，有机液态化合物的密度大小由其分子组成、结构、分子间作用力所决定。一般有如下规律：

① 同系列化合物中，分子量增大，密度随之增大，但增量逐渐减小。
② 在烃类化合物中，当碳原子数相同时，不饱和度越大，密度越大。
③ 分子中引入极性官能团后，其密度大于其母体烃。

④ 分子中引入能形成氢键的官能团后，密度增大。官能团形成氢键的能力越强，密度越大。当碳原子数相同时，密度按下列顺序改变：

$$RCOOH > RCH_2OH > RNH_2 > ROR > RH$$

液体密度的测定方法有密度瓶法、韦氏天平法和密度计法，国标 GB/T 611—2006《化学试剂密度测定通用方法》提出用密度瓶法和韦氏天平法测定液体化学试剂的密度。

二、密度瓶法测定密度

1. 测定原理

在规定温度下，分别测定充满同一密度瓶的水及试样的质量，由水的质量和密度可以确定密度瓶的容积即试样的体积，根据密度的定义，可以计算试样的密度。计算公式为：

$$\rho_{20}^{Y} = \frac{m_{20}^{Y} \rho_{20}^{S}}{m_{20}^{S}} \tag{8-7}$$

式中 ρ_{20}^{Y}——待测试样在20℃时的密度，g/cm³；

m_{20}^{S}——20℃时充满密度瓶的水的质量，g；

m_{20}^{Y}——20℃时充满密度瓶的试样的质量，g；

ρ_{20}^{S}——20℃时水的密度，0.99820g/cm³。

由于在测定时，称量是在空气中进行的，因此受到空气浮力的影响，可按式(8-8)计算密度以校正空气的浮力。

$$\rho_{20}^{Y} = \frac{(m_{20}^{Y} + A) \times \rho_{20}^{S}}{m_{20}^{S} + A} \tag{8-8}$$

式中，A 是空气浮力校正值，即称量时试样和蒸馏水在空气中减轻的质量。但通常情况下 A 值的影响很小，可忽略不计。

2. 测定仪器

密度瓶法测定密度的关键仪器是密度瓶，它有各种规格和形状。图 8-8 显示了普通型和标准型密度瓶结构示意图。普通型为球形，标准型是附有特制温度计、带有磨口帽的小支管的密度瓶。密度瓶的容积有 5mL、10mL、25mL 和 50mL 等。

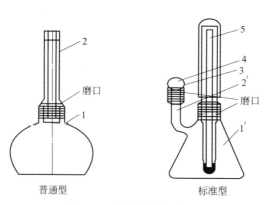

图 8-8 常用密度瓶示意图

1,1′—密度瓶主体；2—毛细管；2′—侧管；3—侧孔；4—罩；5—温度计

密度瓶法测定液体密度不适合于易挥发液体的测量。

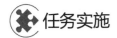

操作 19　密度瓶法测定磷酸密度

一、目的要求
1. 掌握密度瓶法测定液体密度的原理及实验操作。
2. 掌握液体密度的计算方法。

二、方法原理
在 20℃时,分别测定充满同一密度瓶的水及样品的质量,由水的质量确定密度瓶的容积即样品体积,根据样品质量和体积计算样品密度。

三、仪器和试剂
1. 仪器

密度瓶(普通型,容积 25mL)、分析天平(感量为 0.1mg)、恒温水浴(温度可控制在 20℃±0.1℃)、温度计(分度值为 0.2℃的全浸式水银温度计)。

2. 试剂

磷酸。

四、测定步骤
1. 密度瓶的准备

将密度瓶洗净并干燥,污染较重的密度瓶可以用铬酸洗液洗涤,然后用自来水、蒸馏水清洗后干燥。称出空密度瓶的质量 m_1,称准至 0.0002g。

2. 密度瓶容积的测定

用注射器将新煮沸并经冷却至 18~20℃的蒸馏水装满至密度瓶顶端,加上塞子,然后放入 (20±0.1)℃的恒温水浴中,但不要浸没密度瓶或毛细管上端。将密度瓶在 20℃的恒温浴中至少保持 30min。待温度达到平衡、液面不再变动时,用滤纸擦去毛细管处溢出的样品,取出密度瓶,仔细用绸布将密度瓶外部擦干,称准至 0.0002g,得到装有水的密度瓶质量 m_2。

3. 磷酸密度的测定

将密度瓶中的蒸馏水倒去,干燥后(或用待测磷酸润洗后)装入磷酸,与测定密度瓶容积时的实验操作相同,恒温后测定装有磷酸的密度瓶质量 m_3。

五、数据记录与处理
数据记录如下:

空密度瓶质量 m_1:＿＿＿＿＿＿;　密度瓶加水质量 m_2:＿＿＿＿＿＿;

密度瓶加磷酸质量 m_3:＿＿＿＿＿＿;　磷酸密度:＿＿＿＿＿＿。

六、注意事项
1. 装入液体时,必须使瓶中充满液体以免有气泡留在瓶内。
2. 外壁擦干后称量,称量需迅速进行。
3. 操作时戴细纹手套,手持密度瓶瓶颈部。
4. 考虑空气浮力的影响,可以用下式计算磷酸密度,其中 0.0012 (g/cm³) 是在 20℃、大气压为 760mmHg (1mmHg=0.13332kPa) 时的空气密度。

$$\rho_{20}^{试样} = \frac{(m_3 - m_1)(0.99820 - 0.0012)}{m_2 - m_1} + 0.0012$$

【任务评价】

出勤	预习情况	实验操作	实验结果	报告书写	文明操作	总评成绩

三、韦氏天平法测定密度

1. 测定原理

韦氏天平法适用于易挥发液体样品密度的测定。测定密度的依据是阿基米德定律，即浸在液体（或气体）里的物体受到向上的浮力作用，浮力的大小等于被该物体排开的液体的重量。用该方法测定时是在一定温度（20℃）下，分别测定同一物体（玻璃浮锤）在水及试样中的浮力。当浮锤完全浸没在液体中时，浮锤排开水和试样的体积相同，浮锤排开水和试液的体积为：

$$V_{排水} = m_水 / \rho_水 \tag{8-9}$$

$$V_{排试液} = m_{试液} / \rho_{试液} \tag{8-10}$$

则试样密度为：

$$\rho_{20}^{Y} = \frac{m^{Y} \rho_{20}^{S}}{m^{S}} \tag{8-11}$$

式中　ρ_{20}^{Y}——待测试样在20℃时的密度，g/cm^3；

m^{S}——玻璃浮锤浸于水中时骑码的读数；

m^{Y}——玻璃浮锤浸于试样中时骑码的读数；

ρ_{20}^{S}——20℃时水的密度，$0.99820 g/cm^3$。

2. 测定仪器

韦氏天平法中测定液体密度的仪器为韦氏天平，其结构如图8-9所示。

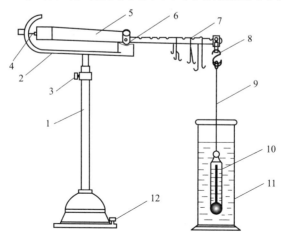

图8-9　韦氏天平结构示意图

1—支柱；2—托架；3—支柱固定螺钉；4—指针；5—横梁；6—刀座；7—骑码；8—钩环；
9—细铂丝；10—浮锤；11—玻璃筒；12—水平调节螺丝

码8-5 韦氏天平的读数方法

韦氏天平主要由支架、横梁、玻璃浮锤及骑码等组成。天平横梁用支架支持于刀座上，梁的两臂形状不同且不等长。长臂上刻有分度，末端有悬挂玻璃浮锤的钩环。短臂末端有指针，当两臂平衡时指针应和固定指针水平对齐。旋松支柱固定螺丝可使支架上下移动。支柱的下部有一个水平调节螺钉，横梁的左侧有水平调节器，它们可用于调节韦氏天平在空气中的平衡。

韦氏天平附有两套骑码，最大的骑码质量等于玻璃浮锤在 20℃的水中所排开的水的质量（约 5g），其他骑码为最大骑码的 1/10、1/100、1/1000。读数时根据骑码在横梁上的位置读取数值，读数方法见表 8-5。

表 8-5　不同骑码在各个位置的读数

骑码位置	1号骑码	2号骑码	3号骑码	4号骑码
放在第 10 号位	1	0.1	0.01	0.001
放在第 9 号位	0.9	0.09	0.009	0.0009
……	…	…	…	…
放在第 1 号位	0.1	0.01	0.001	0.0001

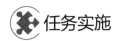任务实施

操作 20　韦氏天平法测定乙醇密度

一、目的要求

1. 掌握韦氏天平法测定液体密度的原理及实验操作。
2. 掌握韦氏天平的读数方法。

二、方法原理

在 20℃时，分别测定浮锤在水及样品中的浮力。由于浮锤所排开水的体积和所排开待测样品的体积相同，根据水的密度及浮锤在水和样品中的浮力计算样品的密度。

三、仪器和试剂

1. 仪器

韦氏天平、恒温水浴（温度可控制在 20℃±0.1℃）、温度计（分度值为 0.2℃的全浸式水银温度计）。

2. 试剂

95％乙醇。

四、测定步骤

1. 韦氏天平的安装

天平应安装在温度正常的室内（约 20℃），同时免受气流、震动、强力磁源等影响，并安装在牢固的工作台上。

将盒内各种零件顺次取出，将浮锤、弯头温度计和玻璃筒用酒精擦净并干燥。将支柱紧固螺钉旋松，托架升至适当高度后旋紧螺钉。将横梁置于托架的刀座上，将等重砝码挂于横梁右端的小钩上，旋动水平调节螺丝使横梁上的指针尖与托架指针尖两尖对准，达到平衡。如无法调节平衡时，首先将平衡调节器上的定位小螺钉松开，然后略微转动平衡调节器直至平衡再将定位螺钉旋紧，严防松动。

将等重砝码取下，换上玻璃浮锤，此时必须保持平衡状态，但允许有±0.0005g的误差存在。

2. 乙醇密度的测定

向玻璃筒中注入煮沸30min并冷却至20℃的水，将浮锤浸入水中，玻璃筒置于20℃的恒温水浴中恒温20min，然后由大到小把骑码加在横梁的V形槽上，使指针重新水平对齐，记录骑码的读数。

将玻璃筒中的水倾出，玻璃筒及浮锤先用乙醇清洗，然后注入乙醇同上操作测定，记录骑码的读数。

五、数据记录及处理

测定数据记录如下：

测定水时骑码读数：_____；测定乙醇时骑码读数：_____；

20℃时水的密度：_____；乙醇密度：_____。

六、注意事项

1. 天平经开箱拆包后，用软布蘸取乙醇小心擦拭进行清洁工作，尤其是各刀刃及刀座。严禁使用粗布、硬刷，并须防止擦伤撞坏。

2. 测定时先加大骑码，后加小骑码。测定完毕，应将横梁V形槽和小钩上的骑码全部取下，不可留置在横梁V形槽和小钩上。

3. 如果在同一刻度（同一V形槽位置）上，需要放两个骑码，则将小的骑码挂在大骑码的脚钩上。

4. 当天平要移动位置时，应把易于分离的部件及横梁等拆卸分离，以免损坏刀口。

【任务评价】

出勤	预习情况	实验操作	实验结果	报告书写	文明操作	总评成绩

四、密度计法测定密度

密度计法测定密度比较简单、快速，但其准确度较低，依据的原理是阿基米德定律。

密度计是一支中空的玻璃浮柱，上部有标线，下部为一重锤，内装铅粒。当将密度计放入待测样品中时，如果液体密度较大，所受到的浮力也就越大，密度计就会越往上浮，反之则相反。根据密度计浮于液体的位置，可直接读出所测液体试样的密度。

测定时将试样倾入清洁干燥的玻璃圆筒中，手拿密度计的上端将密度计轻轻放入试样中，勿使试样产生气泡，密度计不能碰壁、碰底。待密度计摆动停止后，视线从水平位置观察读数。

密度计是成套的，每套有若干支，每支密度计有一定的测量范围。测定时选择合适的密度计，保证密度计能悬浮于待测试样中并有合适的读数显示。

思考与交流

1. 液体密度的测定方法有哪些？其测定原理是什么？
2. 密度瓶法不适用于何种试样的密度测定？
3. 韦氏天平法测定密度应注意哪些事项？

任务五 闪点的测定

任务要求

1. 了解闪点和燃点的概念。
2. 掌握开口杯法和闭口杯法测定闪点的原理。
3. 掌握开口杯法和闭口杯法测定闪点的区别。

闪点是有机化合物，特别是易燃性物质的一个重要物理常数，不同类型的物质有不同的闪点值。闪点是预示出现火灾和爆炸危险性程度的指标，是确定易燃性物质使用和储存条件的重要依据，也是燃料类物质质量的一个重要指标。

一、闪点基本知识

在规定条件下，易燃性物质受热后所产生的蒸气与周围空气形成的混合气体，在遇到明火时发生瞬间着火（闪火现象）时的最低温度，称为该易燃物质的闪点。能发生连续5s以上的燃烧现象的最低温度，称为燃点。

闪点是着火燃烧的前奏，是预示出现火灾和爆炸危险性程度的指标。闪点越低越容易发生爆炸和火灾事故，应特别注意防护。在生产、运输和使用易燃物品时，应按闪点的高低确定其运送、储存和使用的条件及各种防火安全措施。

在生产和应用过程中，闪点也是控制产品质量的重要依据。对油品而言，闪点值还能判断其馏分轻重和质量。闪点越低，馏分越轻，一般表明是低分子量的组分，反之是高分子量的组分。因此，利用闪点的高低可以判断物质的大致组分及质量。

二、闪点测定方法

闪点的测定有开口杯法和闭口杯法两种。开口杯法测定闪点时常常也要求测定燃点。开口杯法是将样品暴露在空气中测定，而闭口杯法则用杯盖将样品和空气分隔，处于封闭状态。因此，测定同一样品，开口杯法的测定结果要高于闭口杯法约20~30℃。这是因为用开口杯测定时，试样蒸气的一部分逸散到空气中，使样品液面上方的蒸气密度相对较小所致。一般分子量越大，沸点越高，闪点越高。高沸点的样品中加入少量低沸点样品，会使闪点大为降低。

一般情况下，高闪点的物质采用开口杯法测定，低闪点的物质采用闭口杯法测定。但是这没有严格的限制。

由于闪点的测定是条件试验，所用仪器规格及操作手续必须按照国家相关标准进行。

1. 开口杯法测定闪点

（1）测定原理 将样品倒入试验杯至规定的刻度线，先迅速升高试样的温度，当接近闪点时再缓慢地以恒定温度升温。在规定的温度间隔，用一个小的试验火焰扫过试验杯，使试验火焰引起试样液面上部蒸气闪火的最低温度即为闪点。如需测定燃点，应继续进行试验，直到试验火焰引起试样液面的蒸气着火并维持燃烧5s的最低温度即为燃点。在环境大气压下测得的闪点和燃点要修正到标准大气压下的闪点和燃点。

(2) 测定仪器 开口杯闪点测定仪仪器类型很多，图8-10是一种类型的闪点测定仪。外坩埚由0.3优质碳素结构钢制成，表面镀黑，上口内径（100±5）mm，高（50±5）mm，底部内径（56±2）mm。内坩埚材质与外坩埚一样，上口内径（64±1）mm，高（47±1）mm，底部内径（38±1）mm，在距上口边缘12mm及18mm处各有刻度线一条。点火器喷口直径为0.8~1mm，内孔表面光洁，能调节火焰形成3~4mm近似球形，并能沿坩埚水平面任意移动。

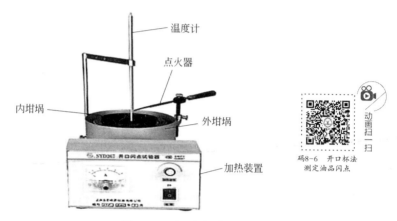

图8-10 开口杯闪点测定仪器

码8-6 开口杯法测定油品闪点

(3) 注意事项

① 试样的水分大于0.1%时，必须脱水。脱水处理是在试样中加入新煅烧并冷却的食盐、硫酸钠或无水氯化钙。闪点低于100℃的试样脱水时不必加热；其他试样允许加热至50~80℃时用脱水剂脱水。脱水后，取试样的上层清液部分供实验使用。

② 内坩埚使用前用溶剂油（如无铅汽油）洗涤后，干燥冷却后放入装有细砂（经过煅烧）的外坩埚中，使细砂表面距离内坩埚的口部边缘约12mm，并使内坩埚底部与外坩埚底部之间的砂层厚度为5~8mm。对闪点在300℃以上的试样进行测定时，两只坩埚底部之间的砂层厚度允许酌量减薄，但在实验时必须保持适当的升温速度。

③ 试样注入内坩埚时，对于闪点在210℃和210℃以下的试样，液面距离坩埚口部边缘为12mm；对于闪点在210℃以上的试样，液面距离口部边缘18mm。试样向内坩埚注入时，不应溅出，而且液面以上的坩埚壁不应沾有试样。

④ 将装好试样的坩埚平稳地放置在支架的铁环（或电炉）上，并将温度计垂直地固定在温度计夹上，使温度计的水银球位于内坩埚中央，与坩埚底和试样液面的距离大致相等。

⑤ 开始加热时调节升温速度，使试样在开始加热后能迅速达到（10±2）℃/min的升温速度。当达到预计闪点前约40℃时，控制升温速度为（4±1）℃/min。当达到预计闪点前10℃左右，移动点火器火焰于距试样液面10~14mm处，并沿着内坩埚上边缘水平方向从坩埚一边移到另一边，时间为2~3s。试样温度每升高2℃，重复点火试验一次。

当试样表面上方最初出现蓝色火焰时，立即从温度计读出温度作为该试样的闪点，同时记录大气压力。

若测定燃点，继续加热，保持（4±1）℃/min的升温速度，每升高2℃点火试验一次。当能继续燃烧5s时，立即从温度计读出并记录测定温度，即为试样的燃点。

(4) 结果计算 用平行测定两个结果的算术平均值，作为试样的闪点。根据国家标准规定，平行测定的两次结果，闪点差数不应超过4℃（闪点在150℃以下）或8℃（闪点在150℃以上）。

闪点的高低受外界大气压力的影响。大气压力降低，物质易挥发，故闪点会随之降低；反之大气压力升高，闪点会随之升高。在不同大气压力条件下测得的闪点需进行压力校正，开口杯法测定闪点用式(8-12)对大气压进行校正。

$$T = T_p + (0.001125T_p + 0.21) \times (101.3 - p) \tag{8-12}$$

式中　T——标准压力下的闪点，℃；

T_p——实际测定的闪点，℃；

p——测定闪点时的大气压力，kPa。

2. 闭口杯法

闭口杯法和开口杯法的区别是仪器不同、加热和引火条件不同。闭口杯法中试样在密闭油杯中加热，只在点火的瞬间才打开杯盖；开口杯法中试样是在敞口杯中加热，蒸发的气体可以自由向空气中扩散，测得的闪点较闭口杯法高。

闭口杯闪点测定仪器如图 8-11 所示，加热炉体为碳化硅材料，加热功率从 0~600W 可调。仪器带有电动搅拌装置，搅拌叶片规格为 8mm×40mm。装试样的油杯如图 8-12 所示，一般由黄铜制作，内径 50.8mm，深度 56mm，试样容量刻度线深度为 34.2mm，试样容量约为 70mL。

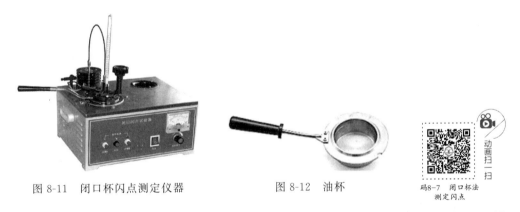

图 8-11　闭口杯闪点测定仪器　　图 8-12　油杯　　码8-7　闭口杯法测定闪点

闭口杯法测定闪点时，试样与油杯的处理与开口杯法一样。试样注入油杯时，试样和油杯的温度都不应高于试样脱水的温度。杯中试样要装至油杯环状标记处，然后盖上清洁、干燥的杯盖，插入温度计。

开始加热前先点燃点火器，调整火焰呈球形（直径 3~4mm）。开启加热器后调整加热速度：对于闪点低于 50℃ 的试样，升温速度应为 1℃/min，并不断搅拌试样；对于闪点在 50~150℃ 的试样，开始加热的升温速度应为 5~8℃/min，并每分钟搅拌一次；对于闪点超过 150℃ 的试样，开始加热的升温速度应为 10~12℃/min，并定期搅拌。当温度达到预计闪点前 20℃ 时，加热升温的速度应控制 2~3℃/min，并不断搅拌。

当达到预计闪点前 10℃ 左右时，开始点火实验：对于闪点低于 104℃ 的试样每升高 1℃ 点火一次，对于闪点高于 104℃ 的试样每升高 2℃ 点火一次（注意点火时停止搅拌，点火后要继续搅拌）。点火时扭动滑板及点火器控制手柄，使滑板滑开，点火器伸入杯口，使火焰在 0.5s 内降到杯口，留在这一位置 1s 后立即迅速回到原位。

当第一次在试液面上方出现蓝色火焰时，记录温度。当出现第一次闪点时，应按上述要求继续试验，若在出现闪点温度后的下一个温度点能继续闪火，才能认为测定结果有效。若再次试验时，不出现闪火则应更换试样重新试验。

闭口杯闪点压力校正公式为：

$$T = T_p + 0.0259(101.3 - p) \tag{8-13}$$

式中　T——标准压力下的闪点，℃；

T_p——实际测定的闪点，℃；

p——测定闪点时的大气压力，kPa。

思考与交流

1. 闪点的定义是什么？为什么要控制点火的频率？
2. 开口闪点和闭口闪点有何区别？若分别用开口杯法和闭口杯法测定同一种样品，其结果有什么不同？为什么？
3. 为什么要对闪点的测定温度值进行大气压力的校正？

任务六　旋光度的测定

任务要求

1. 了解旋光度的含义及与物质结构的关系。
2. 了解旋光度测定的意义。
3. 掌握旋光度测定的原理及方法。

平面偏振光通过含有某些光学活性的化合物液体或溶液时，能引起旋光现象，使偏振光的平面向左或向右旋转，即产生一定的旋光度。

一、旋光度产生原因及测定意义

有些化合物，因其分子中具有不对称结构，为手性分子。将这类物质溶解于适当的溶剂中，当平面偏振光通过该物质溶液时偏振光的振动方向会发生旋转，这种特性称为物质的旋光性，偏振光旋转的角度就称为旋光度，用 α 表示。

若手性化合物能使偏振面右旋（顺时针）称为右旋体，用（＋）表示；而其对映体必使偏振面左旋（逆时针）相等角度，称为左旋体，用（－）表示。

旋光度的大小主要决定于旋光性物质的分子结构，也与溶液的浓度、液层厚度、入射偏振光的波长及测定时的温度等因素有关。旋光仪测定的旋光度并非特征物理常数，测定条件不同时同一化合物测得的旋光度有不同的值。因此，为了比较不同物质的旋光性能，通常用比旋光度表示。

比旋光度是以黄色钠光 D 线为光源，在 20℃时，偏振光透过浓度为 1g/mL、液层厚度为 1dm 旋光性物质的溶液时的旋光度，用符号 $[\alpha]_D^{20}$(S) 表示。比旋光度与旋光度的关系为：

纯液体的比旋光度　　　　　　$$[\alpha]_D^{20}(S) = \frac{\alpha}{l\rho} \tag{8-14}$$

溶液的比旋光度 $$[\alpha]_{\mathrm{D}}^{20}(\mathrm{S})=\frac{100\alpha}{lc}$$ (8-15)

式中 α——测得的旋光度，(°)；

ρ——液体在20℃时的密度，g/mL；

c——每100mL溶液含旋光性物质的质量，g/100mL；

l——旋光管的长度（液层厚度），dm；

20——测定的温度，℃；

S——所用的溶剂。

不同结构的不对称碳原子的有机化合物有不同的旋光能力。因此，通过测定有机物的旋光度，计算其比旋光度，可以定性地检验化合物，也可以判断化合物的纯度或溶液的浓度。

二、旋光度测定方法

旋光度测定时，光源发出的光线经起偏镜转变成偏振光后通过样品溶液，由于样品物质的旋光作用，使其振动方向改变了一定的角度，将检偏镜旋转一定角度后使透过光的强度与入射光强度相等，用仪器测出检偏镜旋转的角度即为样品的旋光角，即旋光度。测定旋光度的仪器有自动旋光仪、圆盘旋光仪，这里介绍圆盘旋光仪的使用方法。

图8-13为旋光仪的基本构造，图8-14为圆盘旋光仪的外观图。

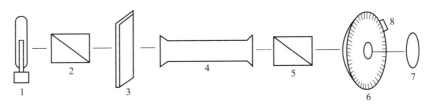

图8-13　旋光仪的基本构造

1—钠光源；2—起偏镜；3—半荫片；4—盛液管（旋光管）；5—检偏镜；
6—刻度盘；7—目镜；8—固定游标

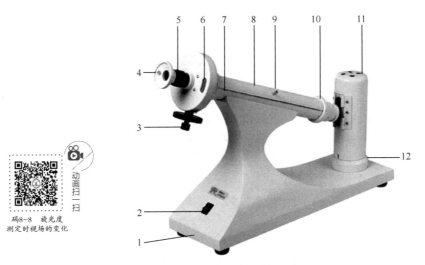

图8-14　圆盘旋光仪的外观图

1—底座；2—电源开关；3—刻度盘转动手轮；4—放大镜座；5—视度调节螺旋；6—刻度盘游标；
7—镜筒；8—镜筒盖；9—镜盖手柄；10—镜盖连接圈；11—灯罩；12—灯座

测定时光线从光源投射到起偏镜后变成平面直线偏振光，再经半荫片，视场中出现了三分视界。旋光物质盛入旋光管放入镜筒测定，由于溶液具有旋光性，把平面偏振光旋转了一定角度，通过检偏镜起分解作用，从目镜中观察，就能看到中间亮（或暗）、左右暗（或亮）的照度不等的三分视场（图 8-15）。转动刻度盘转动手轮，带动刻度盘和检偏镜旋转直至视场照度一致为止。然后从放大镜中读出刻度盘旋转的角度，即为试样的旋光度。

    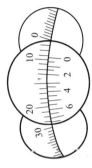 

图 8-15 三分视场变化示意图　　　　　　图 8-16 读数示意图（$\alpha = +9.30°$）

旋光仪的读数系统包括刻度盘和放大镜，仪器采用双游标读数，以消除刻度盘偏心差。刻度盘和检偏镜连在一起，由调节手轮控制一起转动。检偏镜旋转的角度可以在刻度盘上读出，刻度盘分 360 格，每格为 1°；游标分 20 格，等于刻度盘的 19 格，用游标读数可以读到 0.05°。读数时，先读游标的 0 落在刻度盘上的位置（整数值），再用游标尺刻度盘刻线重合的方法，读出游标尺上的数值（可读出两位小数）。如图 8-16 读数为 +9.30°。

 任务实施

操作 21　葡萄糖比旋光度的测定

一、目的要求
1. 了解圆盘旋光仪的结构。
2. 掌握圆盘旋光仪的使用方法。
3. 掌握葡萄糖比旋光度的测定及计算方法。

二、方法原理
当平面偏振光通过旋光介质时，偏振光的振动方向就会偏转，偏转角度的大小反映了该介质的旋光性质，利用仪器测定出偏转角度即旋光度，然后算出物质的比旋光度。

三、仪器和试剂
1. 仪器
圆盘旋光仪、100mL 容量瓶，其他常规分析用仪器。
2. 试剂
葡萄糖、氨水。

四、测定步骤
1. 溶液配制
准确称取 10g（准确至小数点后四位）葡萄糖试样于 150mL 烧杯中，用 50mL 蒸馏水溶解，滴加 0.2mL 浓氨水，放置 30min，转移到 100mL 容量瓶中，用蒸馏水稀释至刻度线，摇匀。

2. 旋光仪零点的校正

将旋光仪的电源接通，开启仪器的电源开关，约 10min 后待钠光灯正常发光，开始进行零点校正。取长度为 2dm 的旋光管，洗净后注满蒸馏水，装上橡胶圈，旋紧两端的螺帽，把旋光管内的气泡排至旋光管的凸出部分，擦干管外的水。

将旋光管放入镜筒内，调节目镜使视场明亮清晰，然后轻缓地转动刻度盘转动手轮至三分视界消失，记下刻度盘读数，准确至 0.05°。再旋转刻度盘转动手轮，使视场明暗分界后，再缓缓旋至视场的三分视界消失，如此重复三次，取平均值作为零点。

3. 试样测定

将旋光管中的水倾出，用葡萄糖溶液清洗旋光管，然后注满溶液，装上橡胶圈，旋紧两端的螺帽，将气泡赶至旋光管的凸出部分，擦干管外的溶液。同上操作测定旋光度。

五、数据记录及处理

溶液温度/℃		溶液浓度/(g/100mL)	
蒸馏水测定零点			
零点平均值			
葡萄糖旋光度			
葡萄糖旋光度平均值			
葡萄糖比旋光度			

注：计算比旋光度时应扣除零点后再计算。

操作人：_____ 审核人：_____ 日期：_____

六、注意事项

1. 不管是校正仪器零点还是测定试样，旋转刻度盘时必须极其缓慢，否则就观察不到视场亮度的变化，通常零点校正的绝对值在 1°之内。

2. 如不知试样的旋光性时，应先确定其旋光的方向后再进行测定。

3. 溶液必须透明清晰。

4. 钠光灯管使用时间不宜超过 4h，长时间使用应用电吹风散热或熄灭 10min，待冷却后再使用。

【任务评价】

出勤	预习情况	实验操作	实验结果	报告书写	文明操作	总评成绩

思考与交流

1. 什么叫旋光度？旋光度的测定原理是什么？
2. 比旋光度和旋光度有何区别和联系？

任务七 黏度的测定

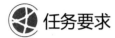任务要求

1. 了解黏度的概念及测定意义。
2. 掌握毛细管黏度计测定运动黏度的方法。
3. 掌握恩氏黏度的测定方法。
4. 熟悉绝对黏度的测定方法。

黏度是液体化合物的一个重要物理常数。通过对液体黏度的测定,可以确定该液体的输送条件和工艺,也是确定液体化合物的质量指标之一,它在石油、医药、食品、涂料工业中有广泛的应用。

一、黏度基本知识

黏度是液体的内摩擦,是一层液体对另一层液体做相对运动的阻力。黏度通常分为绝对黏度(动力黏度)、运动黏度和条件黏度。

1. 绝对黏度(以 η 表示)

绝对黏度是指面积为 $1cm^2$、垂直距离为 $1cm$ 的两层液体,相互以 $1cm/s$ 的速度相对移动而应克服的阻力。如阻力为 $10^{-5}N$,则该液体的绝对黏度为 1,单位(SI)为 $Pa \cdot s$ [即 $(N \cdot s)/m^2$]。在温度为 t 时液体的绝对黏度以 η_t 表示。

2. 运动黏度(以 ν 表示)

运动黏度是液体的绝对黏度 η 与同一温度下的液体密度 ρ 之比。

$$\nu = \frac{\eta}{\rho} \tag{8-16}$$

其法定计量单位(SI)为 m^2/s,曾用单位有"泊"(St)和"厘泊"(cSt)。它们的关系是 $1m^2/s = 10^4 St = 10^6 cSt$。在温度 t 时,运动黏度以 ν_t 表示。

3. 条件黏度

条件黏度包括恩氏黏度、赛氏黏度和雷氏黏度,它们测定的原理相似,但使用仪器不同,此处介绍恩氏黏度。

恩氏黏度是用恩格勒黏度计,在规定温度下,测定一定量的试样从恩格勒黏度计流出所需的时间(秒数),与同体积水在规定温度下流出所需的时间(秒数),两者的比值即为恩氏黏度。单位为恩氏度(°E),用符号 E_t 表示。

二、运动黏度的测定

1. 测定原理

在某一恒定的温度下,测定一定体积的液体在重力下流过一个标定好的玻璃毛细管黏度计的时间,黏度计的毛细管常数与流动时间的乘积,即为该温度下测定液体的运动黏度。

2. 测定仪器

运动黏度测定时的主要仪器为毛细管黏度计（图 8-17）和恒温浴槽（图 8-18）。

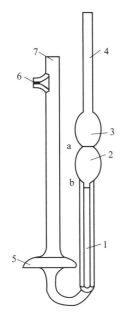

图 8-17　毛细管黏度计示意图

1—毛细管；2,3,5—扩张部分；4,7—管身；6—支管；a,b—标线

图 8-18　恒温浴槽

毛细管黏度计为一组，毛细管内径分别为 0.4mm、0.6mm、0.8mm、1.0mm、1.2mm、1.5mm、2.0mm、2.5mm、3.0mm、3.5mm、4.0mm、5.0mm、6.0mm。测定试样的运动黏度时，应根据实验的温度选用适当的黏度计，使试样的流动时间不少于 200s，内径 0.4mm 的黏度计流动时间不少于 350s。

恒温浴采用透明液体作为介质，并具有足够的深度，应使在整个测量过程中，恒温浴液面高于黏度计内试样液面 20mm 以上，黏度计底部高于恒温浴底部 20mm 以上。恒温时间随测定温度不同而不同，具体见表 8-6。

3. 结果计算

在温度 t 时，试样的运动黏度 $\nu_t (\mathrm{mm^2/s})$：

$$\nu_t = C\tau_t \tag{8-17}$$

式中　C——黏度计常数，$\mathrm{mm^2/s^2}$；

　　　τ_t——试样的平均流动时间，s。

表 8-6　黏度计在恒温浴中的恒温时间

实验温度/℃	恒温浴液用的液体	恒温时间/min
50～100	透明矿物油、甘油或 25％硝酸铵水溶液	20
20～50	水	15
0～20	水与冰的混合物、乙醇与干冰混合物	10
−50～0	乙醇与干冰的混合物	15

任务实施

操作 22　甘油运动黏度的测定

一、目的要求
1. 了解运动黏度的测定原理。
2. 掌握运动黏度的测定方法。

二、方法原理
测量一定温度下待测液体从黏度计标线 a 处流至标线 b 处所需的时间，根据黏度计常数计算试样的运动黏度。

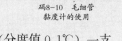

码8-10　毛细管黏度计的使用

三、仪器和试剂
1. 仪器

毛细管黏度计一套、恒温浴槽一台、秒表一只、运动黏度专用温度计（分度值0.1℃）一支。

2. 试剂

甘油。

四、测定步骤
1. 毛细管黏度计的准备

选择合适内径的毛细管黏度计，使用前用石油醚洗涤并干燥。如果黏度计沾有污垢，就用铬酸洗液、水、蒸馏水、95%乙醇依次洗涤。然后放入烘箱中烘干或用通过棉花滤过的热空气吹干。

2. 试样的准备

将甘油引入黏度计后将黏度计浸入事先准备妥当的恒温浴（温度为20℃）中，并用夹子将黏度计固定在支架上。在固定位置时，必须把毛细管黏度计的扩张部分 2（图 8-17）的一半浸入恒温浴中。温度计要利用另一只夹子固定，使水银球的位置接近毛细管中央点的水平面，并使温度计上要测温的刻度位于恒温浴液面上 10mm 处。同时将黏度计调整为垂直状态，要利用铅垂线从两个相互垂直的方向去检查毛细管的垂直情况。

3. 黏度测定

当恒温了一定时间后，利用毛细管黏度计管身 4（图 8-17）管口所套着的橡胶管将试样吸入标线 a 以上，并且注意不要让毛细管和扩张部分 3（图 8-17）的液体产生气泡或裂隙。

观察试样在管身中的流动情况，当液面正好到达标线 a 时，开动秒表；液面正好流到标线 b 时，停止秒表。

用秒表记录下来的流动时间，应重复测定四次，其中各次流动时间与其算术平均值的差数应符合如下的要求：测定温度 15～100℃黏度时，这个差数不应超过算术平均值的±0.5%；测定在低于−30～15℃黏度时，这个差数不应超过算术平均值的±1.5%；而测定低于−30℃黏度时，这个差数不应超过算术平均值的±2.5%。然后，取不少于三次的流动时间所得的算术平均值，作为试样的平均流动时间。

五、数据记录及处理
数据记录如下：

毛细管黏度计常数：_____；流动时间：_____；

试样的平均流动时间：_____；甘油运动黏度：_____。

六、注意事项

1. 试样如含有水或机械杂质时，在实验前必须经过脱水处理，用滤纸过滤除去机械杂质。对于黏度大的样品如润滑油，可以用瓷漏斗、利用水流泵或真空泵进行吸滤，也可以在加热至 50～100℃的温度下进行脱水过滤。

2. 由于黏度随温度的变化而变化，在测定前试样和毛细管黏度计应恒温至所测温度。

3. 试液中有气泡会影响装液体积，也会改变液体与毛细管壁的摩擦力。吸入样品时，速度不能过快。

【任务评价】

出勤	预习情况	实验操作	实验结果	报告书写	文明操作	总评成绩

三、恩氏黏度的测定

1. 测定原理

恩氏黏度是试样在某温度从恩氏黏度计流出 200mL 时，所需的时间（s）与蒸馏水在 20℃时流出相同体积所需的时间（s）（即黏度计的水值）之比。在实验过程中，试样流出应呈连续的线状。

试样在温度 t 时的恩氏黏度 E_t，按下式计算：

$$E_t = \frac{\tau_t}{K_{20}} \tag{8-18}$$

式中　τ_t——试样在实验温度 t 时从黏度计中流出 200mL 所需的时间，s；

K_{20}——黏度计的水值，s。

2. 测定仪器

恩氏黏度计如图 8-19 所示，其结构是将两个黄铜圆形容器套在一起，内筒装试样，外筒为热浴。内筒底部中央有流出孔，试液可经小孔流出，流入接收瓶。筒上有盖，盖上有插堵塞棒的孔及插温度计的孔。内筒中有三个尖钉，作为控制液面高度和调节仪器水平的指示标志。外筒装在铁制的三脚架上，足底有调整仪器水平的螺旋。黏度计热浴一般用电加热器加热并能自动调整控制温度。

接收瓶（图 8-20）为一葫芦形玻璃瓶，其中有 100mL 和 200mL 两道标线。

温度计为恩氏黏度专用温度计，分度值为 0.1℃。

3. 水值测定

在测定水值前，黏度计的内容器依次用石油醚（或乙醚）、95％乙醇和蒸馏水洗涤，并用空气吹干。然后将黏度计的短腿放入铁三脚架的孔内，用固定螺丝固定。将洁净、干燥的木塞插入流出管的上孔内。利用预先依次用铬酸洗液、水和蒸馏水仔细洗涤过的接收瓶，将新蒸馏水（20℃）注入黏度计内容器中，直至内容器中的三个尖钉的尖端刚刚露出水面为止。此外，再用相同温度的水装在黏度计的外容器中，直至浸到内容器的扩大部分为止。

旋转铁三脚架的调整螺丝，调整黏度计的位置，使内容器中三个尖端都处在同一水平面上。将未经干燥的空接收瓶放在内容器的流出管下面。稍微提起木塞，使内容器中的水全部

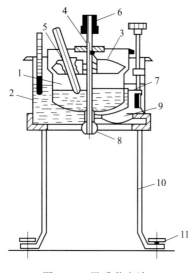

图 8-19 恩氏黏度计　　　　　　　　　图 8-20 接收瓶
1—内筒；2—外筒；3—内筒盖；4,5—孔；6—堵塞棒；7—尖钉；
8—流出孔；9—搅拌器；10—三脚架；11—水平调节螺旋

放入接收瓶内，但这次不计算水的流出时间。此时流出管内要装满水，并使流出管的底端悬着一大滴水珠。立即将木塞插入流出管内，重新将接收瓶中的水沿着玻璃棒小心地注入内容器中，切勿溅出。随后，将空接收瓶放在内容器上倒置 1～2min，使瓶中的水完全流出，然后将接收瓶放回流出管下面。

内容器中的水和外容器中的液体都要充分搅拌：首先将插入有温度计的盖子围绕木塞旋转以便搅拌内容器中的水；然后用安装在外容器中的叶片式搅拌器搅拌保温液体。当两个容器中的水和液体温度等于 20℃（在 5min 内温度变化不超过 ±0.2℃）而且内容器调整为水平状态（三个尖钉的尖端刚好露出水面）时，迅速提起木塞，同时启动秒表。此时，观察水从内容器流出的情况，当凹液面的下边缘到接受瓶的 200mL 环状标线时，立即停住秒表。

蒸馏水流出 200mL 的时间要连续测定四次。如果各次测定观察结果与其算术平均值的差数不大于 0.5s，就用这个算术平均值作为第一次测定的平均流出时间。此外，以同样的要求进行另一次平行测定，并计算符合要求的平均流出时间。如果重复测定的平均流出时间之差不大于 0.5s，就取这重复测定的两次结果的算术平均值作为仪器的水值。标准黏度计的水值应等于 (51±1)s。如果水值不在此范围内就不允许使用该仪器测定黏度。

4. 注意事项

① 试样的测定方法与水值测定相同，但重复测定两次的允许误差为：流出时间小于等于 250s，误差为 1s；流出时间为 251～500s，误差为 3s；流出时间为 501～1000s，误差为 5s；流出时间为 1000s 以上，误差为 10s。取重复测定两个结果的算术平均值，作为试样的恩氏黏度。

② 每次测定前应用滤过的清洁溶剂仔细洗涤黏度计的内容器及其流出管，然后用空气吹干。内容器不准擦拭，只允许用剪齐边缘的滤纸吸去剩下的液滴。

③ 测定时温度应恒定到要求的测定温度 ±0.2℃。试液必须呈线状流出，否则测定结果不准确。

四、绝对黏度的测定

1. 测定原理

绝对黏度也称动力黏度,测定时是将特定的转子浸于被测液体中做恒速旋转运动,使液体接受转子与容器壁面之间发生的切应力,维持这种运动所需的扭力矩由指针显示读数,根据此读数 α 和系数 K 可求得试样的绝对黏度 η。

$$\eta = K\alpha \qquad (8\text{-}19)$$

式中　η——绝对黏度,mPa·s;

　　　K——系数;

　　　α——指针所指示的读数(偏转角度)。

2. 测定仪器

旋转黏度计的类型也很多,图 8-21 为它的结构示意图。

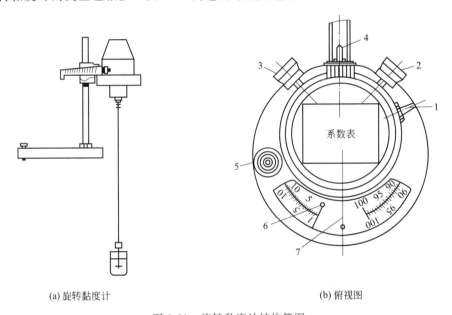

(a) 旋转黏度计　　　　　　(b) 俯视图

图 8-21　旋转黏度计结构简图

1—电源开关;2—旋钮 A;3—旋钮 B;4—指针控制杆;5—水准器;6—指针;7—刻度线

3. 绝对黏度的测定

① 准备被测液体,置于直径不小于 70mm 高度不小于 130mm 的烧杯或直筒形容器中,准确地控制被测液体温度(用恒温浴控制,温度波动范围小于±0.5℃)。

② 将保护架装在仪器上(向右旋入装上,向左旋出卸下)。

③ 将选配好的转子旋入轴连接杆(向左旋入装上,向右旋出卸下)。旋转升降旋钮,使仪器缓慢地下降,转子逐渐浸入被测液体中,直至转子液面标志和液面持平为止,再精调水平。接通电源,按下指针控制杆,开启电机,转动变速旋钮,使其在选配好的转速挡上,放松指针控制杆,待指针稳定时可读数,一般需要约 30s。当转速在"6"或"12"挡运转时,指针稳定后可直接读数;当转速在"30"或"60"挡时,待指针稳定后按下指针控制杆,指针转至显示窗内,关闭电源进行读数。注意:按指针控制杆时,不能用力过猛。可在空转时练习掌握。

4. 注意事项

① 当指针所指的数值过高或过低时，可变换转子和转速，务必使读数约在 30～90 格之间为佳。

② 转子及转速的选择：先大约估计被测液体的黏度范围，然后根据量程表选择适当的转子和转速。如测定约 3000mPa·s 的液体时可选用下列配合：2 号转子为 6r/min 或 3 号转子为 30r/min。

当估计不出被测液体的大致黏度时，应假定为较高的黏度，试用由小到大的转子（大小指外形，余同）和由慢到快的转速。原则是高黏度的液体选用小的转子和慢的转速；低黏度的液体选用大的转子和快的转速。

③ 测定时，指针在刻度盘上指示的读数必须乘上系数表上的特定系数才为测得的绝对黏度。

④ 装卸转子时应小心操作，装拆时应将连接螺杆微微抬起进行操作，不要用力过大，不要使转子横向受力，以免影响仪器精度。装上转子后不得将仪器侧放或倒放。

⑤ 连接螺杆和转子的连接端面及螺纹处应保持清洁，否则将影响转子的正确连接及转动时的稳定性。仪器升降时应用手托住仪器，防止仪器自重坠落。

⑥ 每次使用完毕，应及时清洗转子（不得在仪器上进行转子清洗），清洁后要妥善安放于转子架中。

⑦ 装上 0 号转子后，不得在无液体的情况下"旋转"，以免损坏轴尖。使用 0 号转子时不用保护架。

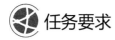

思考与交流

1. 什么是黏度？黏度有几种类型？
2. 运动黏度和动力黏度有何关系？
3. 动力黏度、运动黏度、恩氏黏度的测定原理是什么？
4. 测定黏度时为什么要控制温度？温度对黏度有何影响？

任务八　折射率的测定

任务要求

1. 了解折射率的含义及测定原理。
2. 了解阿贝折光仪的结构。
3. 掌握阿贝折光仪测定折射率的方法。

折射率是物质的一种物理性质。它是工业生产如食品生产中常用的工艺控制指标，通过测定液态食品的折射率，可以鉴别食品的组成，确定食品的浓度，判断食品的纯净程度及品质等。

一、折射率测定的原理

1. 基本概念

（1）光的反射现象　一束光线照射在两种介质的分界面上时，会改变它的传播方向，但仍在原介质上传播，这种现象叫光的反射（图 8-22）。光的反射遵守以下定律：

① 入射线 A、反射线 B 和法线 L 总是在同一平面内，入射线和反射线分居于法线的两侧。

② 入射角 α 等于反射角 β。

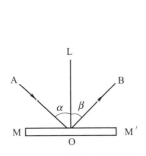

图 8-22　光的反射现象

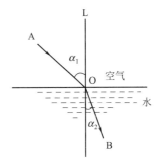

图 8-23　光的折射现象

（2）光的折射现象　当光线从一种介质（如空气）射到另一种介质（如水）时，在分界面上，光线的传播方向发生了改变，一部分光线进入第二种介质，这种现象称为折射现象（图 8-23）。光的折射遵守以下定律：

① 入射线 A、法线 L 和折射线 B 在同一平面内，入射线和折射线分居法线的两侧。

② 无论入射角怎样改变，入射角正弦与折射角正弦之比，恒等于光在两种介质中的传播速度之比。

$$\frac{\sin\alpha_1}{\sin\alpha_2}=\frac{v_1}{v_2} \tag{8-20}$$

式中　v_1——光在第一种介质中的传播速度；
　　　v_2——光在第二种介质中的传播速度；
　　　α_1——入射角；
　　　α_2——折射角。

（3）折射率　光在真空中的传播速度 c 和在介质中的速度传播 v 之比，称为介质的绝对折射率（简称折射率，也称为折光率），以 n 表示，即：

$$n=\frac{c}{v} \tag{8-21}$$

显然

$$n_1=\frac{c}{v_1},\ n_2=\frac{c}{v_2}$$

故折射定律可表示为

$$\frac{\sin\alpha_1}{\sin\alpha_2}=\frac{n_2}{n_1}$$

（4）光密介质与光疏介质　两种介质相比较，光在其中传播速度较大的叫光疏介质，其折射率较小；反之叫光密介质，其折射率较大。

（5）全反射与临界角　当光线从光疏介质进入光密介质（如光从空气进入水中，或从样液射入棱镜中）时，因 $n_1<n_2$，由折射定律可知折射角 α_2 恒小于入射角 α_1，即折射线靠近

法线；反之当光线从光密介质进入光疏介质（如从棱镜射入样液）时，因 $n_1 > n_2$，折射角 α_2 恒大于入射角 α_1，即折射线偏离法线。在后一种情况下如逐渐增大入射角，折射线会进一步偏离法线，当入射角增大到某一角度，使折射角达 90°时，折射光完全消失，只剩下反射光，这种现象称为全反射。

发生全反射的入射角称为临界角。

2. 折射率测定原理

因为发生全反射时折射角等于 90°，即 $n_1 = n_2 \sin\alpha_{临}$。n_2 为棱镜的折射率，是已知的。因此，只要测得了临界角 $\alpha_{临}$ 就可求出被测样液的折射率 n_1。

二、折射率测定方法

1. 阿贝折光仪的使用

折射率测定时使用的仪器是阿贝型折光仪，国标 GB/T 614—2006《化学试剂折光率测定通用方法》就规定用该仪器测定化学试剂的折射率。图 8-24 为阿贝折光仪的结构示意图，测定时的操作方法如下：

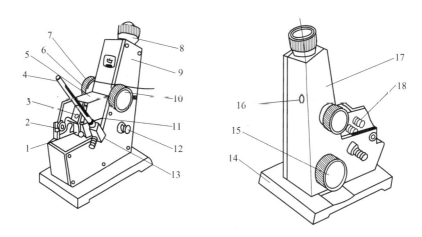

图 8-24　阿贝折光仪结构图

1—反射镜；2—转轴；3—遮光板；4—温度计；5—进光棱镜座；6—色散调节手轮；7—色散值刻度圈；
8—目镜；9—盖板；10—手轮；11—折射棱镜座；12—照明刻度盘镜；13—温度计座；14—底座；
15—刻度调节手轮；16—小孔；17—壳体；18—恒温器接头

① 以脱脂棉球蘸取酒精擦净棱镜表面，挥干乙醇。滴加 1～2 滴样液于进光棱镜磨砂面上，迅速闭合两块棱镜，调节反光镜，使镜筒内视野最亮。

② 由目镜观察，转动刻度调节手轮，使视野出现明暗两部分［图 8-25(a)］。

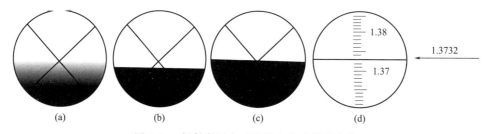

图 8-25　折射率测定时视场变化过程及读数

③ 旋转色散补偿器旋钮，使视野中只有黑白两色［图8-25(b)］。
④ 旋转刻度调节手轮，使明暗分界线在十字线交叉点［图8-25(c)］。
⑤ 从读数镜筒中读取折射率［图8-25(d)］，读到小数点后四位。阿贝折光仪的量程为1.3000～1.7000。

码8-11 折射率测定时视场的变化

⑥ 打开棱镜，用水、乙醇或乙醚擦净棱镜表面及其他各部件。在测定水溶性样品后，用脱脂棉吸水洗净，若为油类样品，须用乙醇或乙醚、二甲苯等擦拭。

2. 影响折射率测定的因素

（1）光波长的影响　物质的折射率因光的波长而异，波长较长时折射率较小，波长较短则折射率较大。测定时光源通常为白光。当白光经过棱镜和样液发生折射时，因各色光的波长不同，折射程度也不同，折射后分解成为多种色光，这种现象称为色散。光的色散会使视野明暗分界线不清，产生测定误差。

为了消除色散，在阿贝折光仪观测镜筒的下端安装了色散补偿器。

（2）温度的影响　溶液的折射率随温度而改变，温度升高折射率减小，温度降低折射率增大。阿贝折光仪上的刻度是在标准温度20℃下刻制的，所以最好在20℃下测定折射率，否则应对测定结果进行温度校正。超过20℃时，加上校正数；低于20℃时，减去校正数。

（3）仪器准确性的影响　有时刻度盘上标尺的零点会发生移动，需加以校正。校正的方法是用已知折射率的标准液体（一般用重蒸馏水或乙醇），将测得的折射率与标准值（表8-7）比较，其差值即为校正值。

表8-7　不同温度下纯水与乙醇的折射率

温度/℃	水的折射率 n_t^D	乙醇（99.8%）的折射率 n_t^D
14	1.33348	
16	1.33333	1.36210
18	1.33317	1.36129
20	1.33299	1.36048
22	1.33281	1.35967
24	1.33262	1.35885
26	1.33241	1.35803
28	1.33219	1.35721
30	1.33192	1.35639
32	1.33164	1.35557
34	1.33136	1.35474

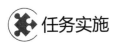

任务实施

操作23　乙醇折射率的测定

一、目的要求

1. 了解折光仪的构造及使用方法。
2. 掌握乙醇折射率的测定方法。

二、方法原理

在钠光 D 线、20℃条件下，当光线从折射率为 n 的待测物质进入折射率为 N 的棱镜时，光线发生折射，调节入射角为 90°，则试样的折射率等于棱镜的折射率乘以折射角的正弦值。

三、仪器和试剂

1. 仪器

阿贝折光仪、恒温浴。

2. 试剂

95％乙醇。

四、测定步骤

1. 仪器的准备

将恒温水浴与棱镜连接，调节恒温水浴温度，使棱镜温度保持在（20.0±0.1）℃。

2. 仪器的校正

将棱镜打开，用棉球蘸取丙酮擦洗棱镜上下两面，晾干。用滴管在下面加 2～3 滴蒸馏水（注意：滴管不能碰到棱镜）润湿后关闭，按照折光仪使用方法测定蒸馏水的折射率，与表对照，得出校正值。

3. 乙醇折射率的测定

用滴管向棱镜表面滴加数滴乙醇试样，立即闭合棱镜并旋紧，应使样品均匀、无气泡并充满视场，待棱镜温度计读数恢复到（20.0±0.1）℃后测定。

五、数据记录及处理

数据记录如下：

零点校正值：_____；乙醇折射率：_____。

六、注意事项

1. 由于眼睛在判断临界线时会产生疲劳，为减少偶然误差，应转到手轮重复测定三次，三个读数相差不能大于 0.0002，然后取平均值。
2. 在测量时样品放得过少或分布不均，会看不清楚，此时可多加一点液体，对于易挥发的液体应熟练而敏捷地测量。
3. 不能测定强酸、强碱及有腐蚀性的液体，也不能测定对棱镜、保温套之间的胶黏剂有溶解性的液体。
4. 要保护棱镜，不能在镜面上造成刻痕，所以在滴加液体时滴管的末端切不可触及棱镜面。
5. 仪器在使用或贮藏时均应避免日光，不用时应置于木箱内于干燥处贮藏。

【任务评价】

出勤	预习情况	实验操作	实验结果	报告书写	文明操作	总评成绩

思考与交流

1. 测定有机化合物折射率的原理是什么？
2. 测定折射率时哪些因素影响测定结果？
3. 测定中应该怎样保护棱镜镜面？

知识拓展

物理常数的测定在工业中有广泛应用，比如可以鉴别药物，反映药物的纯度，测定药物的含量。在药物分析中应用的物理常数有熔点、相对密度、比旋度、折射率、黏度、吸收系数、凝点、馏程、碘值、皂化值和酸值等。食品分析中常根据相对密度、折射率、旋光度与食品的组成和含量间的关系对食品质量进行检验。

素质拓展阅读

激光粒度仪

激光粒度仪是一种利用颗粒使激光发生散射的原理来测量粉体粒度的一种仪器。

英国马尔文仪器有限公司于20世纪70年代左右制造出第一台商用激光粒度分析仪，随后生产出世界上第一台激光PCS纳米粒度及Zeta电位分析仪、第一台超声粒度分析仪，成为举世公认的激光粒度分析技术的先锋。

我国粒度测试技术研究工作起步于20世纪70年代，但激光粒度仪的研制自20世纪80年代才开始，20世纪90年代中期以前，国产粒度测试仪器主要以沉降粒度仪为主，商品化的激光粒度仪还没有投放市场，国内的激光粒度仪全部依赖进口。近年来，我国粒度仪行业发展迅猛，具有自主知识产权的、性能优良的国产粒度仪产品不断问世，天津大学、济南大学、上海理工大学、丹东仪表所等单位先后都做了大量的工作，并在近十年有了明显的突破。目前，中国激光粒度测试技术处于成熟阶段，以准确性、重复性为代表的主要性能指标达到了国外同类产品水平，2021年9月丹东百特仪器有限公司制造的Bettersize3000Plus激光图像粒度粒形分析仪踏上了出口德国的旅途。

科技研发工作的道路是充满艰辛的，一个个看似平常的技术革新，背后是许多工作人员"爱岗敬业、精益求精"的辛勤工作，我们也应学习他们的工作态度，做有责任有担当的高素质技术技能人才。

项目小结

物质的物理性质和性能在一定程度上反映了分子结构的特性，通过物理性质和性能的测定来鉴别有机化合物是十分重要的。此外，杂质的存在必然引起物理常数的改变，测定物理性质和性能也可以作为检验化合物纯度的标准。在实际生产过程中，原料、中间体和产品是否符合质量要求，常以物理性质和性能作为控制质量检测的重要方法。

粒径是指固体物质颗粒的大小，测定方法有筛分法和微粒度仪法。

熔点是物质由固态转变（熔化）为液态的温度，测定方法有毛细管法和显微熔点测定法，毛细管法又包括提勒管式热浴法和双浴式热浴法。

沸点是指在标准状态下，即大气压力为101.325kPa时液体沸腾时的温度，测定方法有标准方法和毛细管法。因为沸点受压力影响很大，必须对测定结果进行压力校正。沸程也称馏程，是在规定条件下，对100mL试样进行蒸馏，观察初馏温度和终馏温度。也可规定一定的馏出体积测定对应的温度范围，或在规定的温度范围内测定馏出的体积。

密度是指在规定的温度下，单位体积物质的质量。液体密度的测定方法有密度瓶法、韦氏天平法和密度计法。

闪点是易燃物品在遇到明火时发生瞬间着火（闪火现象）时的最低温度，低闪点的物质常用闭口杯法测定，高闪点的物质常用开口杯法测定。

旋光度衡量了手性物质对偏振光旋转的能力，常用圆盘旋光仪和自动旋光仪测定。

黏度是液体的内摩擦，是一层液体对另一层液体做相对运动的阻力。黏度通常分为绝对黏度（动力黏度）、运动黏度和条件黏度。每种黏度各有相应的测定仪器。

光线由一种介质进入另一种介质时会发生折射现象，不同物质对光的折射程度不同，可以用阿贝折光仪测定物质的折射率。

练一练测一测

1. 单选题

(1) 夹在筛孔中的固体，作为（　　）筛网的部分计算。
A. 通过　　　　　　　　　　B. 不通过
C. 无要求　　　　　　　　　D. 一半通过一半不通过

(2) 微粒度仪法测定样品粒径时依据的原理是（　　）。
A. 阿伏伽德罗原理　B. 法拉第定律　C. 离心沉降原理　D. 郎伯定律

(3) 物质中混有杂质时通常导致（　　）。
A. 熔点上升　　　B. 熔点下降　　　C. 熔距变窄　　　D. 熔距不变

(4) 用毛细管法测试样熔点时，装入毛细管中样品的量为（　　）为好。
A. 1~2mm　　　B. 2~3mm　　　C. 3~4mm　　　D. 4~5mm

(5) 下列说法错误的是（　　）。
A. 水中溶有盐，熔点就会明显下降
B. 可以根据熔点变化和熔程长短来定性地检验物质的纯度
C. 北方城市冬天下大雪时，往公路积雪上撒盐，足够的盐可以使冰雪融化
D. 物质的熔点是固定不变的

(6) 毛细管法测熔点时，毛细管中样品的最上层面应靠在测量温度计水银球（　　）。
A. 无一定要求　　B. 上部　　　　C. 中部　　　　D. 下部

(7) 下列说法错误的是（　　）。
A. 纯物质在一定压力下有恒定的沸点
B. 液体的沸点是指在标准状态下，即大气压力为101.325kPa时液体沸腾时的温度
C. 有恒定沸点的物质一定是纯物质
D. 当液体的蒸气压与大气压力相等时，液体将沸腾

(8) 常量法测试样沸点的时候，烧瓶中加入的载热体应占烧瓶体积的（　　）。
A. 1/2　　　　　B. 2/3　　　　C. 3/4　　　　D. 4/5

(9) 常量法测乙醇试样沸点的时候，量取适量试样注入试管中，其液面高度和烧瓶中载

热体液面高度相比（　　）。

A. 略低于　　　　B. 略高于　　　　C. 一样高　　　　D. 无要求

（10）测定沸程安装蒸馏装置时，使测量温度计水银球上端与蒸馏瓶和支管接合部的（　　）保持水平。

A. 无一定要求　　B. 上缘　　　　　C. 下缘　　　　　D. 中部

（11）测定沸点时使用的温度计有主温度计和辅助温度计，一般要求主温度计的分度值为（　　）℃。

A. 0.1　　　　　B. 0.5　　　　　C. 1　　　　　　D. 2

（12）密度瓶法测定液体密度时，其实是用（　　）测量出密度瓶的体积。

A. 水　　　　　　B. 乙醇　　　　　C. 待测试样　　　D. 磷酸

（13）下列试样既能用密度瓶法又能用韦氏天平法测定其密度的是（　　）。

A. 丙酮　　　　　B. 汽油　　　　　C. 乙醚　　　　　D. 甘油

（14）用韦氏天平测某液体的密度，1号骑码在第九位，2号骑码在第八位，3号骑码在第三位，没有用到4号骑码，请问韦氏天平的读数是（　　）。

A. 0.9830　　　　B. 0.9083　　　　C. 0.9803　　　　D. 0.0983

（15）关于闪点的说法，错误的是（　　）。

A. 高沸点样品中加入少量低沸点样品，会使样品闪点大为降低

B. 闭口杯法测闪点时，当出现第一次闪点时，应按要求继续实验，若出现闪点温度后的下一个温度点能继续闪火，才能认为测定结果有效

C. 开口杯法测定结果要高于闭口杯法约20~30℃

D. 闪点高低与外界大气压无关

（16）能发生连续（　　）s以上燃烧现象的最低温度为燃点。

A. 1　　　　　　B. 2　　　　　　C. 3　　　　　　D. 5

（17）如果用蒸馏水测定时旋光度的读数为+0.05°，测定试样时的旋光度为-3.80°，则试样的旋光度为（　　）°。

A. -3.85　　　　B. -3.75　　　　C. +3.85　　　　D. +3.75

（18）在测定旋光度时，当旋光仪的三分视场出现（　　）时，才可读数。

A. 中间暗两边亮　B. 中间亮两边暗　C. 亮度一致　　　D. 模糊

（19）两个面积为$1m^2$、垂直距离为$1m$的相邻液层，以$1m/s$的速度做相对运动时所产生的内摩擦力，称为（　　）。

A. 绝对黏度　　　B. 相对黏度　　　C. 运动黏度　　　D. 条件黏度

（20）在特定的黏度计中，一定量液体流出的时间表示的黏度为（　　）。

A. 绝对黏度　　　B. 相对黏度　　　C. 运动黏度　　　D. 条件黏度

（21）旋转黏度计测定出的绝对黏度的单位是（　　）。

A. mPa·s　　　　B. Pa·s　　　　 C. mPa/s　　　　 D. Pa/s

（22）恩氏黏度计测量样品时一般样品体积为（　　）mL。

A. 50　　　　　　B. 100　　　　　C. 150　　　　　D. 200

（23）入射光的波长越短折射率越（　　），温度越高折射率越（　　）。

A. 小，小　　　　B. 小，大　　　　C. 大，大　　　　D. 大，小

(24) 测定乙醇折射率时使用（　　）。
A. 阿贝折光仪　　　B. 旋光仪　　　C. 旋转黏度计　　　D. 数显熔点仪

2. 判断题

(1) 用筛分法测定粒径时孔径大的筛网在下，孔径小的筛网在上。　　　（　）
(2) 筛分法可以准确测定出固体颗粒的大小。　　　（　）
(3) 因为纯物质的熔点范围很窄，因此通过测定熔点可以判断物质的纯度。　　　（　）
(4) 毛细管法测定熔点时，装入的试样量不能过多，否则结果偏高，试样疏松会使测定结果偏低。物质中混有杂质时，通常导致熔点下降。　　　（　）
(5) 加热蒸馏过程中忘记加入沸石，一旦发觉，应立即向正在加热的蒸馏瓶中补加。
　　　（　）
(6) 在进行油浴加热时，由于温度失控导致热油着火，此时可用水泼将火熄灭。（　）
(7) 石油及其产品是一复杂的混合物，无恒定的沸点，所以其沸点只能以某一温度（沸点）范围来表示。　　　（　）
(8) 恒沸物具有固定的沸点，但不是纯物质。　　　（　）
(9) 毛细管法测定样品沸点时当看到有气泡从毛细管口逸出立即读数，该读数就是样品的沸点。　　　（　）
(10) 用密度瓶法测定液体密度时，装样过程中产生气泡无影响。　　　（　）
(11) 因为物质密度与温度有关，所以在表示密度时要注明温度。　　　（　）
(12) 韦氏天平的横梁左右是对称的。　　　（　）
(13) 密度计越往上浮表示液体的密度越小。　　　（　）
(14) 闪点是指液体挥发出的蒸气在与空气形成混合物后，遇火源能够闪燃的最高温度。
　　　（　）
(15) 开口杯法测定闪点时将点火器始终放在油杯上方。　　　（　）
(16) 旋光仪测定的是物质的比旋光度。　　　（　）
(17) 旋光度测定时旋光管中如有气泡，可以将气泡排至旋光管的凸起部分，对结果影响不大。　　　（　）
(18) 毛细管黏度计一组共有 13 支，每支内径不同，黏度大的样品应该选用内径小的毛细管黏度计。　　　（　）
(19) 恩氏黏度测定时试样要呈线性流出。　　　（　）
(20) 阿贝折光仪不能测定强酸强碱和氟化物。　　　（　）

3. 填空题

(1) 微粒度仪法测定样品粒径时为了使沉降液产生适当的密度梯度，常须使用_____。
(2) 物质开始熔化至全部熔化的温度范围称为_____。
(3) 毛细管法测定样品熔点时测定装置有_____和_____。
(4) 当样品量很少时，测定样品沸点可采用_____。
(5) 如果不指明温度，则液体的密度一般是在_____℃测定的。
(6) 对有机物来说，一般不饱和度越大密度越_____。
(7) 韦氏天平附有两套骑码，每套骑码包括_____个。
(8) 能使偏振光的振动方向向_____旋转的旋光性物质称为右旋体。

4. 计算题

（1）20℃时一个空密度瓶的质量是 0.5kg，装满水后的总质量为 1.3kg，装满某种液体后的总质量为 1.14kg，则这种液体的密度是多少？

（2）测定某药物的比旋光度，配制的供试品溶液浓度为 50.0mg/mL，样品溶液宽 2dm，测得旋光度为 +3.25°，则比旋光度为多少？

（3）称取蔗糖试样 5.000g，用水溶解后，稀释为 50.00mL，20℃时，用 2dm 旋光管，黄色钠光测得旋光度为 +12.0°，试求蔗糖的纯度。已知蔗糖比旋光度为 +66.50°。

（4）20℃时运动黏度为 $40 \times 10^{-6} m^2/s$ 的标准油，在毛细管黏度计中的流动时间为 377.9s。在 100℃的恒温浴液中，某种油料试样在同一支毛细管黏度计中的流动时间为 136.2s，求该试样的运动黏度。

（5）黏度计的水值 $K_{20}=51.1s$。设燃料油在 80℃时从黏度计流出 200mL 的时间为 472.8s。求燃料油在 80℃的恩氏黏度是多少？

附录

附录一　指示液的配制

1. 百里香酚酞指示液（1g/L）：称取 0.1g 百里香酚酞，加 95%乙醇溶解并稀释至 100mL。

2. 百里香酚蓝指示液（1g/L）：称取 0.1g 百里香酚蓝，加 95%乙醇溶解并稀释至 100mL。

3. 百里香酚蓝-酚酞混合指示液：3 份体积 0.1%百里香酚蓝的 50%乙醇溶液和 2 份体积 0.1%酚酞的 60%乙醇溶液混合。

4. 淀粉指示液（10g/L）：称取 1g 可溶性淀粉于小烧杯中，加水 5mL 调成糊状，在搅拌下倒入 100mL 沸水中，微沸 3min，冷却后使用。

5. 对硝基酚指示液（1g/L）：取 0.1g 的对硝基酚，加 95%乙醇溶解并稀释至 100mL。

6. 酚酞指示液（5g/L 或 10g/L）：取适量酚酞指示剂固体，用 95%乙醇溶解即可。

7. 铬黑 T 指示液（5g/L）：称取 0.5g 铬黑 T、2.0g 盐酸羟胺，用乙醇溶解并稀释至 100mL。

8. 甲基橙指示液（1g/L）：取 0.1g 甲基橙，溶于 70℃ 的水中，冷却，用水稀释到 100mL。

9. 甲基红指示液（1g/L）：取 0.1g 的甲基红，加 95%乙醇溶解并稀释至 100mL。

10. 甲基红-溴甲酚绿指示液：2 份体积的 0.1%甲基红的 95%乙醇溶液和 3 份体积的 0.2%溴甲酚绿的 95%乙醇溶液混合，摇匀即得。

11. 甲基红-亚甲基蓝混合指示液：取 0.1g 甲基红，用 50mL 95%乙醇溶解，再加入 0.05g 亚甲基蓝，溶解后用 95%乙醇稀释至 100mL。

12. 甲基紫指示液（0.5g/L）：称取 0.05g 甲基紫，用水溶解并稀释至 100mL。

13. 二甲酚橙指示液（2g/L）：称取 0.2g 二甲酚橙，用水溶解并稀释至 100mL。

14. 二苯胺磺酸钠指示液（5g/L）：称取 0.5g 二苯胺磺酸钠，用水溶解并稀释至 100mL。

15. 溴百里香酚蓝指示液（1g/L）：称取 0.1g 溴百里香酚蓝，加 95%乙醇溶解并稀释至 100mL。

16. 溴甲酚绿指示液（1g/L）：称取 0.1g 溴甲酚绿，加 95%乙醇溶解并稀释至 100mL。

附录二　标准溶液的配制（参考 GB/T 601—2016）

配制标准溶液时实验室用水应符合三级水的要求。

标准滴定溶液的标定、直接制备和使用时所用的分析天平、滴定管、容量瓶、单标吸管等均须定期校正。

在标定和使用标准溶液时滴定速度一般应保持在 6~8mL/min。

称取的工作基准试剂如质量≤0.5g，应精确至 0.01mg，如>0.5g，应精确至 0.1mg。

标准溶液的浓度如≤0.02mol/L（除 EDTA 外）应于临用前用浓度较高的标准溶液用煮沸并冷却的水稀释，必要时可重新标定。

标准溶液标定时单人须做四平行，标定结果相对极差不得大于相对重复性临界极差 $[CR_{0.95}(4)_r = 0.15\%]$。在运算过程中保留 5 位有效数字，结果取 4 位有效数字。

贮存标准溶液的容器，其材料不应与标准溶液起理化作用，壁厚最薄处不应少于 0.5mm。

除另有规定外，标准溶液在 10~30℃下密封保存时间一般不超过 6 个月，开封使用过的标准溶液保存时间一般不超过两个月（倾出溶液后立即盖紧）。

当标准溶液出现浑浊、沉淀、颜色变化等现象时，应重新制备。

如果需要的标准溶液与下面所述标准溶液浓度不一样，可参考相应的标准溶液制备方法进行配制和标定。

1. 盐酸标准溶液

（1）HCl 标准溶液的配制　按照表 1 规定量取浓盐酸，置于 1000mL 容量瓶中，用水稀释至标线，摇匀。

表 1　盐酸标准溶液配制时浓盐酸量取体积及标定时称取无水碳酸钠的质量

HCl 标准溶液的浓度/（mol/L）	浓盐酸量取的体积/mL	标定时称取无水碳酸钠的质量/g
1	90	1.9
0.5	45	0.95
0.25	22.5	0.47
0.1	9	0.2

（2）HCl 标准溶液的标定　按照表 1 规定称取预先在 270~300℃灼烧至恒重并于干燥器中冷却至室温的基准试剂碳酸钠，溶于 50mL 蒸馏水中，加 10 滴甲基红-溴甲酚绿指示液，用配制好的盐酸标准溶液滴定至溶液由绿色变为暗红色，煮沸 2min，冷却后继续滴定至溶液呈现暗红色，同时做空白试验。

（3）数据记录与处理

待标定溶液名称			基准物名称			
天平编号			滴定管编号			
室温/℃			溶液温度/℃			
标定日期		＿＿＿年＿＿＿月＿＿＿日				
检验项目	测定次数	1	2	3	4	备用
基准物称量	敲样前质量/g					
	敲样后质量/g					
	基准物质量/g					
	称量后天平零点					

续表

检验项目 \ 测定次数	1	2	3	4	备用
滴定管初读数/mL					
滴定管末读数/mL					
标准溶液消耗数/mL					
滴定管体积校正值/mL					
滴定管温度校正值/mL					
实际消耗 HCl 体积 V_1/mL					
空白实验消耗 HCl 体积 V_0/mL					
c(HCl)/(mol/L)					
平均 c(HCl)/(mol/L)					
相对极差/%					
计算公式	$c(\text{HCl})=\dfrac{m(\text{Na}_2\text{CO}_3)\times 1000}{(V_1-V_0)\times M\left(\frac{1}{2}\text{Na}_2\text{CO}_3\right)}$				

注:$M\left(\frac{1}{2}\text{Na}_2\text{CO}_3\right)=52.994\text{g/mol}$,温度校正系数。

2. 氢氧化钠标准溶液

(1) NaOH 标准溶液的配制　称取 110g NaOH,溶于 100mL 无二氧化碳的蒸馏水中,摇匀,移入聚乙烯容器中,密闭放置至溶液清亮,得浓溶液。根据表 2 规定量取适量溶液,用无二氧化碳的蒸馏水稀释至 1000mL,摇匀,得各种浓度的标准溶液。

表 2　NaOH 标准溶液配制时浓溶液量取体积及标定时称取邻苯二甲酸氢钾的质量

NaOH 标准溶液的浓度/(mol/L)	NaOH 溶液量取的体积/mL	标定时称取邻苯二甲酸氢钾质量/g
1	54	7.5(加 80mL 水溶解)
0.5	27	3.6(加 80mL 水溶解)
0.1	5.4	0.75(加 50mL 水溶解)

(2) NaOH 标准溶液的标定　按照表 2 规定称取于 105~110℃ 干燥至恒重的工作基准试剂邻苯二甲酸氢钾,加适量无二氧化碳的蒸馏水溶解,加 2 滴酚酞指示剂(10g/L),用配制好的氢氧化钠标准溶液滴定至溶液呈粉红色并保持 30s 不褪色为终点,同时做空白试验。

(3) 数据记录与处理　数据记录表格同盐酸标定,氢氧化钠标准溶液浓度计算公式为:

$$c(\text{NaOH})=\frac{m(\text{邻苯二甲酸氢钾})\times 1000}{(V_1-V_0)\times M(\text{邻苯二甲酸氢钾})}$$

M(邻苯二甲酸氢钾)=204.22g/mol。

3. 硫酸标准溶液

按照表 3 规定量取适量浓硫酸,缓缓加入 1000mL 蒸馏水中,冷却,摇匀。然后按照表 3 规定称取基准无水碳酸钠标定,标定方法及数据记录与处理方法同盐酸标准溶液的标定。

表3 硫酸标准溶液配制时浓硫酸量取体积及标定时称取无水碳酸钠的质量

硫酸标准溶液的浓度 $c\left(\frac{1}{2}H_2SO_4\right)/(mol/L)$	浓硫酸量取的体积/mL	标定时称取无水碳酸钠的质量/g
1	30	1.9
0.5	15	0.95
0.1	3	0.2

4. 高锰酸钾标准溶液 $\left[c\left(\frac{1}{5}KMnO_4\right)=0.1mol/L\right]$

(1) 高锰酸钾标准溶液的配制 称取3.3g高锰酸钾,溶于1050mL蒸馏水中,缓缓煮沸15min,冷却,于暗处放置两周,用已处理过的4号玻璃滤锅过滤,贮存于棕色瓶中。

玻璃滤锅的处理是指玻璃滤锅在同样浓度的高锰酸钾溶液中缓缓煮沸5min。

(2) 高锰酸钾标准溶液的标定 称取0.25g于105~110℃干燥至恒重的工作基准试剂草酸钠,溶于100mL硫酸溶液(8+92)中,用已配制好的高锰酸钾溶液滴定,近终点时加热至约65℃,继续滴定至溶液呈粉红色,并保持30s不褪为终点,同时做空白试验。

(3) 数据记录与处理 数据记录表格同盐酸的标定,高锰酸钾标准溶液浓度计算公式为:

$$c\left(\frac{1}{5}KMnO_4\right)=\frac{m(Na_2C_2O_4)\times 1000}{(V_1-V_0)\times M\left(\frac{1}{2}Na_2C_2O_4\right)}$$

$M\left(\frac{1}{2}Na_2C_2O_4\right)=66.999g/mol$。

5. 乙二胺四乙酸二钠(EDTA)标准溶液

(1) EDTA标准溶液的配制 根据表4的规定称取适量乙二胺四乙酸二钠,加1000mL蒸馏水,加热溶解,冷却,摇匀。

表4 EDTA标准溶液配制时EDTA取用量及标定时称取氧化锌的质量

EDTA标准溶液浓度/(mol/L)	EDTA的取用量/g	标定时称取氧化锌的质量/g
0.1	40	0.34
0.05	20	0.15
0.02	8	

(2) EDTA标准溶液的标定 对于浓度为0.1mol/L和0.05mol/L的EDTA标准溶液,标定时按照表4的规定称取于(800±50)℃灼烧至恒重的工作基准试剂氧化锌,用少量水湿润,加2mL盐酸溶液(1+1)溶解,加100mL蒸馏水,用氨水溶液(1+1)调节至溶液pH为7~8,加10mL氨-氯化铵缓冲溶液(pH=10)及5滴铬黑T指示液(5g/L),用配制好的EDTA标准溶液滴定至溶液由紫色变为纯蓝色,同时做空白试验。

对于浓度为0.02mol/L的EDTA标准溶液,标定时称取0.5~0.6g于(800±50)℃灼烧至恒重的工作基准试剂氧化锌,用少量水湿润,加4mL盐酸溶液(1+1)溶解后定量转移入250mL容量瓶,溶解稀释至刻度线后用移液管准确移取25.00mL的氧化锌溶液,加75mL蒸馏水,同上操作调节pH后用EDTA滴定。

(3) 数据记录与处理 数据记录表格同盐酸标定,0.1mol/L和0.05mol/L EDTA标准溶液浓度计算公式为：

$$c(\text{EDTA}) = \frac{m(\text{ZnO}) \times 1000}{(V_1 - V_0) \times M(\text{ZnO})}$$

0.02mol/L EDTA 标准溶液浓度计算公式为：

$$c(\text{EDTA}) = \frac{m(\text{ZnO}) \times \frac{25.00}{250.00} \times 1000}{(V_1 - V_0) \times M(\text{ZnO})}$$

$M(\text{ZnO}) = 81.39 \text{g/mol}$。

6. 硫代硫酸钠标准溶液 [$c(\text{Na}_2\text{S}_2\text{O}_3) = 0.1\text{mol/L}$]

（1）硫代硫酸钠标准溶液的配制　称取 26g 硫代硫酸钠（$\text{Na}_2\text{S}_2\text{O}_3 \cdot 5\text{H}_2\text{O}$）或 16g 无水硫代硫酸钠，加 0.2g 无水碳酸钠，溶于 1000mL 蒸馏水中，缓缓煮沸 10min，冷却，放置两周后过滤。

（2）硫代硫酸钠标准溶液的标定　称取 0.18g 于（120±2）℃干燥至恒重的工作基准试剂重铬酸钾，置于碘量瓶中，溶于 25mL 蒸馏水后加 2g 碘化钾及 20mL 硫酸溶液（质量浓度为 20%），摇匀，于暗处放置 10min，加 150mL 蒸馏水（15~20℃），用配制好的硫代硫酸钠溶液滴定至近终点，加 2mL 淀粉指示液（10g/L），继续滴定至溶液由蓝色变为亮绿色为终点，同时做空白试验。

（3）数据记录与处理　数据记录表格同盐酸标定，硫代硫酸钠标准溶液浓度计算公式为：

$$c(\text{Na}_2\text{S}_2\text{O}_3) = \frac{m(\text{K}_2\text{Cr}_2\text{O}_7) \times 1000}{(V_1 - V_0) \times M\left(\frac{1}{6}\text{K}_2\text{Cr}_2\text{O}_7\right)}$$

$M\left(\frac{1}{6}\text{K}_2\text{Cr}_2\text{O}_7\right) = 49.031 \text{g/mol}$。

附录三　实验室常用酸碱的相对密度、质量分数和物质的量浓度

试剂名称	相对密度	质量分数/%	物质的量浓度/(mol/L)
盐酸	1.18~1.19	36~38	11.1~12.4
硝酸	1.39~1.40	65.0~68.0	14.4~15.2
硫酸	1.83~1.84	95~98	17.8~18.4
磷酸	1.69	85	14.6
高氯酸	1.68	70.0~72.0	11.7~12.0
冰醋酸	1.05	99.8(优级纯)　99.0(分析纯、化学纯)	17.4
氢氟酸	1.13	40	22.5
氢溴酸	1.49	47.0	8.6
氨水	0.88~0.90	25.0~28.0	13.3~14.8

附录四　实验室常用基准物质的干燥温度和干燥时间

基准物质		干燥后组成	干燥温度和干燥时间
名称	分子式		
无水碳酸钠	Na_2CO_3	Na_2CO_3	270～300℃灼烧1h
硼砂	$Na_2B_4O_7 \cdot 10H_2O$	$Na_2B_4O_7 \cdot 10H_2O$	室温(保存在装有氯化钠和蔗糖饱和溶液的干燥器内)
草酸	$H_2C_2O_4 \cdot 2H_2O$	$H_2C_2O_4 \cdot 2H_2O$	室温(空气干燥)
邻苯二甲酸氢钾	$KHC_8H_4O_4$	$KHC_8H_4O_4$	110～120℃
锌	Zn	Zn	室温(干燥器中保存)
氧化锌	ZnO	ZnO	900～1000℃灼烧1h
氯化钠	NaCl	NaCl	400～450℃灼烧至无爆裂声
硝酸银	$AgNO_3$	$AgNO_3$	220～250℃灼烧1h
碳酸钙	$CaCO_3$	$CaCO_3$	110℃烘至恒重
草酸钠	$Na_2C_2O_4$	$Na_2C_2O_4$	105～110℃烘至恒重
重铬酸钾	$K_2Cr_2O_7$	$K_2Cr_2O_7$	140～150℃烘至恒重
溴酸钾	$KBrO_3$	$KBrO_3$	130℃烘至恒重
碘酸钾	KIO_3	KIO_3	130℃烘至恒重
三氧化二砷	As_2O_3	As_2O_3	室温(干燥器中保存)

附录五　实验室常用物质的分子式及摩尔质量

分子式	摩尔质量/(g/mol)	分子式	摩尔质量/(g/mol)
Ag_3AsO_4	462.52	$Al(OH)_3$	78.00
AgBr	187.77	$Al_2(SO_4)_3$	342.14
AgCl	143.32	$Al_2(SO_4)_3 \cdot 18H_2O$	666.41
AgCN	133.89	As_2O_3	197.84
AgSCN	165.95	As_2O_5	229.84
Ag_2CrO_4	331.73	As_2S_3	246.02
AgI	234.77	$BaCO_3$	197.34
$AgNO_3$	169.87	BaC_2O_4	225.35
$AlCl_3$	133.34	$BaCl_2$	208.24
$AlCl_3 \cdot 6H_2O$	241.43	$BaCl_2 \cdot 2H_2O$	244.27
$Al(NO_3)_3$	213.00	$BaCrO_4$	253.32
$Al(NO_3)_3 \cdot 9H_2O$	375.13	BaO	153.33
Al_2O_3	101.96	$Ba(OH)_2$	171.34

续表

分子式	摩尔质量/(g/mol)	分子式	摩尔质量/(g/mol)
$BaSO_4$	233.39	$Cu(NO_3)_2 \cdot 3H_2O$	241.60
$BiCl_3$	315.34	CuO	79.55
$BiOCl$	260.43	Cu_2O	143.09
CO_2	44.01	CuS	95.61
CaO	56.08	$CuSO_4$	159.60
$CaCO_3$	100.09	$CuSO_4 \cdot 5H_2O$	249.68
CaC_2O_4	128.10	$FeCl_2$	126.75
$CaCl_2$	110.99	$FeCl_2 \cdot 4H_2O$	198.81
$CaCl_2 \cdot 6H_2O$	219.08	$FeCl_3$	162.21
$Ca(NO_3)_2 \cdot 4H_2O$	236.15	$FeCl_3 \cdot 6H_2O$	270.30
$Ca(OH)_2$	74.10	$FeNH_4(SO_4)_2 \cdot 12H_2O$	482.18
$Ca_3(PO_4)_2$	310.18	$Fe(NO_3)_3$	241.86
$CaSO_4$	136.14	$Fe(NO_3)_3 \cdot 9H_2O$	404.00
$CdCO_3$	172.42	FeO	71.85
$CdCl_2$	183.32	Fe_2O_3	159.69
CdS	144.47	Fe_3O_4	231.54
$Ce(SO_4)_2$	332.24	$Fe(OH)_3$	106.87
$Ce(SO_4)_2 \cdot 4H_2O$	404.30	FeS	87.91
$CoCl_2$	129.84	Fe_2S_3	207.87
$CoCl_2 \cdot 6H_2O$	237.93	$FeSO_4$	151.91
$Co(NO_3)_2$	182.94	$FeSO_4 \cdot 7H_2O$	278.01
$Co(NO_3)_2 \cdot 6H_2O$	291.03	$FeSO_4 \cdot (NH_4)_2SO_4 \cdot 6H_2O$	392.13
CoS	90.99	H_3AsO_3	125.94
$CoSO_4$	154.99	H_3AsO_4	141.94
$CoSO_4 \cdot 7H_2O$	281.10	H_3BO_3	61.83
$CO(NH_2)_2$	60.06	HBr	80.91
$CrCl_3$	158.36	HCN	27.03
$CrCl_3 \cdot 6H_2O$	266.45	$HCOOH$	46.03
$Cr(NO_3)_3$	238.10	CH_3COOH	60.05
Cr_2O_3	151.99	H_2CO_3	62.03
$CuCl$	99.00	$H_2C_2O_4$	90.04
$CuCl_2$	134.45	$H_2C_2O_4 \cdot 2H_2O$	126.07
$CuCl_2 \cdot 2H_2O$	170.48	HCl	36.46
$CuSCN$	121.62	HF	20.01
CuI	190.45	HI	127.91
$Cu(NO_3)_2$	187.56	HIO_3	175.91

续表

分子式	摩尔质量/(g/mol)	分子式	摩尔质量/(g/mol)
HNO_3	63.01	$KHSO_4$	136.16
HNO_2	47.01	KI	166.00
H_2O	18.015	KIO_3	214.00
H_2O_2	34.02	$KIO_3 \cdot HIO_3$	389.91
H_3PO_4	98.00	$KMnO_4$	158.03
H_2S	34.08	$KNaC_4H_4O_6 \cdot 4H_2O$	282.22
H_2SO_3	82.07	KNO_3	101.10
H_2SO_4	98.07	KNO_2	85.10
$Hg(CN)_2$	252.63	K_2O	94.20
$HgCl_2$	271.50	KOH	56.11
Hg_2Cl_2	472.09	K_2SO_4	174.25
HgI_2	454.40	$MgCO_3$	84.31
$Hg_2(NO_3)_2$	525.19	$MgCl_2$	95.21
$Hg_2(NO_3)_2 \cdot 2H_2O$	561.22	$MgCl_2 \cdot 6H_2O$	203.30
$Hg(NO_3)_2$	324.60	MgC_2O_4	112.33
HgO	216.59	$Mg(NO_3)_2 \cdot 6H_2O$	256.41
HgS	232.65	$MgNH_4PO_4$	137.32
$HgSO_4$	296.65	MgO	40.30
Hg_2SO_4	497.24	$Mg(OH)_2$	58.32
$KAl(SO_4)_2 \cdot 12H_2O$	474.38	$Mg_2P_2O_7$	222.55
KBr	119.00	$MgSO_4 \cdot 7H_2O$	246.67
$KBrO_3$	167.00	$MnCO_3$	114.95
KCl	74.55	$MnCl_2 \cdot 4H_2O$	197.91
$KClO_3$	122.55	$Mn(NO_3)_2 \cdot 6H_2O$	287.04
$KClO_4$	138.55	MnO	70.94
KCN	65.12	MnO_2	86.94
$KSCN$	97.18	MnS	87.00
K_2CO_3	138.21	$MnSO_4$	151.00
K_2CrO_4	194.19	$MnSO_4 \cdot 4H_2O$	223.06
$K_2Cr_2O_7$	294.18	NO	30.01
$K_3[Fe(CN)_6]$	329.25	NO_2	46.01
$K_4[Fe(CN)_6]$	368.35	NH_3	17.03
$KFe(SO_4)_2 \cdot 12H_2O$	503.24	CH_3COONH_4	77.08
$KHC_2O_4 \cdot H_2O$	146.24	NH_4Cl	53.49
$KHC_2O_4 \cdot H_2C_2O_4 \cdot 2H_2O$	254.19	$(NH_4)_2CO_3$	96.06
$KHC_4H_4O_6$	188.18	$(NH_4)_2C_2O_4$	124.10

分子式	摩尔质量/(g/mol)	分子式	摩尔质量/(g/mol)
$(NH_4)_2C_2O_4 \cdot H_2O$	142.11	$Na_2S_2O_3 \cdot 5H_2O$	248.17
NH_4SCN	76.12	$NiCl_2 \cdot 6H_2O$	237.70
NH_4HCO_3	79.06	NiO	74.70
$(NH_4)_2MoO_4$	196.01	$NiSO_4 \cdot 7H_2O$	280.86
NH_4NO_3	80.04	$NiC_8H_{14}N_4O_4$	288.92
$(NH_4)_2HPO_4$	132.06	$Ni(NO_3)_2 \cdot 6H_2O$	290.80
$(NH_4)_2S$	68.14	NiS	90.76
$(NH_4)_2SO_4$	132.013	P_2O_5	141.95
NH_4VO_3	116.98	$PbCO_3$	267.21
Na_3AsO_3	191.89	PbC_2O_4	295.22
$Na_2B_4O_7$	201.22	$PbCl_2$	278.11
$Na_2B_4O_7 \cdot 10H_2O$	381.37	$PbCrO_4$	323.19
$NaBiO_3$	279.97	$Pb(CH_3COO)_2$	325.29
$NaCN$	49.01	$Pb(CH_3COO)_2 \cdot 3H_2O$	379.34
$NaSCN$	81.07	PbI_2	461.01
Na_2CO_3	105.99	$Pb(NO_3)_2$	331.21
$Na_2CO_3 \cdot 10H_2O$	286.14	PbO	223.20
$Na_2C_2O_4$	134.00	PbO_2	239.20
CH_3COONa	82.03	$Pb_3(PO_4)_2$	811.54
$CH_3COONa \cdot 3H_2O$	136.08	PbS	239.26
$NaCl$	58.44	$PbSO_4$	303.26
$NaClO$	74.44	SO_3	80.06
$NaHCO_3$	84.01	SO_2	64.06
$Na_2HPO_4 \cdot 12H_2O$	358.14	$SbCl_3$	228.11
$Na_2H_2Y_2 \cdot 2H_2O$①	372.24	$SbCl_5$	299.02
$NaNO_2$	69.00	Sb_2O_3	291.50
$NaNO_3$	85.00	Sb_2S_3	339.68
Na_2O	61.98	SiF_4	104.08
Na_2O_2	77.98	SiO_2	60.08
$NaOH$	40.00	$SnCl_2$	189.60
Na_3PO_4	163.94	$SnCl_2 \cdot 2H_2O$	225.63
Na_2S	78.04	$SnCl_4$	260.50
$Na_2S \cdot 9H_2O$	240.18	$SnCl_4 \cdot 5H_2O$	350.58
Na_2SO_3	126.04	SnO_2	150.69
Na_2SO_4	142.04	SnS_2	150.75
$Na_2S_2O_3$	158.10	$SrCO_3$	147.63

续表

分子式	摩尔质量/(g/mol)	分子式	摩尔质量/(g/mol)
SrC_2O_4	175.61	$ZnCl_2$	136.29
$SrCrO_4$	203.61	$Zn(CH_3COO)_2$	183.47
$Sr(NO_3)_2$	211.63	ZnO	81.38
$Sr(NO_3)_2 \cdot 4H_2O$	283.69	$Zn(NO_3)_2$	189.39
$SrSO_4$	183.68	$Zn(NO_3)_2 \cdot 6H_2O$	297.48
$UO_2(CH_2COO)_2 \cdot 2H_2O$	424.15	ZnS	97.44
$ZnCO_3$	125.39	$ZnSO_4$	161.44
ZnC_2O_4	153.40	$ZnSO_4 \cdot 7H_2O$	287.55

① 为乙二胺四乙酸二钠盐。

附录六 实验室常用坩埚及其使用注意事项

一、铂坩埚

铂又称白金，价格比黄金贵，因其具有许多优良的性质，故经常使用。铂的熔点高达1774℃，化学性质稳定，在空气中灼烧后不发生化学变化，也不吸收水分，大多数化学试剂对它无侵蚀作用。能耐氢氟酸和熔融的碱金属碳酸盐的腐蚀是铂有别于玻璃、瓷等的重要性质，因而常将其用于沉淀灼烧称重、氢氟酸溶样以及碳酸盐的熔融处理。铂坩埚适用于灼烧沉淀。

铂在高温下略有一些挥发性，灼烧时间久后要加以校正。$100cm^2$ 面积的铂在 1200℃ 灼烧 1h 约损失 1mg。铂在 900℃ 以下基本不挥发。

铂器皿的使用应遵守下列规则：

(1) 对铂的领取、使用、消耗和回收都要制定严格的制度。

(2) 铂质地软，即使含有少量铑铱的合金也较软，所以拿取铂器皿时勿太用力，以免其变形。在脱熔块时，不能用玻璃棒等尖锐物体从铂器皿中刮取，以免损伤内壁；也不能将热的铂器皿骤然放进冷水中，以免发生裂纹。已变形的铂坩埚或器皿可用与其外形相吻合的木模进行校正（已变脆的碳化铂部分要均匀用力矫正）。

(3) 铂器皿在加热时，不能与其他任何金属接触。由于在高温下铂易与其他金属生成合金，所以，铂坩埚必须放在铂三脚架上或陶瓷、黏土、石英等材料的支持物上灼烧，也可放在垫有石棉板的电热板或电炉上加热，但不能直接与铁板或电炉丝接触。所用的坩埚钳子应该包有铂头，镍或不锈钢的钳子只能在低温时方可使用。

(4) 下列物质能直接腐蚀或在其他物质共存下腐蚀铂，在使用铂器皿时应避免与这些物质接触。

① 易被还原的金属、非金属及其化合物，如银、汞、铅、铋、锑、锡和铜的盐类在高温下易被还原成金属，可与铂形成低熔点合金；硫化物和砷、磷的化合物可被滤纸、有机物或还原性气体还原，生成脆性磷化铂及硫化铂等。

② 固体碱金属的氧化物和氢氧化物、氧化钡、碱金属的硝酸盐、亚硝酸盐和氰化物等，在加热或熔融时对铂有腐蚀性。碳酸钠、碳酸钾和硼酸钠可以在铂器皿中熔融，但碳酸锂

不能。

③ 卤素及可能产生卤素的混合溶液,如王水、溴水、盐酸与氧化剂(高锰酸钾、铬酸盐和二氧化锰等)的混合物、三氯化铁能与铂发生作用。

④ 碳在高温时,能与铂作用形成碳化铂。铂器皿若放在碳硅棒电炉内,应有必要的通气装置;若用火焰加热,只能用不发光的氧化焰,不能与带烟或发黄光的还原火焰接触,亦不准接触蓝色火焰,以免形成碳化铂而变脆。在铂器皿中灰化滤纸时,不可使滤纸着火。

(5) 成分和性质不明的物质不能在铂器皿中加热或处理。

(6) 铂器皿应保持内外清洁和光亮。经长久灼烧后,由于结晶关系,外表可能变灰,必须及时注意清洁,否则日久后杂质会深入内部而使铂器皿变脆而破坏。

(7) 铂器皿的清洗方法:若铂器皿有了斑点,可先用盐酸或硝酸单独处理。如果无效,可用焦硫酸钾于铂器皿中在较低温度熔融5~10min,把熔融物倒掉后,再将铂器皿在盐酸溶液中浸煮。若仍无效,可再试用碳酸钠熔融处理,也可用潮湿的细砂(通过100目筛即0.14mm筛孔)轻轻摩擦处理。

二、金坩埚

金的价格较铂便宜,且不受碱金属氢氧化物和氢氟酸的侵蚀,故常用来代替铂器皿。但金的熔点较低(1063℃),故不能耐高温灼烧,一般需低于700℃使用。硝酸铵对金有明显的侵蚀作用,王水也不能与金器皿接触。金器皿的使用原则,与铂器皿基本相同。

三、银坩埚

银器皿价格低廉,它也不受氢氧化钾(钠)的侵蚀,在熔融状态仅在接近空气的边缘处略有侵蚀。银的熔点为960℃,使用温度一般以不超过750℃为宜,不能在火上直接加热。加热后表面会生成一层氧化银,在高温下不稳定,但在200℃以下稳定。刚从高温中取出的银坩埚不许立即用冷水冷却,以防产生裂纹。

银易与硫作用,生成硫化银,故不能在银坩埚中分解和灼烧含硫的物质,不许使用碱性硫化试剂。熔融状态的铝、锌、锡、铅、汞等的金属盐都能使银坩埚变脆。银坩埚不可用于熔融硼砂。应用过氧化钠熔剂时,只宜烧结,不宜熔融。浸取熔融物时不可使用酸,特别不能使用浓酸。清洗银器皿时,可用微沸的稀盐酸(1+5),但不宜将器皿放在酸内长时间加热。银坩埚的质量经灼烧会变化,故不适宜沉淀的称量。

四、镍坩埚

镍的熔点为1450℃,在空气中灼烧易被氧化,所以镍坩埚不能用于灼烧和称量沉淀。它具有良好的抗碱性物质侵蚀的性能,故在化验室中主要用于碱性熔剂的熔融处理。

氢氧化钠、碳酸钠等碱性熔剂可在镍坩埚中熔融,其熔融温度一般不超过700℃。氧化钠也可在镍坩埚中熔融,但温度要低于500℃,时间要短,否则侵蚀严重,使带入溶液的镍盐含量增加,成为测定中的杂质。焦硫酸钾、硫酸氢钾等酸性熔剂和含硫化物的熔剂不能用于镍坩埚。若要熔融含硫化合物时,应在有过量过氧化钠的氧化环境下进行。熔融状态的铝、锌、锡、铅等的金属盐能使镍坩埚变脆。银、汞、钒的化合物和硼砂等也不能在镍坩埚中灼烧。镍易溶于酸，浸取熔块时不可用酸。

新的镍坩埚在使用前应在700℃灼烧数分钟，以除去油污并使其表面生成氧化膜，延长使用寿命，处理后的坩埚应呈暗绿色或灰黑色。以后，每次使用前用水煮沸洗涤，必要时可滴加少量盐酸稍煮片刻，然后再用蒸馏水洗涤，烘干使用。

五、铁坩埚

铁坩埚的使用与镍坩埚相似，它没有镍坩埚耐用，但价格便宜，较适用于过氧化钠熔融，可代替镍坩埚。铁坩埚中含有硅及其他杂质，可用低硅钢坩埚代替。铁坩埚或低硅钢坩埚在使用前都应进行钝化处理，先用稀盐酸浸泡，然后用细砂纸轻擦，并用热水冲洗，接着放入5%硫酸＋1%硝酸混合溶液中浸泡数分钟，再用水洗净，干燥，于300~400℃灼烧10min。

六、聚四氟乙烯坩埚

聚四氟乙烯是热塑性塑料，色泽白，有蜡状感，化学性能稳定，耐热性好，机械强度好，最高工作温度可达250℃。一般在200℃以下使用，可以代替铂器皿用于处理氢氟酸。除熔融钠和液态氟外，能耐一切浓酸、浓碱以及强氧化剂的腐蚀，在王水中煮沸也不发生变化，在耐腐蚀性上可称为塑料"王"。有不锈钢外罩的聚四氟乙烯坩埚在加压加热处理矿样和消解生物材料方面得到应用。聚四氟乙烯的电绝缘性能好，并能切削加工。但在415℃以上急剧分解，并放出有毒的全氟异丁烯气体。

七、瓷坩埚

化验室所用瓷器皿，实际上是上釉的陶器，它的熔点较高（1410℃），可耐高温灼烧，如瓷坩埚可以加热至1200℃，灼烧后其质量变化很小，故常用于灼烧与称量沉淀。高型瓷坩埚可于隔绝空气的条件下处理样品。

瓷坩埚所用陶瓷的热膨胀系数为$(3\sim4)\times10^{-6}$。厚壁瓷器皿在高温蒸发和灼烧操作中，应避免温度的突然变化和加热不均匀的现象，以防破裂。瓷器皿对酸碱等化学试剂的稳定性比玻璃器皿好，但同样不能和氢氟酸接触。瓷坩埚均不耐苛性碱和碳酸钠的腐蚀，尤其不能进行熔融操作。用一些不与瓷作用的物质如MgO、炭粉作为填垫剂，在瓷坩埚中用定量滤纸包住碱性熔剂熔融处理硅酸盐试样，可部分代替铂制品。瓷器皿机械性能较强，且价格便宜，因此应用较广。

八、刚玉坩埚

天然的刚玉几乎是纯的氧化铝。人造刚玉是由纯的氧化铝经高温烧结而成，它耐高温，熔点为2045℃，硬度大，对酸碱有相当的抗腐蚀能力。刚玉坩埚可用于某些碱性熔剂的熔融和烧结，但温度不宜过高，且时间要尽量短，在某些情况下可代替镍、铂坩埚，但在测定铝和铝对测定有干扰的情况下不能使用。

九、石英坩埚

石英玻璃的化学成分是二氧化硅，由于原料不同可分为透明、半透明和不透明的熔融石英玻璃。透明石英玻璃是用天然无色透明的水晶高温熔炼制成的。半透明石英是由天然纯净的脉石英或石英砂制成的，因其含有许多熔炼时未排净的气泡而呈半透明状。透明石英玻璃的理化性能优于半透明石英，主要用于制造实验室玻璃仪器及光学仪器等。

石英玻璃的热膨胀系数很小（5.5×10^{-7}），只为忤硬玻璃的五分之一。因此它能耐急热急冷，将透明石英玻璃烧至红热后，放到冷水中也不会炸裂。石英玻璃的软化温度为1650℃，具有耐高温性能。石英坩埚常用于酸性熔剂及硫代硫酸钠的熔融，使用温度不得超过1100℃。它的耐酸性能非常好，除氢氟酸和磷酸外，任何浓度的酸即使在高温下都极少和石英玻璃作用。但石英玻璃不耐氢氟酸的腐蚀，磷酸在150℃以上也能与其作用，强碱溶液包括碱金属碳酸盐也能腐蚀石英，但在常温时腐蚀较慢，温度升高后腐蚀加快。石英玻璃仪器在外表上与玻璃仪器相似，无色透明，但比起玻璃仪器，它的价格更贵、更脆、易破碎，使用时须特别小心，通常与玻璃仪器分别存放，妥善保管。

练一练测一测答案

项目一

1.（1）D （2）C （3）C （4）C （5）A （6）A （7）C

2.（1）× （2）× （3）× （4）√ （5）√ （6）√ （7）× （8）√

3.（1）眼睛 （2）标准 （3）快、大 （4）国务院 （5）T （6）一级

4. 第二组

项目二

1.（1）A （2）A （3）B （4）D （5）D （6）B （7）A （8）B

2.（1）× （2）× （3）√ （4）√ （5）√ （6）√ （7）√ （8）×

3. 64.36%

项目三

1.（1）C （2）B （3）B （4）B （5）C （6）C （7）C （8）A （9）C （10）B

2.（1）× （2）√ （3）× （4）√ （5）√ （6）× （7）√ （8）×

3.（1）33%KOH （2）作用部分，承受部分 （3）10 （4）水准瓶 （5）铂

4.（1）$\varphi(CO_2)=0.067$；$\varphi(O_2)=0.093$；$\varphi(CO)=0.04$

（2）$V_{缩}=48mL$；$V(CO_2)=24mL$；$V(CH_4)=4.0mL$

（3）$\varphi(CO)=0.01$；$\varphi(H_2)=0.04$；其他为空气

（4）$\varphi(CO_2)=0.088$；$\varphi(O_2)=0.066$；$\varphi(CO)=0.133$；$\varphi(CH_4)=0.119$；$\varphi(H_2)=0.079$；$\varphi(N_2)=0.515$

项目四

1.（1）B （2）A （3）D （4）C （5）B （6）B （7）B （8）C （9）D （10）D （11）A （12）B （13）B （14）C （15）C

2.（1）× （2）√ （3）√ （4）√ （5）√ （6）× （7）√ （8）× （9）√ （10）×

3.（1）0.15%

（2）14.00%

（3）14.67%

（4）52.67%

（5）15.93%

项目五

1.（1）A （2）A （3）C （4）C （5）D （6）A （7）D （8）A （9）B （10）D （11）B （12）C （13）B （14）A （15）C

2.（1）√ （2）√ （3）√ （4）√ （5）√ （6）× （7）√ （8）× （9）√ （10）√

3.（1）破碎、混匀、筛分、缩分 （2）2 （3）有机质、矿物质、水 （4）外在水、风干煤 （5）苯甲酸 （6）恒容高位发热量

4.（1）6.00%

(2) $V_{ad}=6.45\%$, $A_{ad}=9.03\%$, $FC_{ad}=80.3\%$

(3) $V_{ad}=25.92\%$, $FC_{ad}=62.58\%$; $V_d=26.58\%$, $FC_{ad}=64.18\%$
    $V_{ar}=25.15\%$, $FC_{ar}=60.72\%$; $V_{daf}=29.29\%$, $FC_{daf}=70.71\%$

(4) 0.36%

项目六

1.(1) C (2) D (3) B (4) A (5) C (6) A (7) A (8) B (9) A (10) D (11) B (12) C (13) D (14) C (15) D

2.(1) × (2) √ (3) × (4) √ (5) × (6) √ (7) √ (8) √ (9) √ (10) × (11) √ (12) × (13) √

3.(1) 白口铁 (2) 12 (3) CO_2、CO (4) 热脆 (5) 硅钼酸

4.(1) 2.8% (2) 0.26% (3) $T=0.0219\text{mg/mL}$,$\omega(S)=0.026\%$

项目七

1.(1) A (2) B (3) A (4) B (5) D (6) D (7) C (8) B (9) D (10) C (11) B (12) C (13) B (14) A (15) D (16) C (17) D (18) A

2.(1) √ (2) √ (3) √ (4) √ (5) × (6) × (7) × (8) √ (9) × (10) × (11) √ (12) × (13) × (14) √ (15) √

3.(1) 天然硅酸盐、人造硅酸盐 (2) 偏硅酸 (3) 碱熔融法、酸熔融法 (4) 硫-磷 (5) 熔剂用量少,熔样时间短

4.(1) 34.77% (2) 80.40%

项目八

1.(1) B (2) C (3) B (4) B (5) D (6) C (7) C (8) A (9) A (10) C (11) A (12) A (13) D (14) A (15) D (16) D (17) A (18) C (19) A (20) D (21) A (22) D (23) D (24) A

2.(1) × (2) × (3) √ (4) √ (5) × (6) × (7) √ (8) √ (9) × (10) × (11) √ (12) × (13) × (14) × (15) × (16) × (17) √ (18) × (19) √ (20) √

3.(1) 缓冲液 (2) 熔程 (3) 双浴式热浴、提勒管式热浴 (4) 毛细管法 (5) 20 (6) 大 (7) 4 (8) 右

4.(1) 0.7988g/cm^3 (2) $+32.5°$ (3) 90.2% (4) $14.4\times10^{-6}\text{m}^2/\text{s}$ (5) 9.25°E

参 考 文 献

[1] GB 12573—2008 水泥取样方法.
[2] GB/T 176—2008 水泥化学分析方法标准.
[3] DB 37/2373—2018 建材工业大气污染物排放标准.
[4] DB 32/T 1265—2020 天目湖白茶加工技术规程.
[5] DB 12/T 524—2014 工业企业挥发性有机物排放控制标准.
[6] 川Q/SYK 0004 S—2016 苏益康牌Ⅱ型固体饮料.
[7] GB/T 337.1—2014 工业硝酸 浓硝酸.
[8] GB/T 12208—2008 人工煤气组分与杂质含量测定方法.
[9] GB/T 20412—2006 钙镁磷肥.
[10] GB 20413—2017 过磷酸钙.
[11] GB/T 21634—2020 重过磷酸钙.
[12] GB/T 10512—2008 硝酸磷肥中磷含量的测定 磷钼酸喹啉重量法.
[13] HG/T 2221—1991 重过磷酸钙中游离酸含量的测定 容量法.
[14] GB/T 10514—2012 硝酸磷肥中游离水含量的测定 烘箱法.
[15] GB/T 3559—2001 农业用碳酸氢铵.
[16] GB/T 535—2020 肥料级硫酸铵.
[17] GB/T 2441.1—2008 尿素的测定方法 第1部分：总氮含量.
[18] GB 15063—2020 复合肥料.
[19] GB/T 8572—2010 复混肥料中总氮含量的测定 蒸馏后滴定法.
[20] GB/T 8573—2017 复混肥料中有效磷含量的测定.
[21] GB/T 8574—2010 复混肥料中钾含量的测定 四苯硼酸钾重量法.
[22] GB/T 8576—2010 复混肥料中游离水含量的测定 真空烘箱法.
[23] GB/T 8577—2010 复混肥料中游离水含量的测定 卡尔·费休法.
[24] GB/T 8571—2008 复混肥料实验室样品制备.
[25] GB/T 22924—2008 复混肥料（复合肥料）中缩二脲含量的测定.
[26] GB/T 475—2008 商品煤样人工采取方法.
[27] GB/T 474—2008 煤样的制备方法.
[28] GB/T 212—2008 煤的工业分析方法.
[29] GB/T 476—2008 煤中碳和氢的测定方法.
[30] GB/T 19227—2008 煤中氮的测定方法.
[31] GB/T 214 煤中全硫的测定方法.
[32] GB/T 213—2008 煤的发热量测定方法.
[33] GB/T 221—2008 钢铁产品牌号表示方法.
[34] GB 223.71—1997 钢铁及合金化学分析方法 管式炉内燃烧后重量法测定碳含量.
[35] GB/T 223.69—2008 钢铁及合金 碳含量的测定 管式炉内燃烧后气体容量法.
[36] GB/T 20123—2006 钢铁 总碳硫含量的测定 高频感应炉燃烧后红外吸收法（常规方法）.
[37] GB/T 223.68—1997 钢铁及合金化学分析方法 管式炉内燃烧后碘酸钾滴定法测定硫含量.
[38] GB 223.3—88 钢铁及合金化学分析方法 二安替比林甲烷磷钼酸重量法测定磷量.
[39] GB/T 223.59—2008 钢铁及合金磷含量的测定 铋磷钼蓝分光光度法和锑磷钼蓝分光光度法.
[40] GB/T 223.4—2008 钢铁及合金锰含量的测定 电位滴定或可视滴定法.
[41] GB/T 8704.9—2009 钒铁锰含量的测定 高碘酸钾光度法和火焰原子吸收光谱法.
[42] GB/T 20975.7—2020 铝及铝合金化学分析方法 第7部分：锰含量的测定.
[43] GB/T 223.60—1997 钢铁及合金化学分析方法 高氯酸脱水重量法测定硅含量.
[44] YB/T 5312—2016 硅钙合金硅含量的测定高氯酸脱水重量法.
[45] GB/T 223.5—2008 钢铁 酸溶硅和全硅含量的测定 还原型硅钼酸盐分光光度法.
[46] GB/T 223.79—2007 钢铁 多元素含量的测定 X-射线荧光光谱法（常规法）.

[47] GB/T 3286.2—2012 石灰石及白云石化学分析方法 第2部分：二氧化硅含量的测定硅钼蓝分光光度法和高氯酸脱水重量法.
[48] GB/T 14506.3—2010 硅酸盐岩石化学分析方法 第3部分：二氧化硅量测定.
[49] GB/T 14506.5—2010 硅酸盐岩石化学分析方法 第5部分：总铁量测定.
[50] GB/T 14506.8—2010 硅酸盐岩石化学分析方法 第8部分：二氧化钛量测定.
[51] GB/T 617—2006 化学试剂 熔点范围测定通用方法.
[52] GB/T 616—2006 化学试剂 沸点测定通用方法.
[53] GB/T 611—2006 化学试剂 密度测定通用方法.
[54] GB/T 614—2006 化学试剂 折光率测定通用方法.
[55] GB/T 601—2016 化学试剂 标准滴定溶液的制备.
[56] 王亚宇.工业分析与检测技术.北京：化学工业出版社,2013.
[57] 段云龙.煤炭采样制样和常规分析教程.北京：中国质检出版社,2013.
[58] 孟明惠，王茂健.工业分析技术.北京：化学工业出版社,2016.
[59] 张小康，张正兢.工业分析.2版.北京：化学工业出版社,2009.